普通高等教育教材

大学化学实验

第2版

许贯虹　周　萍　胡　琴　主编

化学工业出版社

·北京·

内容简介

《大学化学实验》（第 2 版）包括基本操作训练、基本理论验证、化合物性质验证与鉴别、简单药物分析、综合设计实验五个模块的内容，共计 56 个实验。所选实验均为我国高校化学教学中常见的经典实验，既包含单项基础训练实验，也有多项基础训练组合的综合实验和开放性设计实验，适合不同学习阶段的学生使用。此外，本书还编排了 6 个英文实验，既可供临床专业的留学生使用，又可作为双语教学的素材，供开设双语教学的院校参考使用。

《大学化学实验》（第 2 版）具有知识点覆盖面广、内容难易适中、医药学专业特色鲜明等特点，适用于临床医学、药学、临床药学、预防医学、医学检验等专业。

图书在版编目（CIP）数据

大学化学实验 / 许贯虹，周萍，胡琴主编. — 2 版.
北京：化学工业出版社，2025.7（2025.11 重印）. —（普通高等教育教材）. — ISBN 978-7-122-47894-8

Ⅰ. O6-3

中国国家版本馆 CIP 数据核字第 2025BX4862 号

责任编辑：褚红喜　宋林青　　　　文字编辑：孙钦炜
责任校对：李　爽　　　　　　　　装帧设计：刘丽华

出版发行：化学工业出版社
　　　　　（北京市东城区青年湖南街 13 号　邮政编码 100011）
印　　装：河北鑫兆源印刷有限公司
787mm×1092mm　1/16　印张 15½　字数 384 千字
2025 年 11 月北京第 2 版第 3 次印刷

购书咨询：010-64518888　　　　售后服务：010-64518899
网　　址：http://www.cip.com.cn
凡购买本书，如有缺损质量问题，本社销售中心负责调换。

定　　价：32.00 元　　　　　　　版权所有　违者必究

《大学化学实验》(第2版)
编写组

主　编　许贯虹　周　萍　胡　琴

副主编　魏芳弟　蔡　政　杨　静

编　者　（以姓氏笔画为序）

丁竞竞（南京医科大学）

史丽英（南京医科大学）

许贯虹（南京医科大学）

杨旭曙（南京医科大学）

杨　静（南京医科大学）

岑　瑶（南京医科大学）

陈冬寅（南京医科大学）

周　萍（南京医科大学）

胡　琴（南京医科大学）

顾伟华（南京医科大学）

黄长高（南京医科大学）

彭　艳（南京医科大学）

程宝荣（南京医科大学）

蔡　政（南京医科大学）

魏芳弟（南京医科大学）

前言

　　《大学化学实验》自初版问世已逾十载，在夯实学生基本理论、基础知识、基本技能方面获得同行广泛认可。面对新时代高等教育"四新"建设要求，特别是化学学科与生物医药及材料科学等领域的深度交叉趋势，本书编者秉承"价值引领、能力导向、创新驱动"的修订理念，系统重构实验教学体系，着力打造具有高阶性、创新性和挑战度的实验教学新范式。

　　本次修订工作坚持贯彻成果导向理念，着重推进三方面优化：第一，重构实验课程内容，减少滴定分析相关内容，通过新增综合实验和开放实验模块，构建"基础-综合-创新"三级能力培养体系；第二，深度融入化学学科前沿成果，遴选新型荧光材料合成与应用、介孔二氧化硅合成等创新实验，强化科学思维与创新意识培养；第三，精心配套开发16个标准化数字教学资源（涵盖常用实验操作、基本实验方法和大型分析仪器使用等内容），支持学生开展自主探究式学习，实现实验教学的时空延展。

　　在内容编排上，本版教材一是注意引入大型分析仪器相关实验，以适应拔尖创新人才培养的需求（如核磁共振波谱法、高效液相色谱-质谱联用技术等）；二是注意深化实验内容，以满足本科生参与科研实践的需求（如增加了荧光量子产率测定实验，内标法在药物含量测定实验中应用，优化了红外分光光度法测定实验等）；三是注意更新实验细节，以符合当前高校实验教学现有条件（如高效液相色谱改为二元梯度泵系统，新增微量移液器相关内容等）。

　　本书在继承初版严谨治学传统的基础上，着重强化实验教学与现代信息技术的深度融合，通过二维码嵌入、数据平台对接等方式，构建"教材-资源-评价"三位一体的立体化教学系统。期待新版教材能为培养具有扎实专业基础、卓越创新能力的新时代生物医药人才提供有力支撑。

　　因水平所限，难免存在不足，欢迎广大读者批评指正。

许贯虹
于南京医科大学
2025 年 4 月

第1版前言

　　大学化学实验是化学教学不可分割的一部分，在大学化学教学中占有重要的地位。通过本课程的学习，可以训练学生掌握化学实验的基本操作和基本技能；巩固和加深对化学理论知识的理解；培养学生实事求是的工作作风，严谨的科学态度，良好的实验习惯，提高分析问题、解决问题的实际工作能力。

　　本书在内容选编方面，具有以下 4 个特点。

　　1. 知识点覆盖面广　全书涉及无机化学、分析化学、物理化学三个学科，涵盖了大部分理论知识点，包含了常见的各种实验操作技能训练和常规仪器使用培训。

　　2. 实验内容难易适中　本书分为基本操作训练、基本理论验证、化合物性质验证与鉴别、简单药物分析、综合设计实验五个模块，共计 51 个实验。所选实验均为我国高校化学教学中常见的经典实验，既包含单项基础训练实验（如滴定基本操作），也有多项基础训练组合的综合实验（非水碱量法测定枸橼酸钠的含量）和自主学习的研究性实验（如蛋氨酸-锌的制备和质量控制），适合不同学习阶段的学生使用。

　　3. 医药学专业特色鲜明　在实验内容的选择上，尽可能选择与医药相关的实验内容，如药物的含量测定、无机药物的合成制备，既能提高临床药学等专业学生的学习兴趣，又能为其将来的学习工作奠定基础。

　　4. 适用专业广泛　本书具有知识点覆盖面广、内容难易适中、医药学专业特色鲜明等特点，因此，适用于临床医学、药学、临床药学、预防医学、医学检验等专业。此外，我们还编排了 4 个英文实验，既可供临床专业的留学生使用，又可作为双语教学的素材，供开展双语教学的院校参考使用。

　　本书在编写过程中，参考了兄弟院校的化学实验教学的经验成果，在此表示衷心的感谢。由于水平所限，难免存在诸多不足，欢迎广大读者批评指正。

胡　琴

2014 年 10 月 30 日

于南京医科大学

目录

绪　　论

一、学习大学化学实验的目的

化学是一门实验科学，化学实验在化学教学中占有重要的地位。通过化学实验课程的学习，可以训练学生掌握化学实验的基本操作和基本技能；巩固和加深对化学理论知识的理解；培养学生实事求是和严谨的科学态度，良好的实验作风，提高分析问题、解决问题的能力。

在实验中，学生通过阅读实验教材、查询有关资料、了解实验拟解决的问题，掌握实验原理及方法，做好实验前的准备，正确使用仪器及辅助设备，独立完成实验，撰写合格的实验报告，培养并逐步具备独立实验的能力。

在实验中，学生应当学会融合实验原理、设计思想、实验方法及相关的理论知识对实验结果进行分析、判断、归纳与综合，掌握化学研究的基本方法，具备对化学简单问题的初步分析与研究的能力。

在实验中，学生应该初步掌握发现问题、分析问题、解决问题的科学方法，逐步提高学生综合运用所学知识和技能解决实际问题的能力。

在实验中，学生应该学会完成符合规范要求的设计性、综合性内容的实验，从而进行初步的具有研究性或创意性内容的实验，为今后的学习和工作奠定基础。

二、实验学习的基本要求

1. 预习

认真阅读实验内容，掌握实验所依据的基本理论，明确需要进行测量、记录的数据，了解所用仪器的性能和使用方法，思考实验内容后面所提出的问题，并在此基础上写好预习报告。

2. 实验

实验时要按照预定的步骤独立完成，严格控制实验条件，仔细观察实验现象，按照要求在专门的记录本上详细记录原始数据，不得随意删除自认为不理想的数据，更不得抄袭、篡改、编造实验记录。实验过程中要勤于思考，若有与预期不同的结果或现象，应及时与教师讨论，查究原因。禁止随意更改和重做实验，如确有必要，需先征得指导教师的同意再进行操作。实验结束后原始记录必须交给指导教师审阅。

3. 实验数据处理

实验完成后要及时处理实验数据，对实验中存在的问题和现象进行讨论，按照要求独立完成实验报告，按时交给指导教师批阅。

4. 实验报告

实验报告应用专用的记录本按格式书写，字迹要端正，叙述要简明，图形要准确，页面要整洁。下面列出四种实验报告模板供参考。

性质实验报告示例

实验名称： p区元素的性质 Ⅱ 　　　室温：_____

姓名_____学号_____班级_____同组实验人_____日期_____

实验目的

1. 掌握亚硝酸盐、硝酸及硝酸盐的性质，了解 NO_2^-、NO_3^-、NH_4^+ 的鉴定方法。
2. 掌握磷酸盐、碳酸盐、硼酸盐等的一些性质。
3. 掌握砷、锑、铋等化合物一些性质的递变规律，熟悉砷的鉴别方法。
4. 了解硼化合物的性质。

实验内容

实验内容	实验现象	反应式及解释
10d NaNO$_2$＋2d KMnO$_4$	无明显现象	
再加 2d H$_2$SO$_4$	紫色褪去	$5NO_2^- + 2MnO_4^- + 6H^+ \rightleftharpoons 2Mn^{2+} + 5NO_3^- + 3H_2O$ 酸性增强可提高高锰酸钾的氧化性
……	……	……

实验讨论

合成实验报告示例

实验名称：硫酸亚铁铵的制备　　室温：＿＿＿＿＿＿＿＿

姓名＿＿＿＿＿学号＿＿＿＿＿班级＿＿＿＿＿同组实验人＿＿＿＿＿＿日期＿＿＿＿＿

实验目的

1. 掌握复盐制备的原理和方法。
2. 掌握水浴加热、蒸发、结晶、减压过滤等基本操作。
3. 熟悉比色法检验产品中微量杂质的分析方法。

实验原理

$$FeSO_4 + (NH_4)_2SO_4 + 6H_2O \rightleftharpoons FeSO_4 \cdot (NH_4)_2SO_4 \cdot 6H_2O$$

比色法可估计杂质 Fe^{3+} 的量。将产品与 KSCN 反应，与标准品对照，根据红色程度判断杂质含量，确定产品等级。

实验流程

锥形瓶＋2 g Fe 屑→＋15 mL H_2SO_4→水浴(适当补水)至无气泡→抽滤→吸干水分→按 1∶1 加入 $(NH_4)_2SO_4$→调 pH 1～2→蒸发至出现结晶膜→抽滤→吸干水分→称重→比色法判断杂质

实验结果

1. 产品外观：淡绿色片状结晶
2. 产量：＿＿＿ g
3. 产率：＿＿＿ ％
4. 比色结果：

实验讨论

滴定实验报告示例

实验名称： 酸碱滴定法测定硼砂的含量　　　室温：＿＿＿＿＿＿＿＿

姓名＿＿＿＿学号＿＿＿＿班级＿＿＿＿同组实验人＿＿＿＿＿＿日期＿＿＿＿＿＿

实验目的

1. 掌握酸碱滴定分析的基本原理和操作步骤。
2. 熟悉硼砂含量的测定方法。

实验原理

$$Na_2B_4O_7 \cdot 10H_2O + 2HCl =\!=\!= 2NaCl + 4H_3BO_3 + 5H_2O$$

在化学计量点时，有

$$n(HCl) = 2n(Na_2B_4O_7 \cdot 10H_2O)$$

$$w(Na_2B_4O_7 \cdot 10H_2O) = \frac{c(HCl) \times V(HCl) \times M(Na_2B_4O_7 \cdot 10H_2O)}{m_{样品} \times 2 \times 1000} \times 100\%$$

实验流程

精密称取硼砂 2.0 g→配制 100 mL 溶液→甲基红为指示剂，标准 HCl 溶液滴定→重复 2 次→计算硼砂的含量

实验数据记录与处理

编　号	1	2	3
$c(HCl)/mol \cdot L^{-1}$			
$m(Na_2B_4O_7 \cdot 10H_2O)/g$			
$V_{终}(HCl)/mL$			
$V_{始}(HCl)/mL$			
$V_{消耗}(HCl)/mL$			
$w(Na_2B_4O_7 \cdot 10H_2O)/\%$			
$\bar{w}(Na_2B_4O_7 \cdot 10H_2O)/\%$			
相对平均偏差/%			

实验讨论

物理化学实验示例

实验名称： <u>恒压量热法测定弱酸中和热和电离热</u>　　室温：_____

姓名_____学号_____班级_____同组实验人_____日期_____

实验目的

1. 熟悉数字温度温差仪的使用。
2. 掌握弱酸中和热和电离热的测定方法。

实验原理

强酸和强碱在足够稀释的情况下中和热几乎是相同的，本质上都是氢离子和氢氧根离子的中和反应，对于弱酸（或弱碱）来说，因为它们在水溶液中只是部分电离，当其和强碱（或强酸）发生中和反应时，其反应的总热效应还包含弱酸（或弱碱）的电离热。例如醋酸和氢氧化钠的反应：

$$HAc \longrightarrow H^+ + Ac^- \qquad\qquad \Delta_{电离} H_{弱酸}$$

$$\underline{H^+ + OH^- \longrightarrow H_2O \qquad\qquad \Delta_{中和} H_{强酸}}$$

$$HAc + OH^- \longrightarrow H_2O + Ac^- \qquad\qquad \Delta_{中和} H_{弱酸}$$

根据赫斯定律，有 $\Delta_{中和} H_{弱酸} = \Delta_{电离} H_{弱酸} + \Delta_{中和} H_{强酸}$

所以 $\Delta_{电离} H_{弱酸} = \Delta_{中和} H_{弱酸} - \Delta_{中和} H_{强酸}$

实验数据记录与处理

实验号	起始温度 T_1	终了温度 T_2	温差 ΔT	$\overline{\Delta T}$
1				
2				
3				

强酸的中和热　$\Delta_{中和} H_{强酸} = -57111.6 + 209.2(t-25)(\text{J} \cdot \text{mol}^{-1})$

醋酸的中和热　$\Delta_{中和} H_{弱酸} =$

醋酸的电离热　$\Delta_{电离} H_{弱酸} = \Delta_{中和} H_{弱酸} - \Delta_{中和} H_{强酸} =$

实验讨论

三、实验基本规则

（1）进入实验室前必须认真预习实验内容，了解实验的基本原理、操作及涉及的试剂和设备；同时应熟悉并严格遵守有关实验室规定。

（2）应了解实验室的主要设施及布局，主要仪器设备以及通风实验柜的位置、开关和安全使用方法。熟悉实验室水、电、燃气总开关的位置，熟悉消防器材、急救箱、淋洗器、洗眼装置等的位置和正确使用方法，熟悉安全通道的位置及逃生路线。

（3）实验进行期间必须穿实验服，佩戴防护镜；过衣领的长发必须束起或藏于帽内；严禁穿拖鞋、高跟鞋、短裤/裙及背心等进入实验室；不宜留长指甲及佩戴过多的饰品。

（4）取用化学试剂必须小心，在使用腐蚀性、有毒、易燃、易爆试剂前，必须仔细阅读有关安全说明；使用或产生危险和刺激性气体、挥发性有毒化学品的实验必须在通风柜中进行。

（5）应注意节约试剂，按量取用，严禁浪费；公用仪器和试剂用毕应及时放回原处；实验室所有的药品不得带出实验室；用剩的有毒药品要及时交还指导教师；一切废弃物必须放在指定的废物收集器内；严禁随意混合化学药品。

（6）若觉得试剂异常或者发生仪器故障及意外事故时，必须立即报告指导教师以便及时处理。

（7）在实验过程中应保持安静，注意力集中，认真操作，仔细观察现象，如实记录结果，积极思考问题，严禁嬉闹、喧哗；严禁将食品及饮料带入实验室食饮用；实验结束后必须及时清洗双手及双臂。

（8）实验前要将实验仪器清洗干净，关好水、电、气开关和做好台面及室内清洁卫生；实验结束后必须获得指导老师许可才可离开实验室。

四、实验安全守则

1. 消防安全守则

（1）易燃材料（如苯、钠、乙醚、二硫化碳、磷、硫黄、丙酮等）应远离明火保存在阴凉处并塞紧瓶塞。金属钠、钾应保存在煤油中，白磷保存在水中，以镊子取用。取用完毕后应立即盖紧瓶塞和瓶盖。不能用火直接对易燃液体加热，可使用油浴或水浴加热。

（2）明火不用时要及时熄灭，不能离开无人看管的明火。

（3）尽量避免易燃气体和空气进行混合，如需混合，容器要用布围住或在有隔离罩处混合。

（4）强氧化剂与强还原剂要分开存放。强氧化剂不能研磨。

（5）化学反应或加热产生气体时，要注意压力的调节。避免对封闭的容器加热，以免引起爆炸。

（6）使用酒精灯时，应随用随点燃，不用时盖上灯罩。不要用已点燃的酒精灯去点燃别的酒精灯，以免酒精溢出而失火。

2. 防中毒方法

（1）由于试剂瓶上的标签有可能误标，所以在实验室不要吃、喝、尝任何试剂。

（2）禁止皮肤直接接触药品试剂，可以利用实验室的移液管、吸量管、漏斗、药勺等工具移取化学试剂药品。使用移液管转移溶液时，不要用嘴吸，应该用洗耳球。

（3）闻试剂的气味时，不能直接用鼻子闻，可使用扇气入鼻法。

（4）要特别注意强腐蚀性或剧毒药品。实验室常用的有毒有害试剂如下：浓酸、浓碱、硫化物、四氯化碳和其他氯化物、铬化合物、碘、溴、氰化物、银盐、铅、汞、砷及其化合物。这些试剂不可以入口或接触伤口，也不能将有毒药品随便倒入下水管道。涉及金属汞的实验应特别小心。若不慎将金属汞洒落，必须尽可能收集起来以硫黄粉处理。

（5）使用或制备危险和刺激性、挥发性及毒性化学品（如 H_2S，卤素，CO，SO_2 等）的实验以及加热或蒸发盐酸、硫酸、硝酸，溶解可能产生上述物质的试样时必须在通风柜中进行。

3. 防化学灼伤方法

（1）浓酸和碱是尤其危险的，严重灼伤皮肤和眼睛后有可能不能治愈。移取这些试剂时要加倍小心。在不能确定是否安全的情况下，不要把这些试剂加入其他的化学试剂中。避免所有这些化学试剂与皮肤的直接接触。

（2）振摇试管和烧瓶时用塞子堵住管口和瓶口，不可以用手或拇指塞堵瓶口。

（3）白磷、溴、氟化氢是有慢灼烧性的，处理这些试剂时手要做适当的保护。

（4）浓硫酸的稀释过程产生大量的热容易引起喷溅而灼伤，注意要将浓硫酸缓慢加入水中而不要将水加入酸中。

（5）加热试管时，不要将试管口指向自己或别人，不要俯视正在加热的液体，以免液体溅出，受到伤害。

4. 事故处理方法

（1）着火　若衣服起火，寻求帮助的同时躺在地上滚动使火熄灭。若溶剂或化合物起火，快速用湿布或沙土将其扑灭。若遇电气设备着火，必须先切断电源，再用二氧化碳或四氯化碳灭火器灭火。电器不要使用泡沫灭火器灭火。有机化合物起火不要用水灭火，因为这样只会使火蔓延。若火势无法控制，应立即撤离至安全区域并及时拨打 119 电话报警。听见火警铃响起立即离开实验室。

（2）中毒　若吸入（或怀疑吸入）有害的气体，应立刻离开实验区域吸取新鲜空气，情况严重的要立即进行急救。若吸入氯气、氯化氢等气体，可立即吸入少量酒精和乙醚的混合蒸气以解毒；若吸入硫化氢气体，会感到不适或头昏，应立即到室外呼吸新鲜空气。若有毒物质不慎入口，首先应用大量水漱口，用手指插入咽喉处催吐，然后送医院治疗。

（3）割伤　如果割伤，立即挤出污血，用消毒镊子夹出碎玻璃，用大量冷水冲洗伤口。然后涂上碘酒，用绷带包扎。

（4）烫伤和灼伤　腐蚀性试剂如浓酸或碱溅到衣服或皮肤上，应脱下衣服，立即用大量水冲洗至少 10 min，然后通报指导老师处理。眼睛被灼伤时，立即用大量水洗，然后送往医院治疗，不能加任何中和试剂。如果皮肤被溴烧伤，立即把溴擦掉，用乙醇或石油醚洗，然后用 2% $Na_2S_2O_3$ 溶液清洗。遇有烫伤事故，可用高锰酸钾溶液或苦味酸溶液揩洗灼伤处，再搽上凡士林或烫伤油膏。遇有触电事故，首先应切断电源，然后在必要时进行人工呼吸。对伤势较重者，应立即送医院医治，任何延误都可能使治疗复杂和困难。

5. 废弃物处理方法

实验中经常会产生实验废渣、废液及废气，需及时排放，应力争在条件许可之下将其进行无毒无害化处理，减少对环境的污染。

（1）无机废酸、废碱　应把废酸、废碱分别集中回收保存，然后用于处理其他废弃的碱性、酸性物质。最后用中和法使其 pH 值达到 5.8～8.6，如果此废液中不含其他有害物质，则可加水稀释至含盐浓度在 5% 以下排放。

（2）废弃重金属　实验中用到的重金属可能有：铬（重铬酸钾，硫酸铬）、汞（氯化汞，氯化亚汞）、铜（硫酸铜）等。可将金属离子以氢氧化物的形式沉淀分离。鉴于重铬酸钾毒性较强，通常采取先用废弃的硫酸酸化，再用淤泥还原的方法处理。

（3）废气　对于无毒害气体，可直接通过通风设施排放。对于有毒害气体，针对不同的性质进行处理。例如：碱性气体（如 NH_3）用回收的废酸进行吸收处理，酸性气体（如 SO_2、NO_2、H_2S 等）用回收的废碱进行吸收处理。在水或其他溶剂中溶解度比较大的气体，只要找到合适的溶剂，就可以把它们完全或大部分溶解掉。对于部分有害的可燃性气体，在排放口点火燃烧消除污染。

（4）有机废液　对于有机溶剂应尽量回收，重复使用。若无法继续使用，应按照可燃性物质、难燃性物质、含水废液等分类收集。对甲醇、乙醇及醋酸之类的溶剂，其能被细菌作用而易于分解，故这类溶剂的稀溶液，用大量水稀释后，即可排放。

（5）无毒无害物质　对于分析实验中产生的大量废液，其中大部分是无毒无害的。例如：稀 HCl、稀 NaOH 溶液，固体 NaCl、Na_2SO_4，可采用稀释的方法处理。

五、基本实验知识

1. 玻璃仪器洗涤

（1）常见洗涤液的配制

① 铬酸洗液　铬酸洗液以重铬酸钾（$K_2Cr_2O_7$）和浓硫酸（H_2SO_4）配成。该洗液具有很强的氧化能力，对玻璃仪器又很少侵蚀，在实验室内被广泛使用。其配制浓度视需求而定，从 5%～12% 均可。配制基本方法是：取 4 g $K_2Cr_2O_7$，先用 1～2 倍的水加热溶解，稍冷后，将 100 mL 浓 H_2SO_4 缓慢注入 $K_2Cr_2O_7$ 溶液中并用玻璃棒搅拌，混匀后冷却，装入容器备用。新配制的洗液为红褐色，氧化能力很强。当洗液用久后变为墨绿色即说明洗液已经失效。

② 碱性高锰酸钾洗液　用碱性高锰酸钾作洗液，作用缓慢，适用于洗涤有油污的器皿。配制基本方法：取 4 g 高锰酸钾（$KMnO_4$）固体加少量水溶解后，再加入 100 mL 10% 氢氧化钠（NaOH）溶液。

③ 碱性洗液　碱性洗液多用于洗涤有油污（比如有机反应）的仪器，将仪器浸泡于洗液中 24 h 以上或者以洗液浸煮仪器。从碱洗液中捞取仪器时，必须戴乳胶手套，以免烧伤皮肤。常用的碱洗液有碳酸钠（Na_2CO_3，即纯碱）液，碳酸氢钠（$NaHCO_3$，小苏打）液，磷酸钠（Na_3PO_4，磷酸三钠）液，磷酸氢二钠（Na_2HPO_4）液等。

（2）洗涤方法　一般的尘土、难溶性杂质等可直接用水和毛刷刷洗；油污和有机物可用合成洗涤剂、肥皂等清洗，若仍然洗不干净，可用热的碱性洗液清洗，亦可选用碱性高锰酸钾溶液清洗；用于精确定量实验的仪器应采用铬酸洗液清洗。

洗刷仪器时，应首先将手用肥皂洗净，免得手上的油污附在仪器上，增加洗刷的困难。用上述洗液清洗后还应用自来水洗 3～6 次，再用去离子水冲洗 3 次以上。一个洗净的玻璃仪器不应在壁上附着不溶物和油污，应该以挂不住水珠为度。

（3）干燥方法　洗净的玻璃仪器若不急用，可倒置于洁净的实验台上于室温下自然晾干；亦可将水尽量倒干后放入烘箱烘干。试管可用试管夹夹住在火焰上均匀加热烤干，但须注意管口要低于管底。也可以向洗净的仪器中加少许易挥发的有机溶剂（乙醇、丙酮），充分浸润内壁后倒出，并用电吹风向内吹风以加速干燥。

注意：带有刻度的计量仪器禁止用加热的方法进行干燥。

2. 称量

称量是实验室必不可少的基本操作。根据称量所要求的准确度不同，可分别使用托盘天平和分析天平。本节仅介绍托盘天平，分析天平在实验二"称量的基本操作"中专门介绍。

托盘天平（台秤）是实验室常用的称量工具，一般能准确称量到 0.1 g。使用时应注意：

① 检查零点：调节托盘两侧的平衡螺旋，使指针在刻度板的中心等距离摆动，此时天平处于零点状态。

② 被称量药品不能直接置于托盘上，可先在左右两个托盘上各放一张称量纸，重新调零后将待称量的药品放在纸上称量。易潮解或具腐蚀性的药品须放在玻璃容器（如表面皿、烧杯）中称量。

③ 称量时，把药品放左盘，砝码放右盘，遵循从大到小的原则用镊子添加砝码，最后移动游码。称量指定质量的物质时，应先将目标质量的砝码及游码设置好，然后向左盘上添加被称物质，当被称物质的质量接近所需质量时，可左手拿药匙，右手轻拍左手，用振动药匙的方法使少量物质散落下来直至天平平衡。

④ 称量完毕，应将砝码和镊子放回砝码盒，把游码归零，两托盘叠放于一边，以防天平摆动。

3. 试剂取用

表 0-1 列出了我国化学试剂的规格、标志及适用范围。在实验中应根据工作的具体要求，选择适当等级的试剂。

试剂的取用

表 0-1　试剂的规格和适用范围

等级	名称	符号	适用范围	标签颜色
一级品	优级纯（保证试剂）	G. R.	纯度很高,适用于精密分析工作	绿色
二级品	分析纯（分析试剂）	A. R.	纯度仅次于一级品,适用于多数分析工作	红色
三级品	纯（化学纯）	C. P.	纯度次于二级品,适用于一般化学实验	蓝色
四级品	实验试剂（化学用）	L. R.	纯度较低,适用于作实验辅助试剂	棕色等
五级品	生物试剂	B. R. ,C. R.	生物实验	

（1）固体试剂的取用　使用洗净擦干的药勺取用固体试剂。注意控制每次取用量，超出需要的已取出的试剂不能倒回原瓶，可放在指定的容器中以供他用。取完试剂应立刻盖紧试剂瓶盖。腐蚀性、强氧化性或易潮解的固体试剂应置于玻璃容器内称量。特殊试剂需在教师的指导下处理。

（2）液体试剂的取用　从滴瓶中取液体试剂时要使用滴瓶自带的滴管，先提起滴管，使管口离开液面，用手指捏紧滴管上部的橡胶滴帽，赶出滴管中的空气，然后把滴管伸入滴瓶中，放松手指，吸入试剂，再提起滴管，将试剂滴入试管或其他容器内；此时应以左手垂直地拿持试管，右手的拇指和食指夹住滴管的橡胶滴帽，中指和无名指夹住橡胶滴帽与下段管的连接处，将滴管垂直或倾斜拿住，放在试管口的正上方，滴管口距试管口约 2～3 mm，然后挤捏橡胶滴帽，使试剂滴入试管中。注意，滴管不能伸入试管内，更不能触及试管内壁，否则滴管口很容易被污染；装有药品的滴管不得横置或管口向上斜放，以免液体滴入滴管的橡胶滴帽中。

通常用倾注法从细口瓶中取出液体试剂。先将瓶塞取下，反置桌面上，手握住试剂瓶上贴标签的一面，逐渐倾斜瓶子，让试剂沿着洁净的试管壁流入试管或沿着洁净的玻璃棒注入烧杯中。取出所需量后，将试剂瓶扣在容器上靠一下，再逐渐竖起瓶子，以免遗留在瓶口的液体滴流到瓶的外壁。

倒入试管里的溶液的量，一般不超过其容积的 1/2，倒入其他反应容器的液体总量一般不能超过其容积的 2/3。

定量取用液体时，视所需精密度不同选用量筒或移液管（吸量管）。移液管（吸量管）的使用见实验一"溶液的配制和滴定基本操作"。本节仅介绍量筒。

量筒是量度液体体积的仪器。实验中应根据所取溶液的体积，尽量选用能一次量取的最小规格的量筒。向量筒里注入液体时，应用左手拿住量筒，使量筒略倾斜，右手拿试剂瓶，使瓶口紧挨着量筒口，使液体缓缓流入。当注入的量接近实际需要的量时，把量筒放平，改用胶头滴管滴加到所需要的量。观察刻度时应把量筒放在平整的桌面上，视线与量筒内液体的凹液面的最低处保持水平，再读出所取液体的体积。

4. 干燥器的使用

干燥器是用来保持试剂干燥的仪器，由厚质玻璃制成。干燥器上端是一个磨口边的盖子，为了增强密封效果，通常会在干燥器盖子的磨口边缘均匀涂抹凡士林或真空硅脂。干燥器内底部放有干燥剂，中部有一个带孔圆形瓷板，上面可放置装有待干燥物体的容器。干燥剂可选用变色硅胶、无水氯化钙、五氧化二磷等常规干燥剂。打开干燥器时，不能直接把盖子往上提，而应用左手向右扶住干燥器，右手把盖子向左水平方向缓缓推开。打开盖子后，将其翻过来放于桌上，不要使涂有凡士林的磨口边触及桌面。放入或取出物品后，必须将盖子盖好，此时仍应把盖子往水平方向推移，使盖子的磨口边与干燥器口吻合。

搬动干燥器时，应用两手的大拇指同时将盖子按住以防盖子滑落而打碎。烘箱中取出的高温样品须在空气中冷却 30～60 s 后方可放入干燥器内。否则，干燥器内的空气受热膨胀可能将盖子冲掉。盖子即使能盖好，也往往因冷却后干燥器内压力低于干燥器外的空气压力，而难以打开。故放入温热的物体时，应先将盖子留一缝隙，稍等几分钟后再盖严。

5. 加热

实验室常用的热源是酒精灯和电炉。

加热基本操作

使用酒精灯时，先要检查灯芯。若灯芯顶端不平或已烧焦，需事先修剪，然后检查灯中酒精体积，应控制在酒精灯容积的 1/4 至 2/3 之间。绝对禁止用酒精灯引燃另一盏酒精灯；酒精灯用毕，必须用灯帽盖灭，不可用嘴去吹灭，否则可能将火焰沿灯颈压入灯内，引起着火或爆炸。不要碰倒酒精灯，若洒出的酒精在桌上燃烧起来，不要惊慌，应立即用湿抹布扑灭。

使用电炉前要检查电线有无破损及短路、电炉丝是否露出炉面。在电炉上放置石棉网，接通电源即可加热，加热过程中应避免液体及水洒在电炉上，并注意安全用电。用后及时拔下电源插头。

加热的方式，根据溶液的性质和盛放溶液的器皿及所需加热的程度，分为直接加热和水/油浴加热。对于高温下稳定的溶液，可将盛放该溶液的烧杯或锥形瓶放在铁架上隔石棉网直接加热，受热易分解的物质或体积甚少的溶液，可采用水/油浴加热。

6. 过滤

过滤是除去溶液里混有不溶于溶剂的杂质的方法。常用过滤方法包括常压过滤和减压抽滤两种。本节仅介绍减压抽滤。

减压抽滤又称吸滤、抽滤，是利用真空泵将抽滤瓶中的空气抽走产生负压而快速过滤的一种方法。减压抽滤装置包括真空泵、布氏漏斗、抽滤瓶。

减压抽滤

循环水式真空泵是采用射流技术产生负压，以循环水作为工作流体的一种新型真空抽气泵，具有使用方便、节约用水的特点。使用时应注意：①工作时一定要有循环水，否则在无水状态下，将烧坏真空泵；②加水量不能过多，否则水碰到电机亦会烧坏真空泵；③在过滤结束时，先缓缓拔掉抽滤瓶上的橡皮管，再关开关，以防倒吸；④应及时更换循环水以保持抽气效率。

抽滤前应先准备好滤纸。滤纸的直径应略小于布氏漏斗内径但同时要能盖住所有小孔。若滤纸过大，滤纸的边缘不能紧贴漏斗而产生缝隙，过滤时沉淀穿过缝隙，造成沉淀与溶液不能分离；同时空气穿过缝隙，抽滤瓶内不能产生负压，使过滤速度变慢。然后将滤纸放置于漏斗表面，用少量溶剂润湿，用玻璃棒轻压滤纸除去缝隙，使滤纸贴在漏斗上。将漏斗插入橡胶塞并放入抽滤瓶内，塞紧塞子。注意漏斗颈的尖端斜面应正对支管。将抽滤瓶与真空泵相连，打开开关，此时滤纸应紧贴在漏斗底部，如有缝隙，用玻璃棒除去。

过滤时一般先转移溶液，后转移沉淀或晶体，使过滤速度加快。转移溶液时，用玻璃棒引流，倒入溶液的量不要超过漏斗总容量的 2/3。转移晶体时先用玻璃棒将晶体转移至烧杯底部，再尽量转移到漏斗。如转移不干净，可加入少量抽滤瓶中的滤液，一边搅动，一边倾倒，让滤液带出晶体。继续抽吸直至晶体干燥，可用干净、干燥的瓶塞压晶体，加速其干燥。判断晶体是否干燥，可以看干燥的晶体是否粘玻璃棒，不粘即视为干燥；或者在 1～2 min 内漏斗颈下无液滴滴下时亦可判断已抽吸干燥；另外，用滤纸压在晶体上，滤纸不湿，也表示晶体已干燥。

若要洗涤晶体，则在晶体抽吸干燥后，拔掉橡皮管，加入洗涤液润湿晶体，再接真空泵橡皮管，让洗涤液慢慢透过全部晶体。最后接上橡皮管抽吸干燥。如需洗涤多次，则重复以上操作，洗至达到要求为止。

取出晶体时，用玻璃棒掀起滤纸的一角，用手取下滤纸，连同晶体放在称量纸上，或倒置漏斗，手握空拳使漏斗颈在拳内，用嘴吹下。用玻璃棒取下滤纸上的晶体，但要避免刮下纸屑。检查漏斗，如漏斗内有晶体，则尽量转移出。

转移滤液时将支管朝上，从瓶口倒出滤液。注意：支管只用于连接橡皮管，不能作为溶液出口。

当需要除去热、浓溶液中的不溶性杂质，而又不能让溶质析出时，一般采用热过滤。过滤前先把布氏漏斗放在水浴中预热，使热溶液在趁热过滤时，不会因冷却而在漏斗中析出溶质。

7. 蒸发

为了使溶质从溶液中析出，常采用加热的方法，使溶液逐渐浓缩析出晶体。

蒸发通常在蒸发皿中进行，蒸发皿的表面积较大，有利于液体蒸发。加入蒸发皿中的液体的量不得超过其体积的 2/3，以防液体溅出。如果液体量较多，蒸发皿一次盛不下，可随水的蒸发而继续添加液体。注意不要使蒸发皿骤冷，以免炸裂。根据溶质的热稳定性，可以选用酒精灯直接加热或用水浴间接加热。若溶质的溶解度较大，应加热到溶液出现晶膜时停止加热；若溶质的溶解度较小，或高温时溶解度较大而室温时溶解度较小，则不必蒸至液面出现晶膜就可以冷却。

8. 离心分离

将少量的沉淀与溶液分离时不宜采用过滤法，应采用离心分离的方法。将混合溶液置于离心管中，设定离心机适当的转速和时间，充分离心后，用吸管小心地吸出上清液。若沉淀需要洗涤，通常加入少量溶剂（如纯水），用玻璃棒充分搅拌后离心，再将上清液吸出，一般洗涤 2～3 次即可。

参考文献

[1]　南京大学大学化学实验教学组．大学化学实验［M］．2 版．北京：高等教育出版社，2010.
[2]　胡琴，祁嘉义．基础化学实验（双语教材）［M］．2 版．北京：高等教育出版社，2017.

（许贯虹，周萍，胡琴）

实验一

溶液的配制和滴定基本操作

一、实验目的

1. 掌握溶液的配制及转移的方法。
2. 掌握滴定分析操作和滴定终点的判断方法。
3. 熟悉容量瓶、移液管、吸量管、滴定管、锥形瓶等仪器的洗涤与干燥。

二、实验原理

1. 容量瓶

容量瓶用于配制准确浓度的溶液。容量瓶瓶身标有温度和容积，瓶颈标有刻度线，瓶口磨砂。常用的容量瓶有 10 mL、50 mL、100 mL、250 mL、1000 mL 等多种规格。

容量瓶在使用前应首先检查是否漏水。向瓶内加入一定量自来水至刻度附近，塞好瓶塞。用食指摁住瓶塞，另一只手托住瓶底，将瓶倒立 2 min 观察瓶塞周围是否有水渗出，然后将瓶正立并将瓶塞旋转 180°后塞紧，仍把瓶倒立过来，再检查是否漏水，经检查不漏水的容量瓶才能使用。

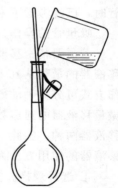

容量瓶的使用

配制溶液时，对于固体试剂，称重后应先放在烧杯里用适量的蒸馏水溶解并冷却至室温后，以玻璃棒引流，定量转移到容量瓶中（图 1-1）。烧杯中的样品溶液转移后，需用溶剂洗涤烧杯 3～4 次，将洗涤液一并转入容量瓶中。当溶液稀释至容积 2/3 时，应将容量瓶摇晃，使溶液初步混匀，然后向容量瓶中缓慢地注入水到刻度线以下 1～2 cm 处，最后改用滴管滴加水到刻度。观察刻度时，应手持刻度线上方，使瓶自然下垂，视线与标线相平。定容完成后，盖紧瓶塞，用食指摁住瓶塞，用另一只手托住瓶底，倒转容量瓶使气泡上升至顶，然后再倒转仍使气泡上升至顶，重复十余次使溶液充分混合均匀。

图 1-1 向容量瓶转移溶液

如果是液体试剂，可用吸量管移取一定量的试剂放入容量瓶，再以上述方法稀释定容。但应注意若在溶解或稀释时有明显的热量变化，就必须待溶液的温度恢复到室温后才能定容。

容量瓶使用完毕，应洗净、晾干（严禁加热烘干），并在磨砂瓶口处垫张纸条，以免瓶塞与瓶口粘连。

2. 移液管、吸量管和微量移液管

移液管和吸量管都是用于准确移取一定体积溶液的玻璃量器。移液管属于无分度吸管，常见规格有 5 mL、10 mL、25 mL 等，专用于量取特定体积的溶液。吸量管为有分度吸管，用于移取非固定量的小体积溶液，常用的吸量管有 1 mL、2 mL、5 mL、10 mL 等规格。

移液管和吸量管在使用前应依次用铬酸洗液浸洗、自来水冲洗、蒸馏水润洗，然后用所要移取的溶液再润洗 2～3 次，以保证移取的溶液浓度不变。移液管润洗时需要的溶液以上升到球部为限，吸量管润洗需要的溶液应占总体积的 1/5。吸入溶液后应立即用右手食指按住管口（不要使溶液回流，以免稀释），将管横过来，用两手的拇指及食指分别拿住移液管的两端，转动移液管并使溶液布满全管内壁，当溶液流至距上管口 2～3 cm 时，将管直立，使溶液由尖嘴放出，弃去。

用移液管自试剂瓶中移取溶液时，一般用右手的拇指和中指拿住瓶颈刻度线上方，将移液管插入溶液中，移液管不要插入溶液太深或太浅，太深会使管外沾附溶液过多，太浅会在液面下降时吸空。左手拿洗耳球，排除空气后紧按在移液管口上，慢慢松开手指使溶液吸入管内，移液管应随试剂瓶中液面的下降而下降。

当管口液面上升到刻度线以上时，立即用右手食指堵住管口，将移液管提离液面，然后使管尖端靠着试剂瓶的内壁，左手拿试剂瓶，并使其倾斜 30°。略微放松食指并用拇指和中指轻轻转动管身，使液面平稳下降，直到溶液的弯月面与标线相切时，按紧食指。

取出移液管，用干净滤纸擦拭管外溶液，把准备承接溶液的容器稍倾斜（图 1-2），将移液管移入容器中，使管垂直，管尖靠着容器内壁，松开食指，使溶液自由地沿器壁流下。待下降的液面静止后，再等待 15 s，取出移液管。管上未刻有"吹"字的，切勿把残留在管尖内的溶液吹出，因为在校正移液管时，已经考虑了末端所保留溶液的体积。

移液管和吸量管的使用

吸量管的操作方法与移液管相同。

若需要精密移取微量溶液，通常使用微量移液器。微量移液器的量程从 0.10 μL～10 mL 不等。微量移液器按照操作方式可分为手动微量移液器和电动微量移液器两种，按照微量移液器的通道数可分为单通道微量移液器和多通道微量移液器两种。实验室常用的是手动单通道微量移液器。微量移液器的使用方法为：

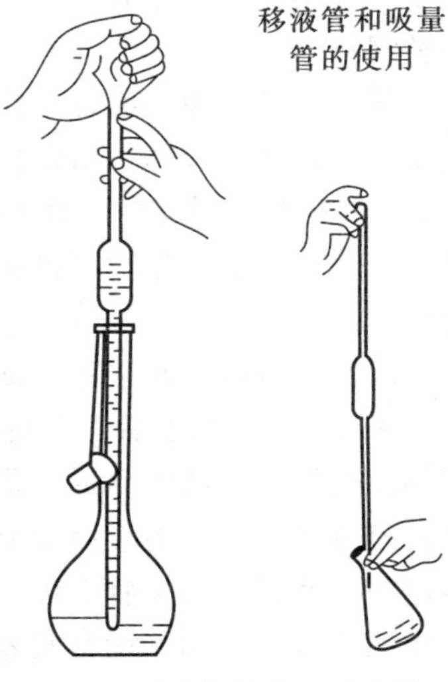

① 选择规格。实验室中通常会配备多种规格的微量移液器，应根据拟移取溶液体积选择相应的规格。一般根据拟移取溶液体积占微量移液器量程的 35%～100% 范围选择微量移液器，可同时保证操作的准确性、精度和便捷性。

② 调节量程。遵循"由大到小"原则，通过调节按钮迅速调至需要量程（当调整到接近设定值时，应将微量移液器横放再调至设定值）。

图 1-2　移液管的使用示意图

③ 安装枪头。采用旋转安装法，将微量移液器端垂直插入吸头，轻压枪头，切勿用力过猛。为了便于操作，建议提前在枪头收纳盒中插好枪头。

④ 预洗枪头。若溶液体积条件允许，建议先吸取样品润洗枪头 4～6 次。

⑤ 吸取溶液。先按压按钮排空枪头，再将微量移液器按至第一停点，吸液时缓慢松开，切勿用力过猛，吸完后应停靠容器壁片刻。

⑥ 放出溶液。放液时枪头应紧贴容器内壁并倾斜 10°～40°，尽可能地放于容器底端，先将排放按钮按至第一停点，稍微停顿后，待剩余液体聚集后，再按至第二停点将剩余液体全部压出。

⑦ 弃去枪头。用微量移液器指定按钮将枪头卸下并及时放入指定容器中。

⑧ 放回备用。将微量移液器旋回至最大量程，挂在移液器架上备用。

微量移液器使用时应注意：①使用前应查漏。②量程应与待取溶液体积匹配，大量程移液器取小体积溶液会带来较大误差。③移取溶液时，宜慢吸慢放。④放液时不要直接按到第二停点。⑤不要使用溶解性较强的有机溶剂（如丙酮）或强腐蚀性液体清洗微量移液器。⑥微量移液器应定期校正以保证精度。

3. 滴定管

滴定管主要用于滴定分析中精确量取一定体积的溶液。滴定管一般分为两种：一种是下端带有玻璃活塞的酸式滴定管，可盛放酸性或氧化性溶液；另一种是碱式滴定管，其下端连接一乳胶管，内置一玻璃球以控制溶液的流出。碱式滴定管可盛放碱性溶液，但不宜盛放能与乳胶管起化学反应的氧化性溶液。常见的滴定管容积为 50 mL 或 25 mL，最小刻度为 0.1 mL，读数可估计到 0.01 mL。

滴定管使用前必须洗涤干净，要求滴定管洗涤到装满水后再放出时管的内壁全部为一层薄水膜湿润而不挂有水珠。当滴定管没有明显油污时，可以直接用自来水冲洗。若有油污，则可用 5～10 mL 铬酸洗液清洗。洗涤酸式滴定管时，要预先关闭活塞，倒入洗液后，一手拿住滴定管上端无刻度部分，另一手拿住活塞上部无刻度部分，边转动边将管口倾斜，使洗液流经全管内壁，然后将滴定管竖起，打开活塞使洗液从下端放回原洗液瓶中。洗涤碱式滴定管时，应先去掉下端的橡皮管和细嘴玻璃管，接上一小段塞有玻璃棒的橡皮管，再按上法洗涤。

酸式滴定管使用前应检查活塞转动是否灵活或漏液，如不灵活或漏液，则取下活塞，洗净后用吸水纸吸干或吹干活塞和活塞槽，取少许凡士林在活塞的两头涂上薄薄的一层，活塞中部只能涂极少量的凡士林以防堵塞活塞孔。将活塞插入活塞槽内并向同一方向转动，直到其中的油膜变得均匀透明为止。若活塞转动不灵活或油膜出现纹路，说明凡士林涂得不够，这样会导致漏液，但若凡士林涂得太多，会堵塞活塞孔。此时都必须将活塞取出重新进行处理，最后还应检查活塞是否漏水。

碱式滴定管应选择大小合适的玻璃珠和橡皮管，并检查滴定管是否漏液，流出的液滴是否可以灵活控制，如不合要求需更换玻璃珠或橡皮管。

酸式滴定管用自来水冲洗以后，再用蒸馏水洗涤 3 次，每次 5～10 mL。每次加入蒸馏水后，要边转动边将管口倾斜，使水布满全管内壁，然后将酸式滴定管竖起，打开活塞，使水流出一部分以冲洗滴定管的下端，然后关闭活塞，将其余的水从管口倒出。对于碱式滴定管，从下面放水洗涤时，要用拇指和食指轻轻往一边挤压玻璃球外面的橡皮管，并随放随转，将残留的自来水全部洗出。最后用操作溶液洗涤 3 次，每次用量为 5～10 mL，其洗法同蒸馏水相同。

当操作溶液装入滴定管后，如下端留有气泡或有未充满的部分，用右手拿住酸式滴定管上部无刻度处，将滴定管倾斜 30°，左手迅速打开活塞使溶液冲出（下接一个烧杯），从而使溶液布满滴定管下端。亦可用左手握住酸式滴定管上 1/3 处，放开活塞放液，同时用右手敲击左手手腕以排出气体。如使用碱式滴定管，则把橡皮管向上弯曲，使之与滴定管呈 120°夹角，同时使滴定管与水平面呈 45°夹角，用两指挤压稍高于玻璃球所在处，使溶液从管尖喷出（图 1-3），这时一边仍挤压橡皮管，一边把橡皮管放直，等到橡皮管放直后，再松开手指，否则末端仍会有气泡。

图 1-3　碱式滴定管
排气泡手法

在读数时，用右手拇指和食指捏住滴定管上部无刻度处，让其自然下垂，否则会造成读数误差。由于界面张力的作用，滴定管内的液面呈凹形，称为凹液面。无色水溶液的凹液面比较清晰，而有色溶液凹液面的清晰度较差。因此，两种情况的读数方法稍有不同。为了能准确读数，应遵守下列规则。

① 装满溶液或放出溶液后，必须等 1～2 min，使附着在内壁上的溶液流下后再读数。

② 读数时，对无色或浅色溶液，视线应在凹液面的最低点处，而且要与液面水平。若溶液颜色太深，如 $KMnO_4$ 溶液，不能观察到凹液面时，可读两侧最高点（图 1-4）。初读数与终读数应取同一标准。

③ "蓝带"滴定管中溶液的读数与上述方法不同。若为无色溶液，将有两个弯月面相交于滴定管蓝线的某一点（图 1-5），读数时视线应与此点相平。若为有色溶液，视线应与液面两侧的最高点相平。

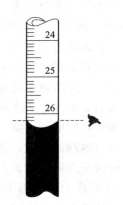
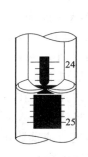

滴定管的使用

图 1-4　深色溶液的读数　　图 1-5　"蓝带"滴定管的读数　　图 1-6　酸式滴定管的操作

④ 对于常量滴定管读数，必须读到小数点后第二位，而且要求估计到 0.01 mL。

⑤ 滴定管最好是在零或接近零的某一刻度开始，并每次都从上端开始，以消除上下刻度不匀所造成的误差。

滴定时，样品溶液盛于锥形瓶中，锥形瓶置于一白色衬底之上，滴定管下嘴位于锥形瓶颈部。操作者应用左手控制滴定管，右手握持锥形瓶，边滴边向同一方向做圆周旋转摇动。对于酸式滴定管，一般左手控制活塞，大拇指在前，食指、中指在后，手指略微弯曲，轻轻向内扣住活塞，手心空握，以免活塞松动或顶出活塞（图 1-6）。拇指下压开启活塞，不能前后振动，否则会溅出溶液。

使用碱式滴定管时，左手拇指和食指拿住橡皮管中玻璃珠所在部位稍上一些的地方，向外（即向左）或向里（即向右）挤橡皮管，在玻璃珠旁边形成空隙，使溶液从空隙流出。但要注意，不能使玻璃珠上下移动，更不要按玻璃珠以下的地方，那样会把下部橡皮管按宽，待放开手时，就会有空气进入而形成气泡。

滴定速度一般为 10 mL•min^{-1}，即每秒 3～4 滴。临近滴定终点时，应一滴或半滴地加入，让滴定剂悬挂在滴定管嘴上，用洗瓶喷出少量蒸馏水将液滴洗入锥形瓶内，然后摇动锥形瓶。如此继续滴定至准确终点的到达。

除上述酸式滴定管和碱式滴定管外，现在常用的还有聚四氟乙烯酸碱通用滴定管。通用滴定管最大特点在于活塞使用了耐酸碱的聚四氟乙烯材料制得，因此使用时无须担心碱性溶液对于活塞的腐蚀作用。聚四氟乙烯酸碱通用滴定管的操作方法与酸式滴定管相同。

4. 溶液的配制

溶液的配制是化学实验的基本操作之一。在配制溶液时，首先应根据所需配制溶液的浓度、体积，计算出溶质和溶剂的用量。在用固体物质配制溶液时，如果物质含结晶水，则应将结晶水计算进去。稀释浓溶液时，应根据稀释前后溶质的量不变的原则，计算出所需浓溶液的体积，然后加水稀释。

在配制溶液时，应根据配制要求选择所用仪器。如果对溶液浓度的准确度要求不高，可用托盘天平、量筒等仪器进行配制；若要求溶液的浓度比较准确，则应用分析天平、移液管、容量瓶等仪器进行配制。

三、仪器与试剂

1. 仪器

托盘天平；酸式滴定管（25 mL）；碱式滴定管（25 mL）；移液管（20 mL）；吸量管（10 mL）；容量瓶（500 mL）；锥形瓶（250 mL）；烧杯（50 mL、100 mL）。

2. 试剂

浓盐酸；NaOH(s)；酚酞指示剂；甲基橙指示剂。

四、实验内容

1. 配制 250 mL 0.1 mol•L^{-1} HCl 溶液

计算出配制 250 mL 0.1 mol•L^{-1} HCl 溶液所需的浓盐酸的体积。用 10 mL 吸量管吸取所需的浓盐酸至 250 mL 容量瓶中，用蒸馏水定容。

2. 配制 250 mL 0.1 mol•L^{-1} NaOH 溶液

计算出配制 250 mL 0.1 mol•L^{-1} NaOH 溶液所需的 NaOH 固体的质量。用托盘天平称取所需的 NaOH 固体，并转移至 50 mL 烧杯中，加适量蒸馏水，搅拌，使 NaOH 固体完全溶解，定量转移至 250 mL 容量瓶中，用蒸馏水定容。

3. 酸碱溶液的相互滴定

用 0.1 mol•L^{-1} HCl 溶液润洗酸式滴定管 2～3 次，每次 5～10 mL，然后将 HCl 溶液装入酸式滴定管中，排除气泡，调节液面至 0.00 mL 刻度处。

用 0.1 mol•L^{-1} NaOH 溶液润洗碱式滴定管 2～3 次，每次 5～10 mL，然后将 NaOH 溶液装入碱式滴定管中，排除气泡，调节液面至 0.00 mL 刻度处。

从碱式滴定管中放出 10.00 mL 0.1 mol•L^{-1} NaOH 溶液于洁净的 250 mL 锥形瓶中，加入甲基橙指示剂 1～2 滴，显黄色。用 0.1 mol•L^{-1} HCl 滴定至橙色即为终点，读数，记录消耗 HCl 溶液的体积，并计算消耗掉 HCl 溶液与锥形瓶内 NaOH 溶液的体积比。平行测定三份。

取 20.00 mL 洁净的移液管，用少量 0.1 mol·L^{-1} HCl 溶液润洗 3 次，然后移取 20.00 mL HCl 溶液于 250 mL 锥形瓶中，加 2 滴酚酞指示剂，用 0.1 mol·L^{-1} NaOH 溶液滴定至微红色，红色保持 30 s 不褪色即为终点。记录滴定消耗的 NaOH 溶液的体积，平行测定三份。

五、思考题

1. 以酚酞作指示剂，滴定至微红色，红色保持 30 s 不褪色即为终点。若经过较长时间，可发现红色会慢慢褪去，为什么？
2. 滴定过程中为冲洗锥形瓶内壁而加入蒸馏水的量是否需要准确记录？

参考文献

[1] 南京大学大学化学实验教学组. 大学化学实验 [M]. 2 版. 北京：高等教育出版社，2010.
[2] 胡琴，祁嘉义. 基础化学实验（双语教材）[M]. 2 版. 北京：高等教育出版社，2017.

（许贯虹）

实验二

称量的基本操作

一、实验目的

1. 熟悉托盘天平和电子天平的构造，学会正确使用托盘天平和电子天平。
2. 掌握直接称量法、差减称量法。
3. 熟悉称量瓶与干燥器的使用。

二、实验原理

称量是化学实验最基本的操作之一，天平是实验中不可或缺的称量仪器，常用的天平有托盘天平、分析天平和电子天平。

1. 托盘天平

托盘天平（又称台天平，台秤）是根据杠杆原理设计而成的，常用于一般称量。其能迅速称量物体的质量，但是精确度不高，一般能准确称至 0.1 g。托盘天平的构造如图 2-1 所示。托盘天平的横梁架在底座上；横梁的左右各有一个托盘；横梁中部的上方有一指针与刻度盘相对，根据指针在刻度盘摆动的情况，可以看出托盘天平是否处于平衡状态。

使用托盘天平称量时，可按下述步骤进行。

（1）调整零点　称量物体之前，将游码拨到游码标尺的"0"刻度处，检查托盘天平的指针是否停在刻度盘的中心线位置。若不在，调节托盘下侧的平衡螺丝。当指针在刻度盘中心线左右摆动距离大致相等时，则天平处于平衡状态，此时指针可以停在刻度盘中心线位置，此为托盘天平的零点。

图 2-1　托盘天平
1—横梁；2—托盘；3—刻度盘；
4—指针；5—平衡螺丝；6—游码；
7—游码标尺；8—砝码

（2）称量　称量时，左盘放称量物，右盘放砝码。添加砝码时应从大到小，一般 5 g 以下质量可通过移动游码添加，直至指针的位置与零点位置相符（两者之间允许偏差 1 小格之内）。此时，砝码加游码的质量就是称量物的质量。

（3）称量注意事项

① 托盘天平不能称量热的物品；

② 化学药品不能直接放在托盘上，应根据情况确定将称量物放置在已称量的、光洁的称量纸上或者洁净的表面皿、烧杯等玻璃容器中；

③ 取放砝码时要用镊子夹取，不得用手直接接触砝码，砝码不能放在托盘及砝码盒以外的任何地方；

④ 称量完毕，应将砝码放回砝码盒中，将游码拨到"0"刻度处，将天平打扫干净。最后将托盘放在同一侧，或者用橡皮圈架起横梁，以免天平摆动。

2. 电子天平

电子天平的秤盘放在电磁铁上。样品的质量和重力加速度的作用使得秤盘向下运动。天平检测到这个运动并通过电磁铁产生一个与此力相对抗的作用力，此作用力与样品的质量成比例，因此可称得样品的质量。

电子天平的型号很多，外观类似，如图 2-2 所示，其使用方法也大体相同。电子天平的使用方法如下。

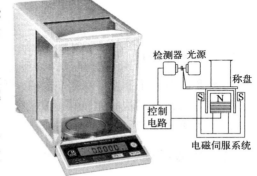

（1）调整水平 使用前观察水泡是否位于水平仪中心，若位置偏移，则需要调整水平调节螺丝，使水泡位于水平仪中心。

（2）预热 接通电源预热至所需时间。天平在初次接通电源或长时间断电之后，至少需要预热 30 min。

图 2-2 电子天平

（3）开机 开机前先检查天平框罩内外是否清洁，天平盘上是否有撒落的药品粉末。若天平较脏，应先用毛刷清扫干净。然后单击"ON/OFF"键（有些型号为"power"键），天平自动实现自检。

（4）校正 首次使用天平必须进行校正，按校正键"CAL"，天平将显示所需校正砝码质量 100 g，放上 100 g 标准砝码直至出现"g"，校正结束。

（5）称量 轻按天平面板上的"TARE"键（除皮键/归零键），除皮清零，电子显示屏上出现"0.0000"闪动，待数字稳定后，表示天平已稳定，可以进行称量。打开天平侧门，将称量物置于天平盘上（化学试剂应放置在已称量的、光洁的称量纸上或者洁净的表面皿、烧杯等玻璃容器中）。关闭天平侧门，待电子显示屏上闪动的数字稳定下来，读取数字，即为样品的质量。

（6）关机 称量完毕，取出称量物，轻按"ON/OFF"键，使天平处于待命状态。再次称量时按一下"ON/OFF"键即可使用。使用完毕后，用毛刷清扫天平，关好天平侧门，拔下电源插头，盖上防尘罩。

（7）电子天平使用时注意事项

① 天平箱内应保持清洁，要定期放置和更换吸湿变色硅胶，以保持干燥；

② 称量前要预热 0.5～1 h。如一天中多次使用，最好整天接上电源，这样能使天平的内部系统保持一个恒定的操作温度，有利于维持称量准确度的恒定；

③ 注意天平的称量范围，不能超载；

④ 不要称量带磁性的物质，不能直接称量热的或者散发腐蚀性气体的物质；对于具有腐蚀性气体或者吸湿的物体，必须将其置于密闭容器内进行称量；

⑤ 称量时，称量物应放在天平盘的中央。

3. 称量方法

(1) 直接称量法 此法用于称量不易吸水、在空气中性质稳定的试样，如金属、矿石等。可将试样置于称量盘上已称重的表面皿或者称量纸上，直接称量。

(2) 差减称量法 此法适用于称量粉末状样品或者易吸水、易氧化、易与 CO_2 反应的试样。由于称取试样的质量是由两次称量质量之差求得，因此称为差减称量法。

称量时，首先用干净的纸带套在称量瓶上（或用手套），从干燥器中取出称量瓶（如图 2-3 所示）。将称量瓶置于天平托盘上，称出称量瓶加试样的准确质量。取出称量瓶，在接收容器的正上方，用小纸片（或用手套）捏住瓶盖，轻轻打开瓶盖（勿使瓶盖离开接收容器口上方）。慢慢倾斜瓶身，一般使称量瓶底高度与瓶口相同或者略低于瓶口，以防试样冲出太多。用瓶盖上部轻敲瓶口上沿，使少量试样缓缓落入容器，如图 2-4 所示。当倾出的试样接近所需量时，慢慢将瓶身竖起，同时继续用瓶盖轻敲瓶口，使附着在瓶口的试样落入称量瓶或者接收容器中，盖好瓶盖，此时方可让称量瓶离开容器上方并放回天平托盘上，再次进行称量。两次称量的质量之差，即为敲出试样的质量。

图 2-3 称量瓶拿法

图 2-4 从称量瓶中敲出样品

三、仪器与试剂

1. 仪器

称量瓶；表面皿；烧杯（100 mL）；干燥器；托盘天平；电子天平（万分之一）。

2. 试剂

硼砂（$Na_2B_4O_7 \cdot 10H_2O$）。

四、实验内容

1. 称量前的准备工作

把天平罩布取下后，检查天平盘上有无灰尘（如有，用软毛刷清扫），天平是否处于水平位置。若有问题，立即请教师处理。接着用标准砝码校准电子天平的零点。

2. 称量练习

(1) 直接法称量 用直接法准确称量约 0.5 g 的硼砂两份，置于干燥洁净的表面皿上。

(2) 差减法称量 从干燥器中取出盛有硼砂的称量瓶，按差减称量法准确称量约 0.18～0.22 g 硼砂两份，放在干燥洁净的小烧杯里。

五、注意事项

1. 使用过程中保持天平洁净。

2. 称量时天平门要关好。

3. 易吸潮的固体样品在称量前必须将其放入称量瓶，在约 105℃ 的烘箱内干燥 1～2 h，然后从烘箱中取出，盖上瓶盖并连同样品一起放入干燥器内冷却至室温。

六、思考题

1. 如何校正电子天平？

2. 用电子天平称量能精确到多少克？

3. 称量的方法有哪些？各有何优缺点？

参考文献

[1] 胡琴，祁嘉义．基础化学实验（双语教材）[M]．2 版．北京：高等教育出版社，2017．

[2] 南京大学《无机及分析化学实验》编写组．无机及分析化学实验 [M]．4 版．北京：高等教育出版社，2006．

（顾伟华）

实验三

凝固点降低法测量溶质的摩尔质量

一、实验目的

1. 掌握稀溶液依数性的基本原理。
2. 掌握凝固点降低法测量溶质摩尔质量的原理和方法。

二、实验原理

溶液的依数性是稀溶液本身所具有的一种属性，依数性只与溶质的浓度有关而与溶质本性无关。稀溶液的依数性包括溶液蒸气压下降、沸点升高、凝固点下降和渗透压四种性质。

对于难挥发性非电解质稀溶液而言，其凝固点下降的数值与溶质（B）的质量摩尔浓度（b_B）成正比：

$$\Delta T_f = T_f^0 - T_f = K_f b_B \tag{3-1}$$

式中，T_f^0 是纯溶剂的凝固点；T_f 是溶液的凝固点；K_f 称为质量摩尔凝固点降低常数。K_f 只取决于溶剂的属性，不同的溶剂具有不同的 K_f 值。

若溶质和溶剂的质量分别为 m_B 和 m_A，溶质的摩尔质量为 M_B，则：

$$b_B = \frac{m_B/M_B}{m_A} \times 1000 \tag{3-2}$$

式中，m_B 和 m_A 的单位为 g。将式（3-2）代入式（3-1）可得：

$$M_B = \frac{K_f m_B}{m_A \Delta T_f} \times 1000 \tag{3-3}$$

图 3-1 是纯溶剂和溶液的冷却曲线。图中曲线（a）是纯溶剂的理想冷却曲线，纯溶剂从开始凝固到完全凝固这个过程中体系温度不变，此相对恒定的温度即为纯溶剂的凝固点。曲线（c）是溶液的理想冷却曲线，冷却过程中，随着溶剂中结晶析出，溶液的浓度在逐渐变大，溶液的凝固点也进一步不断降低，因此在冷却曲线上只出现温度拐点。

本实验采用过冷法测定凝固点。过冷现象是指溶液到达凝固点温度却不凝固的现象。当待测溶液逐渐降温成为过冷溶液，然后在尽可能绝热的情况下突然搅拌待测液体，促使溶剂析出，放出的凝固热使系统温度回升，当放热与散热达到平衡时，即为待测溶液的凝固点，如图 3-1 中曲线（b）和曲线（d）所示。适当过冷有助于实验测定，溶液（或纯溶剂）温度

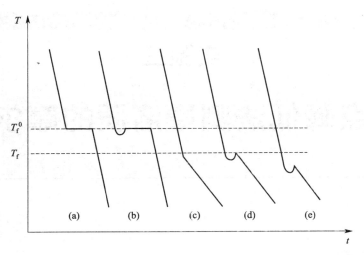

图 3-1 纯溶剂和溶液的冷却曲线

回升的最高点即为凝固点。但是实验过程中若出现严重过冷会导致体系温度无法回到原溶液的凝固点温度，如图 3-1 中曲线（e）所示，则将造成较大的实验误差。本实验中通过控制寒剂温度和调节搅拌速度来防止出现严重过冷现象。

三、仪器与试剂

1. 仪器

水银温度计（低量程＜－15℃，0.1℃分度）；酒精温度计（2℃分度）；分析天平；测定管；移液管（25 mL）；烧杯（500 mL）；洗耳球；细铁丝搅拌棒；具孔橡皮塞；粗玻璃搅拌棒（搅拌冰水）；空气套管；滴管。

2. 试剂

葡萄糖；粗盐；蒸馏水；冰。

四、实验内容

1. 测量葡萄糖溶液的凝固点 T_f

制备寒剂：将适量冰块和自来水放入 500 mL 烧杯中（两者占烧杯体积的 3/4），然后加入一定量粗盐，使冰盐浴的温度在－8～－7℃。在实验中注意随时补充冰块及用滴管取出多余的水，并用粗玻璃搅拌棒上下搅拌冰盐浴，以保持温度稳定。

用万分之一分析天平精确称取 5.0000 g±0.0500 g（精确至 0.0001 g）葡萄糖放入洁净、干燥的凝固点测定管中。

用移液管移取 25.00 mL 蒸馏水，顺着管内壁加入盛有葡萄糖的测定管中，用细铁丝搅拌棒上下搅拌，直至葡萄糖完全溶解（搅拌过程中注意不要使溶液溅到测定管外）。盖上带有水银温度计的橡皮塞，并将细铁丝搅拌棒卡在橡皮塞缺口处，调整温度计的高度，使温度计的水银球全部浸入溶液中但不能触碰到测定管底部。如图 3-2 所示，将测定管插入空气套管内，放入大烧杯中，使测定管内溶液液面低于寒剂的液面，并固定在铁架台上。用细铁丝搅拌棒慢慢上下搅拌（约每秒 1 次）葡萄糖溶液，尽量避免使搅拌棒接触到试管内壁和温度计，否则由于摩擦产生的热量将有可能影响测量结果，并观察温度计读数。当温度计示数低于待测溶液估计凝固点❶以下 0.3℃时，用细铁丝搅拌棒急速搅拌溶液（注意搅拌过程中不要触碰温度计水银球），防止过冷严重。当测定管中出现少许冰屑时可观察到温度迅速回升，记录下测定管中温度计回升的最高温度。停止搅拌，取出测定管，使冰屑完全融化后，重复上述操作一次。取两次温度的平均值（两次测定值相差不应超过 0.02℃），即得葡萄糖溶液的凝固点 T_f。

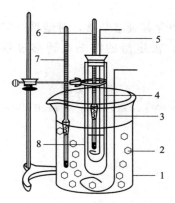

图 3-2　实验中凝固点测量装置示意图

1—烧杯；2—冰；3—搅拌棒；4—凝固点测定管；5—搅拌棒；
6—温度计（0.1℃）；7—温度计（1℃）；8—空气套管

2. 测定纯溶剂（蒸馏水）的凝固点

弃去测定管内溶液，用自来水洗净测定管、细铁丝搅拌棒和水银温度计，并用蒸馏水淋洗 3 次。调整寒剂温度到 $-4 \sim -3$℃。精密移取 25.00 mL 蒸馏水于测定管中，按照步骤 1 的方法测定纯水的凝固点 T_f^0。

洗净测定管内外表面和实验用其他仪器，整理实验台面。将洗净的测定管置于气流烘干器上烘干。

3. 数据记录与处理结果

根据式（3-3）计算葡萄糖的摩尔质量。水的密度 $d_{水} = 1.000 \ \text{g} \cdot \text{mL}^{-1}$，凝固点降低常数 $K_{f(水)} = 1.86 \ \text{K} \cdot \text{kg} \cdot \text{mol}^{-1}$。

五、注意事项

1. 测定溶液的凝固点时，测定管必须保证干燥。

2. 准确称量的葡萄糖需要定量转移至测定管内。

3. 制备寒剂过程中，勿将酒精温度计代替粗玻璃搅拌棒搅拌寒剂。

4. 测定凝固点的过程中，酒精温度计要时刻监测寒剂温度。若寒剂温度过高，需要吸出盐水，加入冰块和粗盐；若温度过低，可加入适量自来水调整。

5. 用细铁丝搅拌棒急速搅拌溶液之前，应确保水银球处在铁丝棒下端的铁丝环内，以防快速搅拌溶液时将水银温度计折断。

---

❶　估计凝固点：根据所称取的葡萄糖的质量和葡萄糖的理论摩尔质量，按式（3-3）可以推算出凝固点下降值 ΔT_f，进而估算出待测葡萄糖溶液的凝固点。

6. 实验过程中，如果水银温度计和溶剂冻在一起，必须等溶剂融化后再取出温度计，以防折断水银温度计。

7. 本实验可以用精密数字温度温差仪代替水银温度计进行凝固点测定，使用方法参见实验三十四。

六、思考题

1. 如果待测的葡萄糖溶液中含有难溶杂质，对结果有何影响？

2. 若溶解葡萄糖的过程中，需定量的溶剂在转移过程中有损失，对测定的结果有何影响？

参考文献

胡琴，祁嘉义. 基础化学实验（双语教材）[M]. 2版. 北京：高等教育出版社，2017.

（杨静）

实验四

缓冲溶液的配制与性质

一、实验目的

1. 熟悉缓冲溶液的性质。
2. 掌握缓冲溶液的配制方法。
3. 掌握吸量管的使用方法。

二、实验原理

缓冲溶液通常由足够浓度的共轭酸碱对组成，具有抵抗外来少量强酸、强碱或稍加稀释而保持其 pH 基本不变的能力。缓冲溶液中共轭酸碱对存在的质子转移平衡如下：

$$HB + H_2O \rightleftharpoons H_3O^+ + B^-$$

其 pH 可用 Henderson-Hasselbalch 方程式近似计算：

$$pH = pK_a + \lg \frac{c_{B^-}}{c_{HB}} \tag{4-1}$$

式中，pK_a 为共轭酸解离平衡常数的负对数。

式(4-1)表明，缓冲溶液的 pH 取决于共轭酸的解离平衡常数和缓冲比（即共轭碱和共轭酸浓度的比值）。

不同缓冲溶液，其抗酸抗碱能力不同。缓冲容量（β）可作为衡量缓冲溶液缓冲能力大小的尺度。β 的大小与缓冲溶液的总浓度及缓冲比有关。当缓冲溶液的缓冲比一定时，缓冲溶液的总浓度越大则 β 越大；当缓冲溶液的总浓度一定时，缓冲比越趋向于 1，则 β 越大，缓冲比为 1 时，β 达极大值。

三、仪器与试剂

1. 仪器

吸量管（10 mL，5 mL，1 mL）；烧杯（25 mL）；试管（20 mL，10 mL）；洗耳球；玻璃棒；pH-10 笔式 pH 计。

2. 试剂

HAc（$1.0 \text{ mol} \cdot L^{-1}$，$0.1 \text{ mol} \cdot L^{-1}$）；NaAc（$1.0 \text{ mol} \cdot L^{-1}$，$0.1 \text{ mol} \cdot L^{-1}$）；$Na_2HPO_4$（$0.1 \text{ mol} \cdot L^{-1}$）；$NaH_2PO_4$（$0.1 \text{ mol} \cdot L^{-1}$）；NaOH（$1.0 \text{ mol} \cdot L^{-1}$，$0.1 \text{ mol} \cdot L^{-1}$）；

HCl（$1.0 \ mol \cdot L^{-1}$）；NaCl（$9 \ g \cdot L^{-1}$）；甲基红指示剂；广泛 pH 试纸。

四、实验内容

1. 配制缓冲溶液

按表 4-1，分别在 2 支 20 mL 试管中配制缓冲溶液 A 和 B、在 2 个 25 mL 小烧杯中配制缓冲溶液 C 和 D，摇匀后备用。

表 4-1　缓冲溶液的配制

实验编号	试剂	用量/mL	总浓度/mol·L^{-1}	缓冲比
A	$1.0 \ mol \cdot L^{-1}$ HAc	5.00		
	$1.0 \ mol \cdot L^{-1}$ NaAc	5.00		
B	$0.1 \ mol \cdot L^{-1}$ HAc	5.00		
	$0.1 \ mol \cdot L^{-1}$ NaAc	5.00		
C	$0.1 \ mol \cdot L^{-1}$ Na$_2$HPO$_4$	5.00		
	$0.1 \ mol \cdot L^{-1}$ NaH$_2$PO$_4$	5.00		
D	$0.1 \ mol \cdot L^{-1}$ Na$_2$HPO$_4$	9.00		
	$0.1 \ mol \cdot L^{-1}$ NaH$_2$PO$_4$	1.00		

2. 缓冲溶液的性质

取 6 支 10 mL 试管（1～6 号），按表 4-2 依次加入序号为 1 到 6 的溶液，分别用广泛 pH 试纸测量加酸或加碱前后该溶液的 pH。

另取 1 支 20 mL 试管（7 号），加入 2.00 mL 缓冲溶液 A，先用广泛 pH 试纸测量 pH 后，加入 5.00 mL 蒸馏水，混匀后再测其 pH。将所得结果记录于表 4-2。计算各实验组 pH 的变化，并根据实验结果得出结论。

表 4-2　探究缓冲溶液的性质

实验编号	1	2	3	4	5	6	7
缓冲溶液 A/mL	2.00	2.00	—	—	—	—	2.00
NaCl/mL	—	—	—	—	2.00	2.00	—
H$_2$O/mL	—	—	2.00	2.00	—	—	—
广泛 pH 试纸测 pH							
HCl/滴	2	0	2	0	2	0	0
NaOH/滴	0	2	0	2	0	2	0
H$_2$O/mL	—	—	—	—	—	—	5.00
滴加试剂后 pH 试纸测 pH							
|ΔpH|							
结论							

3. 缓冲容量（β）与缓冲溶液总浓度及缓冲比的关系

(1) β 与缓冲溶液总浓度的关系　在两支试管中分别加入 2.00 mL 缓冲溶液 A 和缓冲溶液 B，然后各加入 2 滴甲基红指示剂，摇匀，观察并记录溶液颜色。随后分别逐滴加入 $1.0 \ mol \cdot L^{-1}$ NaOH 溶液，边加边振荡，直到溶液刚好变为黄色，记录所滴加 NaOH 溶液的量及结果于表 4-3。比较两次实验结果并得出结论。

表 4-3　缓冲容量与缓冲溶液总浓度的关系

实验编号	1	2
缓冲溶液 A/mL	2.00	—
缓冲溶液 B/mL	—	2.00
甲基红指示剂/滴	2	2
滴加甲基红指示剂后溶液颜色		
NaOH/滴(溶液刚好变黄色)		
结论		

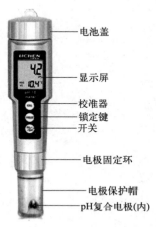

- 电池盖
- 显示屏
- 校准器
- 锁定键
- 开关
- 电极固定环
- 电极保护帽
- pH复合电极(内)

图 4-1　pH-10 笔式 pH 计示意图

(2) β 与缓冲比的关系　先用笔式 pH 计（图 4-1）测量缓冲溶液 C 的 pH，然后用 1 mL 吸量管加入 0.90 mL 0.1 mol·L^{-1} NaOH 溶液，混匀后再次测量该溶液的 pH，并将结果记录于表 4-4 中。同法测量缓冲溶液 D 在加入 0.90 mL 0.1 mol·L^{-1} NaOH 溶液前后的 pH。计算两缓冲溶液加碱前后溶液 pH 的变化并得出结论。

表 4-4　缓冲容量与缓冲比的关系

实验编号	1	2
缓冲溶液 C/mL	10.00	—
缓冲溶液 D/mL	—	10.00
溶液的 pH		
加入 NaOH 后溶液的 pH		
ΔpH		
结论		

五、注意事项

1. 广泛 pH 试纸的测量范围为 1～14，只能大概测定溶液的 pH。使用过程中，需用洁净的玻璃棒蘸取待测溶液，蘸在 pH 试纸上，然后与标准比色卡进行颜色对照并读数。

2. 笔式 pH 计前端的玻璃球泡不能与硬物接触，以免破损；测量前后需要用蒸馏水清洗，以保证测量的精度。使用完毕后及时把玻璃球泡放回保护套内。

3. 笔式 pH 计测量 pH 时，需将其插入足量被测液体中，使玻璃球泡完全浸没于待测溶液中，轻轻搅动，直到显示值读数稳定。

六、思考题

1. 影响缓冲溶液 pH 的因素有哪些？
2. 影响缓冲容量的因素有哪些？何时缓冲溶液的缓冲容量达最大值？

参考文献

胡琴，祁嘉义. 基础化学实验（双语教材）[M].2版. 北京：高等教育出版社，2017.

（杨旭曙）

实验五

电位法测量醋酸的解离常数

一、实验目的

1. 熟悉电位法测定解离平衡常数的方法。
2. 掌握使用 pH 计测定溶液 pH 值的方法。

二、实验原理

醋酸溶液中存在下列解离平衡：

$$HAc + H_2O \rightleftharpoons H_3O^+ + Ac^-$$

一定温度下，解离平衡时：

$$K_a = \frac{[H^+][Ac^-]}{[HAc]} \tag{5-1}$$

$$-\lg K_a = pH - \lg \frac{[Ac^-]}{[HAc]} \tag{5-2}$$

式中，K_a 为 HAc 的解离平衡常数；$[H^+]$、$[Ac^-]$、$[HAc]$ 为平衡浓度。在 HAc 溶液中加入不足量的 NaOH，则形成 HAc 和 NaAc 的混合溶液。用 pH 计直接测定该混合溶液的 pH 值，并根据该溶液中 $\frac{[Ac^-]}{[HAc]}$ 的比值及式(5-2)，则可计算得到 HAc 的解离平衡常数。

三、仪器与试剂

1. 仪器

pH 计；碱式滴定管或聚四氟乙烯滴定管（25 mL）；锥形瓶（250 mL×2）；烧杯（50 mL）；移液管（20 mL）；温度计。

2. 试剂

NaOH（0.1 mol·L^{-1}，标准溶液）；HAc（0.1 mol·L^{-1}）；酚酞指示剂。

四、实验内容

1. 滴定 HAc 溶液所消耗 NaOH 溶液的体积

用移液管准确移取 20.00 mL HAc 溶液于洁净的 250 mL 锥形瓶中，加 2 滴酚酞指示剂，用 NaOH 标准溶液滴定至溶液呈微红色，且半分钟内不褪色为止。记录消耗 NaOH 溶液的体积。重复滴定 2 次，计算消耗 NaOH 溶液的平均体积 $\bar{V}(\text{NaOH})$。

2. 校正 pH 计

按照所使用 pH 计（图 5-1）说明书中的操作方法进行安装，并用标准缓冲溶液校正 pH 计。

3. 测定不同浓度 HAc 溶液的 pH 值

（1）用移液管准确移取 20.00 mL HAc 溶液置于洁净的 50 mL 烧杯中，由滴定管缓慢加入 $\frac{1}{4}\bar{V}(\text{NaOH})$ 的 NaOH 溶液，摇匀，测定并记录其 pH 值。

（2）继续向上述烧杯中滴加 NaOH 溶液至其体积分别为 $\frac{1}{2}\bar{V}(\text{NaOH})$ 和 $\frac{3}{4}\bar{V}(\text{NaOH})$，摇匀，分别测定并记录其 pH 值。

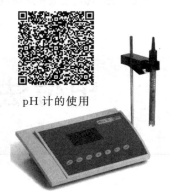

pH 计的使用

图 5-1　pH 计

4. 测定完毕，洗净电极和烧杯，并将电极浸入 KCl 饱和溶液中，仪器还原，关闭仪器电源。

5. 根据实验测得的 pH 值，计算 HAc 的解离平衡常数。

五、注意事项

1. 滴定至溶液呈微红色，静置，若半分钟内不褪色即可停止滴定。

2. 注意保护 pH 计的电极，电极下端的玻璃球泡极薄，切忌与硬物接触；电极使用完毕后，应将玻璃球泡浸泡在饱和 KCl 溶液中。

3. 电极在测定时应将其管身上部的小橡皮塞拔开，以保持液位压差，测定结束后要及时将其塞上。

4. 电极的玻璃球泡若有裂纹或者老化，应更换新电极，否则反应缓慢，甚至造成较大的测量误差。

六、思考题

1. 实验所使用的 HAc 和 NaOH 溶液的准确浓度是否需要知道？为什么？

2. 用 pH 计测定溶液的 pH 值时，应注意些什么？

参考文献

[1] 胡琴，祁嘉义. 基础化学实验（双语教材）[M]. 2 版. 北京：高等教育出版社，2017.

[2] 北京师范大学无机化学教研室. 无机化学实验 [M]. 3 版. 北京：高等教育出版社，2001.

（顾伟华）

实验六

氧化还原反应

一、实验目的

1. 掌握电极电位的变化对氧化还原反应的影响。
2. 熟悉浓度和酸度对电极电位的影响。

二、实验原理

氧化还原反应是两个电对之间电子转移的反应。电对得失电子的能力取决于该电对电极电位的高低。原电池所发生的化学反应都是氧化还原反应，电极电位高的电对中氧化态物质是氧化剂，电对作为原电池的正极；电极电位低的电对中还原态物质是还原剂，电对作为原电池的负极。

对于任意电极反应 $a\,\mathrm{Ox} + ne^- \rightleftharpoons b\,\mathrm{Red}$

其电极电位 φ 通过 Nernst 方程式表示为

$$\varphi(\mathrm{Ox/Red}) = \varphi^{\ominus}(\mathrm{Ox/Red}) + \frac{RT}{nF} \ln \frac{c^a(\mathrm{Ox})}{c^b(\mathrm{Red})} \tag{6-1}$$

$\varphi^{\ominus}$ 是标准电极电位，其大小取决于氧化还原电对的本性。浓度、温度、溶液的 pH 值以及沉淀和配合物的生成也会对电极电位产生影响。

氧化还原反应自发进行的方向总是由相对较强的氧化剂和相对较强的还原剂反应，生成相对较弱的还原剂和相对较弱的氧化剂。

电池电动势 E 为

$$E = \varphi_+ - \varphi_- \tag{6-2}$$

$E > 0$，反应正向自发进行。

$E < 0$，反应逆向自发进行。

$E = 0$，反应达到平衡。

三、仪器与试剂

1. 仪器

试管；滴管；烧杯（50 mL）；万能表（伏特计）；导线；酒精灯；石棉网；铁架台；试管夹；电极（锌片、铜片）；盐桥。

2. 试剂

CCl_4；溴水；碘水；浓氨水；$NaOH(6\ mol\cdot L^{-1})$；$H_2SO_4(2\ mol\cdot L^{-1})$；$HAc(6\ mol\cdot L^{-1})$；$H_2C_2O_4(0.1\ mol\cdot L^{-1})$；$NH_4F(10\%)$；$CuSO_4(0.5\ mol\cdot L^{-1})$；$ZnSO_4(0.5\ mol\cdot L^{-1})$；$KI(0.1\ mol\cdot L^{-1})$；$KBr(0.1\ mol\cdot L^{-1})$；$FeCl_3(0.1\ mol\cdot L^{-1})$；$FeSO_4(0.1\ mol\cdot L^{-1})$；$K_2Cr_2O_7(0.1\ mol\cdot L^{-1})$；$KMnO_4(0.01\ mol\cdot L^{-1})$；$Na_2SO_3(0.1\ mol\cdot L^{-1})$；$K_3[Fe(CN)_6]$ $(0.1\ mol\cdot L^{-1})$；$(NH_4)_2SO_4\cdot FeSO_4(0.1\ mol\cdot L^{-1})$；$NH_4Fe(SO_4)_2(0.1\ mol\cdot L^{-1})$；$KSCN$ $(0.1\ mol\cdot L^{-1})$；KIO_3 $(0.1\ mol\cdot L^{-1})$。

四、实验内容

1. 定性比较电极电位的高低

（1）在试管中加入 10 滴 $0.1\ mol\cdot L^{-1}$ KI 溶液和 2 滴 $0.1\ mol\cdot L^{-1}$ $FeCl_3$，摇匀，观察现象。再加入 10 滴 CCl_4，充分振荡，观察 CCl_4 层溶液颜色的变化。再往溶液中加入 2 滴 $0.1\ mol\cdot L^{-1}$ $K_3[Fe(CN)_6]$ 溶液，观察现象。写出反应方程式。

用 $0.1\ mol\cdot L^{-1}$ KBr 溶液代替 $0.1\ mol\cdot L^{-1}$ KI 溶液进行相同的实验，现象是否一样？为什么？

（2）在试管中加入 10 滴 $0.1\ mol\cdot L^{-1}$ $FeSO_4$ 溶液，再加入 2 滴溴水，摇匀后滴加 $0.1\ mol\cdot L^{-1}$ KSCN 溶液，观察溶液颜色变化情况。说明发生了什么反应？

用碘水代替溴水重复实验，能否发生反应？为什么？

根据实验结果，比较 Br_2/Br^-、I_2/I^-、Fe^{3+}/Fe^{2+} 三个电对电极电位的相对高低，指出其中哪个是最强的氧化剂，哪个是最强的还原剂。

2. 浓度对电极电位的影响

在两个 50 mL 烧杯中分别加入 10 mL $0.5\ mol\cdot L^{-1}$ $CuSO_4$ 溶液和 10 mL $0.5\ mol\cdot L^{-1}$ $ZnSO_4$ 溶液。将锌片插入 $ZnSO_4$ 溶液、铜片插入 $CuSO_4$ 溶液组成两个电极，盐桥连接两个烧杯内溶液，构成原电池。用导线分别连接两个电极和伏特计的正负极，测定两个电极间的电压。

向 $CuSO_4$ 溶液中注入 5 mL 浓氨水至生成的沉淀完全溶解，形成深蓝色 $[Cu(NH_3)_4]^{2+}$ 溶液，观察原电池电压如何变化。为什么？

向 $ZnSO_4$ 溶液中加入 5 mL 浓氨水至生成的沉淀完全溶解，再次观察原电池电压如何变化。为什么？

3. 影响氧化还原反应的因素

（1）浓度对氧化还原反应的影响

① 试管中加入 10 滴蒸馏水和 10 滴 CCl_4，然后加入 10 滴 $0.1\ mol\cdot L^{-1}$ $NH_4Fe(SO_4)_2$ 溶液，再加入 10 滴 $0.1\ mol\cdot L^{-1}$ KI 溶液，振荡试管，观察 CCl_4 层溶液的颜色变化。

② 试管中加入 2 mL $0.1\ mol\cdot L^{-1}$ $(NH_4)_2SO_4\cdot FeSO_4$ 溶液和 10 滴 CCl_4，再加入 10 滴 $0.1\ mol\cdot L^{-1}$ $NH_4Fe(SO_4)_2$ 溶液和 10 滴 $0.1\ mol\cdot L^{-1}$ KI 溶液，振荡试管，观察 CCl_4 层溶液的颜色，并与上面实验中 CCl_4 层的溶液颜色比较有何变化，为什么？

（2）介质对氧化还原反应的影响

① 向三支试管中分别加入 5 滴 $0.1\ mol\cdot L^{-1}$ Na_2SO_3 溶液，第一支试管中加入 5 滴

$6 \ mol \cdot L^{-1}$ NaOH 溶液，第二支试管中加入 5 滴蒸馏水，第三支试管中加入 5 滴 $2 \ mol \cdot L^{-1}$ H_2SO_4 溶液，最后三支试管中再各加入 2 滴 $0.01 \ mol \cdot L^{-1}$ $KMnO_4$ 溶液，摇匀，观察三支试管中的反应现象有何不同。分别写出反应方程式。

② 在一支盛有 1 mL $0.1 \ mol \cdot L^{-1}$ KI 溶液的试管中加入数滴 $2 \ mol \cdot L^{-1}$ H_2SO_4 溶液，然后逐滴加入 $0.1 \ mol \cdot L^{-1}$ KIO_3 溶液，振荡并观察现象，写出反应方程式。然后在该试管中逐滴加入 $6 \ mol \cdot L^{-1}$ NaOH 溶液，振荡后又有何现象？写出反应方程式。

(3) 温度对氧化还原反应的影响 向两支试管中分别加入 5 滴 $0.1 \ mol \cdot L^{-1}$ $H_2C_2O_4$ 溶液和 1 滴 $0.01 \ mol \cdot L^{-1}$ $KMnO_4$ 溶液，摇匀。将其中一支试管置于酒精灯上加热几分钟，另一支试管不加热。观察两支试管中颜色褪去的快慢，并解释原因。

五、注意事项

1. 溴水应在通风橱中滴加。
2. 注意滴加试剂的顺序。

六、思考题

1. 影响电极电位的因素有哪些？
2. pH 值如何影响电对的电极电位？
3. 实验室常用 MnO_2 和 HCl 制备 Cl_2，为何用浓盐酸而不用盐酸？

参考文献

[1] 胡琴，祁嘉义. 基础化学实验（双语教材）[M]. 2 版. 北京：高等教育出版社，2017.
[2] 沈雪松，仇佩虹. 大学实验化学 [M]. 北京：中国医药科技出版社，2010.
[3] 南京大学《无机及分析化学实验》编写组. 无机及分析化学实验 [M]. 4 版. 北京：高等教育出版社，2006.

（顾伟华）

实验七

酸碱平衡与沉淀溶解平衡

一、实验目的

1. 熟悉弱酸、弱碱的解离平衡及其移动的原理。
2. 掌握溶度积规则，了解分步沉淀和沉淀的转化。
3. 熟悉沉淀平衡的移动。

二、实验原理

酸碱质子理论认为：凡能给出质子的物质都是酸，凡能接受质子的物质都是碱。

弱电解质在水溶液中存在解离平衡。在弱电解质溶液中，加入与之含有相同离子的易溶强电解质，使得弱电解质解离度降低的作用称为同离子效应。

一定温度下，难溶电解质在水溶液中达多相离子平衡时，溶液饱和，溶液中各离子平衡浓度幂的乘积称为溶度积常数 K_{sp}，简称为溶度积。

根据溶度积规则，可判断沉淀的生成和溶解。任一条件下，难溶电解质溶液中，各离子浓度幂的乘积称为离子积，用 Q 表示。对于给定的难溶电解质溶液：

若 $Q > K_{sp}$，为过饱和溶液，有沉淀析出；

若 $Q = K_{sp}$，为饱和溶液，处于平衡状态；

若 $Q < K_{sp}$，为不饱和溶液，沉淀溶解。

在难溶电解质的溶液中加入与之含有相同离子的易溶强电解质，使其溶解度显著降低的作用也称为同离子效应。

如果溶液中含有两种或两种以上的离子，且都能与同一种沉淀剂反应生成相应沉淀，沉淀的先后次序是依据溶度积规则，离子积首先达到溶度积的先沉淀，这一过程称为分步沉淀。

使一种难溶电解质转化为另一种难溶电解质的过程称为沉淀的转化。

三、仪器与试剂

1. 仪器

试管；离心机；离心管；水浴烧杯；点滴板；量筒（25 mL）；烧杯（50 mL）；pH试纸。

2. 试剂

蒸馏水；NaAc(s)；$NH_4Cl(s)$；NH_4Cl 饱和溶液；$NH_3 \cdot H_2O$($6 \ mol \cdot L^{-1}$，$2 \ mol \cdot L^{-1}$)；HCl($6 \ mol \cdot L^{-1}$，$2 \ mol \cdot L^{-1}$)；NaOH($2 \ mol \cdot L^{-1}$，$0.2 \ mol \cdot L^{-1}$)；HAc($1 \ mol \cdot L^{-1}$)；Na_2CO_3($1 \ mol \cdot L^{-1}$)；$FeCl_3$($1 \ mol \cdot L^{-1}$)；NaCl($0.1 \ mol \cdot L^{-1}$，$1 \ mol \cdot L^{-1}$)；$CaCl_2$($0.1 \ mol \cdot L^{-1}$)；NH_4Ac($1 \ mol \cdot L^{-1}$)；$Al_2(SO_4)_3$($0.1 \ mol \cdot L^{-1}$)；$(NH_4)_2C_2O_4$($0.5 \ mol \cdot L^{-1}$，$0.1 \ mol \cdot L^{-1}$)；$MgCl_2$($1 \ mol \cdot L^{-1}$，$0.1 \ mol \cdot L^{-1}$)；$Pb(NO_3)_2$($0.1 \ mol \cdot L^{-1}$，$0.001 \ mol \cdot L^{-1}$)；KI($0.1 \ mol \cdot L^{-1}$，$0.001 \ mol \cdot L^{-1}$)；$AgNO_3$($0.1 \ mol \cdot L^{-1}$)；K_2CrO_4($0.5 \ mol \cdot L^{-1}$)；HNO_3($6 \ mol \cdot L^{-1}$)；酚酞指示剂；甲基橙指示剂。

四、实验内容

1. 弱酸、弱碱的解离平衡及其移动

(1) 向两支试管分别加入 20 滴蒸馏水和 2 滴 $2 \ mol \cdot L^{-1} \ NH_3 \cdot H_2O$ 溶液，再各加入 1 滴酚酞指示剂，摇匀，观察溶液颜色。在其中一支试管中加入少量 NH_4Cl 晶体，摇匀，与另一支试管比较，观察试管中溶液的颜色变化，为什么？

(2) 试管中加入 $1 \ mL \ 1 \ mol \cdot L^{-1}$ HAc 溶液，加 1 滴甲基橙指示剂，摇匀，观察溶液的颜色。然后向试管中加入少量 NaAc 晶体，摇匀并观察颜色变化，说明原因。

(3) 两支试管中各加入 5 滴 $0.1 \ mol \cdot L^{-1} \ MgCl_2$ 溶液，其中一支试管中加入 5 滴 NH_4Cl 饱和溶液，然后向两支试管中分别加入 3 滴 $6 \ mol \cdot L^{-1} \ NH_3 \cdot H_2O$ 溶液，观察两支试管中现象有何不同，说明原因。

2. $Al(OH)_3$ 的两性

向两支试管中各加入 5 滴 $0.1 \ mol \cdot L^{-1} \ Al_2(SO_4)_3$ 溶液，再各滴加 1～2 滴 $2 \ mol \cdot L^{-1}$ NaOH 溶液至有沉淀生成。然后向其中一支试管中继续滴加 $2 \ mol \cdot L^{-1}$ NaOH 溶液，另一支中滴加 $2 \ mol \cdot L^{-1}$ HCl 溶液，观察两支试管中发生的现象，说明原因。

3. 盐类的水解

(1) 点滴板上分别滴加 2～3 滴 $1 \ mol \cdot L^{-1} \ Na_2CO_3$、$FeCl_3$、NaCl、$NH_4Ac$ 以及饱和 NH_4Cl 溶液，用 pH 试纸分别测定并记录上述各溶液的 pH 值，判断其酸碱性，说明哪些物质发生了水解，并写出其离子反应方程式。

(2) 小烧杯中加入 20 mL 蒸馏水，加热煮沸，再加入 1～2 滴 $1 \ mol \cdot L^{-1} \ FeCl_3$ 溶液，摇匀观察颜色变化，并用 pH 试纸测定 pH 值，判断酸碱性。静置 10 min，观察烧杯中是否有沉淀产生，解释现象。

4. 沉淀的生成和溶解

(1) 沉淀的生成 在试管中加 5 滴 $0.1 \ mol \cdot L^{-1} \ Pb(NO_3)_2$ 溶液和 5 滴 $0.1 \ mol \cdot L^{-1}$ KI 溶液，在另一试管中加入 5 滴 $0.001 \ mol \cdot L^{-1} \ Pb(NO_3)_2$ 溶液和 5 滴 $0.001 \ mol \cdot L^{-1}$ KI 溶液，观察现象并加以解释。

(2) 沉淀的溶解 在一离心管中加入 10 滴 $0.1 \ mol \cdot L^{-1} \ AgNO_3$ 溶液，加入 10 滴 $0.1 \ mol \cdot L^{-1}$ NaCl 溶液，离心分离，弃去溶液，向含沉淀的离心管中滴加 $6 \ mol \cdot L^{-1} \ NH_3 \cdot H_2O$，有何现象？写出反应式。

5. 沉淀溶解平衡的移动

(1) 沉淀溶解平衡的移动　向两支试管中各加入 10 滴 $0.1\ mol \cdot L^{-1}$ $CaCl_2$ 溶液，在其中一支试管中加入 1 滴 $0.1\ mol \cdot L^{-1}$ $(NH_4)_2C_2O_4$ 溶液，另一支试管中加入 1 滴 $0.1\ mol \cdot L^{-1}$ $H_2C_2O_4$ 溶液，比较两支试管中的现象有何不同，解释原因。然后在加有 $(NH_4)_2C_2O_4$ 溶液的试管中，加入 5 滴 $6\ mol \cdot L^{-1}$ HCl 溶液，观察现象。继续向该试管中滴加稍过量的 $6\ mol \cdot L^{-1}$ $NH_3 \cdot H_2O$ 溶液，观察试管中有何变化。如何确定此时生成的沉淀是 CaC_2O_4 还是 $Ca(OH)_2$？❶

(2) 同离子效应　在试管中加入 1 mL PbI_2 饱和溶液，然后向内滴加 $0.1\ mol \cdot L^{-1}$ KI 溶液，振摇试管，观察并解释现象。

6. 分步沉淀

在试管中加入 5 滴 $0.1\ mol \cdot L^{-1}$ NaCl 溶液和 10 滴 $0.1\ mol \cdot L^{-1}$ K_2CrO_4 溶液，振荡混匀，然后逐滴加入 $0.1\ mol \cdot L^{-1}$ $AgNO_3$ 溶液，边滴加边振摇试管，观察生成沉淀的颜色及变化并加以解释。

7. 沉淀的转化

在离心管中加入 5 滴 $0.1\ mol \cdot L^{-1}$ $Pb(NO_3)_2$ 溶液和 3 滴 $1\ mol \cdot L^{-1}$ NaCl 溶液，振荡，离心分离，弃去上层清液，观察沉淀颜色；然后在 $PbCl_2$ 沉淀中加入 3 滴 $0.1\ mol \cdot L^{-1}$ KI 溶液，观察沉淀的转化和颜色变化；按上述操作依次分别再加入 3 滴 $0.5\ mol \cdot L^{-1}$ $(NH_4)_2C_2O_4$ 溶液、3 滴 $0.5\ mol \cdot L^{-1}$ K_2CrO_4 溶液、3 滴 $2\ mol \cdot L^{-1}$ Na_2S 溶液。观察每一步沉淀的转化和颜色变化，解释实验中出现的现象。

五、注意事项

1. 点滴板使用前必须洗干净。
2. pH 试纸不能用手直接拿取，需用镊子夹取，防止污染。
3. 离心机使用要注意安全，必须待其完全停止后才能取出离心管。

六、思考题

1. 通过平衡的移动解释同离子效应。
2. 沉淀生成和溶解的条件是什么？
3. 如何根据溶度积规则判断沉淀先后次序？

参考文献

[1]　胡琴. 基础化学 [M]. 4 版. 北京：高等教育出版社，2020.
[2]　张利民. 无机化学实验 [M]. 北京：人民卫生出版社，2003.
[3]　沈雪松，仇佩虹. 大学实验化学 [M]. 北京：中国医药科技出版社，2010.
[4]　董顺福. 大学化学实验 [M]. 北京：高等教育出版社，2012.

（顾伟华）

---

❶　判断沉淀是 $Ca(OH)_2$ 还是 CaC_2O_4，可另外取一支试管，加入等量的 $CaCl_2$ 和 $NH_3 \cdot H_2O$ 溶液，观察沉淀生成的情况，并与加入 $(NH_4)_2C_2O_4$ 的试管进行对比。

实验八

配合物的合成与性质

一、实验目的

1. 掌握配离子的结构及其与简单离子性质的不同。
2. 熟悉有关配离子的生成和解离条件。
3. 熟悉酸碱平衡、沉淀平衡、氧化还原平衡与配位平衡的相互影响，利用平衡移动来解释实验现象。

二、实验原理

由简单阳离子（或原子）与一定数目的配体以配位键相结合，并按一定的组成和空间结构形成的复杂离子叫配离子；若形成的是复杂分子，则称配分子。由配离子或配分子组成的化合物称为配合物。

配合物和复盐都是由简单化合物结合而成的较复杂的化合物。但配合物在水中解离出的配离子或配分子，性质相当稳定，在水溶液中解离程度极低；而复盐则全部解离成简单离子。

配离子的稳定性可用稳定常数（$K_{稳}$ 或 K_s）的大小来衡量。如中心原子 M 和配体 L 及它们所形成的配离子 ML_n 之间，在水溶液中存在如下配位平衡：

$$M + nL \rightleftharpoons ML_n \tag{8-1}$$

$$K_s = \frac{[ML_n]}{[M][L]^n} \tag{8-2}$$

对于配离子类型和配体数都相同的配合物，K_s 越大，表明生成该配离子的倾向性越大，则配离子的稳定性也越强。根据平衡移动原理，增加中心离子或配体浓度，有利于配离子的生成。相反，若减少中心离子或配体浓度，则有利于配离子的解离。所以配位平衡也是一种动态平衡，它与溶液的酸度、溶液中存在的沉淀平衡、氧化还原平衡密切相关。

螯合物是由一个中心原子和多齿配体形成的一类具有环状结构的配合物。螯合环的形成使螯合物具有特殊的稳定性。同时，物质的某些性质如颜色、溶解度、酸度等也会随之发生变化。例如，硼酸是一元弱酸，但是与多羟基化合物甘油、甘露醇等形成螯合物后可使溶液酸性增强。还可利用生成螯合物的反应来鉴定某些金属离子。例如碱性条件下，Ni^{2+} 可以与丁二肟反应生成红色螯合物，其反应方程式如下：

此方法是检验 Ni^{2+} 的灵敏反应。

三、仪器与试剂

1. 仪器

试管；试管架。

2. 试剂

$HCl(6\ mol \cdot L^{-1})$；$HNO_3(2\ mol \cdot L^{-1})$；$NH_3 \cdot H_2O(6\ mol \cdot L^{-1}，2\ mol \cdot L^{-1})$；$NaOH$（$0.1\ mol \cdot L^{-1}$，$1\ mol \cdot L^{-1}$）；$CuSO_4(0.1\ mol \cdot L^{-1})$；$NaCl(0.1\ mol \cdot L^{-1})$；$NaBr(0.1\ mol \cdot L^{-1})$；$(NH_4)_2S(0.1\ mol \cdot L^{-1})$；饱和 $(NH_4)_2C_2O_4$；$FeCl_3(0.1\ mol \cdot L^{-1})$；$Na_2SO_3(0.5\ mol \cdot L^{-1})$；$KSCN(0.1\ mol \cdot L^{-1})$；$EDTA(0.1\ mol \cdot L^{-1})$；$BaCl_2(0.1\ mol \cdot L^{-1})$；$K_3[Fe(CN)_6]$（$0.1\ mol \cdot L^{-1}$）；$AgNO_3(0.1\ mol \cdot L^{-1})$；$NiCl_2(0.1\ mol \cdot L^{-1})$；1% 丁二肟乙醇溶液；$KI(0.1\ mol \cdot L^{-1})$；$NH_4F(0.1\ mol \cdot L^{-1})$；2% 淀粉溶液。

四、实验内容

1. 配合物的生成与组成

在试管中加入 10 滴 $0.1\ mol \cdot L^{-1}$ $CuSO_4$ 溶液，再滴加 1 滴 $2\ mol \cdot L^{-1}$ $NH_3 \cdot H_2O$ 溶液，观察现象，继续加入 5 滴 $6\ mol \cdot L^{-1}$ $NH_3 \cdot H_2O$ 溶液，观察有何变化。将此溶液分盛于三支试管中，分别加入 $0.1\ mol \cdot L^{-1}$ $BaCl_2$ 溶液、$0.1\ mol \cdot L^{-1}$ $NaOH$ 溶液、$0.1\ mol \cdot L^{-1}$ $(NH_4)_2S$ 溶液各 2 滴，观察现象。并讨论配合物中 Cu^{2+} 和 SO_4^{2-} 所处的位置。

2. 简单离子和配离子的不同性质

取 2 支试管，一支加入 3 滴 $0.1\ mol \cdot L^{-1}$ $FeCl_3$ 溶液，另一支加入 3 滴 $0.1\ mol \cdot L^{-1}$ $K_3[Fe(CN)_6]$ 溶液，然后再分别加入 2 滴 $0.1\ mol \cdot L^{-1}$ $KSCN$ 溶液，观察比较两试管中的现象，写出有关反应方程式。

3. 影响配位平衡移动的因素

（1）配位平衡与沉淀平衡的转化

① 在试管中加入 3 滴 $0.1\ mol \cdot L^{-1}$ $AgNO_3$ 溶液，再加入 1 滴 $0.1\ mol \cdot L^{-1}$ $NaCl$ 溶液，观察现象，然后再加入 4～5 滴过量的 $6\ mol \cdot L^{-1}$ $NH_3 \cdot H_2O$ 溶液，观察现象。将上述溶液分盛于两支试管中，分别加入 $0.1\ mol \cdot L^{-1}$ $NaCl$ 和 $0.1\ mol \cdot L^{-1}$ $NaBr$ 溶液各 2 滴，观察现象，解释原因，写出有关反应方程式。

② 在两支试管中分别加入 $0.1\ mol \cdot L^{-1}$ $(NH_4)_2S$ 溶液和饱和 $(NH_4)_2C_2O_4$ 溶液各 3 滴。再各加入 1 滴 $0.1\ mol \cdot L^{-1}$ $CuSO_4$ 溶液，观察现象。然后再分别加入 5 滴 $6\ mol \cdot L^{-1}$ $NH_3 \cdot H_2O$ 溶液，观察比较现象。根据实验结果判断 CuS 和 CuC_2O_4 两难溶电解质的溶度积的相对大小。

③ 在两支试管中分别加入 4 滴 $0.1\ mol \cdot L^{-1}$ $AgNO_3$ 溶液，在第一支试管中连续快速滴加 4～5

滴 $0.5\ mol\cdot L^{-1}\ Na_2S_2O_3$ 溶液（滴加过程中可观察到白色沉淀的产生），滴加完后迅速振摇试管，沉淀消失；在第二支试管中逐滴加入 $2\ mol\cdot L^{-1}\ NH_3\cdot H_2O$，边加边振荡，待生成的沉淀溶解后，再继续加入 $2\sim3$ 滴 $2\ mol\cdot L^{-1}\ NH_3\cdot H_2O$，然后在两支试管中各加入 1 滴 $0.1\ mol\cdot L^{-1}\ NaBr$ 溶液，观察现象。写出反应方程式。根据实验结果比较 $[Ag(NH_3)_2]^+$ 和 $[Ag(S_2O_3)_2]^{3-}$ 的稳定性。

（2）配位平衡与溶液酸碱性

① 在一支试管中加入 2 滴 $0.1\ mol\cdot L^{-1}\ AgNO_3$ 溶液、2 滴 $6\ mol\cdot L^{-1}\ NH_3\cdot H_2O$ 溶液，再加入 2 滴 $0.1\ mol\cdot L^{-1}\ NaCl$ 溶液，观察有无 $AgCl$ 沉淀生成；接着再向试管中滴加数滴 $2\ mol\cdot L^{-1}\ HNO_3$ 溶液，观察有无 $AgCl$ 沉淀生成，解释原因。

② 两支试管中均加入 1 滴 $0.1\ mol\cdot L^{-1}\ FeCl_3$ 溶液和 3 滴 $0.1\ mol\cdot L^{-1}\ KSCN$ 溶液，得红色溶液。然后一支试管中加入 2 滴 $6\ mol\cdot L^{-1}\ HCl$ 溶液，另一支加入 2 滴 $1\ mol\cdot L^{-1}\ NaOH$ 溶液。观察两支试管中溶液颜色变化以及是否有沉淀生成，记录实验现象并写出反应方程式。讨论 $[Fe(SCN)_6]^{3-}$ 在酸性和碱性溶液中的稳定性。

（3）不同配位剂对配位平衡的影响 在试管中加入 1 滴 $0.1\ mol\cdot L^{-1}\ FeCl_3$ 溶液和 1 滴 $0.1\ mol\cdot L^{-1}\ KSCN$ 溶液，再加 8 滴蒸馏水，混合后得红色溶液，向该试管中滴加 3 滴 $0.1\ mol\cdot L^{-1}\ EDTA$ 溶液，观察溶液颜色变化，用配位平衡移动加以解释。

（4）配位平衡与氧化还原平衡的关系

① 在试管中加入 1 滴 $0.1\ mol\cdot L^{-1}\ FeCl_3$ 溶液和 5 滴 $0.1\ mol\cdot L^{-1}\ KI$ 溶液，振荡，观察并记录试管中溶液颜色变化情况，再加入 5 滴饱和 $(NH_4)_2C_2O_4$ 溶液，再次观察试管中溶液颜色变化情况并写出方程式。

② 在试管中加入 1 滴 $0.1\ mol\cdot L^{-1}\ FeCl_3$ 溶液和 5 滴 $0.1\ mol\cdot L^{-1}\ NH_4F$ 溶液，振荡，然后再加入 1 滴 $0.1\ mol\cdot L^{-1}\ KI$ 溶液，振荡后加 1 滴 2% 淀粉溶液，观察现象并解释。

4. 螯合物的生成

向试管中加入 2 滴 $0.1\ mol\cdot L^{-1}\ NiCl_2$ 溶液及 10 滴蒸馏水，再加入 2 滴 $2\ mol\cdot L^{-1}\ NH_3\cdot H_2O$ 溶液使呈碱性，然后加入 3 滴 1% 丁二肟乙醇溶液，记录实验现象并写出反应方程式。

五、注意事项

$Ag_2S_2O_3$ 沉淀极易被空气中的氧气氧化，故得到 $Ag_2S_2O_3$ 沉淀后应尽快加入过量的 Na_2SO_3 溶液，使形成配离子，防止氧化。

六、思考题

1. 影响配合物稳定性的主要因素有哪些？

2. 用丁二肟鉴定 Ni^{2+} 时，溶液酸度过高或过低对鉴定反应有何影响？

3. 在检验卤素离子混合物时，用氨水处理卤化银沉淀，处理后所得的溶液用 HNO_3 酸化后得白色沉淀，或加入 KBr 得黄色沉淀，这两种现象均可以证明 Cl^- 的存在。为什么？

参考文献

[1] 张利民. 无机化学实验 [M]. 北京：人民卫生出版社，2003.

[2] 赵复中. 基础化学实验 [M]. 南京：河海大学出版社，1996.

（程宝荣）

实验九

溶胶的制备与性质

一、实验目的

1. 掌握溶胶分散系制备及聚沉的方法。
2. 掌握溶胶的常见性质，了解胶体溶液的净化手段。
3. 熟悉高分子溶液对溶胶的保护作用。

二、实验原理

溶胶与高分子化合物的分散相粒子大小都在 $1 \sim 100$ nm 之间，都属于胶体分散系。

1. 溶胶的制备

溶胶的制备方法主要有分散法和凝聚法。

(1) 分散法 在有稳定剂存在的条件下，运用恰当的方法使大块物质分散为胶体分散相粒子的大小，常见的有研磨法、胶溶法、超声波分散法、电弧法等。

(2) 凝聚法 凝聚法是通过先制得难溶物分子（或离子）的过饱和溶液，再使其相互结合为胶体分散相粒子，从而得到溶胶。通常可分为两种：

① 化学凝聚法：通过化学反应（水解反应、复分解反应、氧化或还原反应等）使产物达过饱和状态，然后离子再逐渐结合生成溶胶。例如将几滴 $FeCl_3$ 溶液滴加于沸水中，利用 $FeCl_3$ 的水解反应即可制备 $Fe(OH)_3$ 溶胶；利用酒石酸锑钾与溶解于水中的 H_2S 发生复分解反应制备 Sb_2S_3 溶胶。

② 物理凝聚法：运用适当的物理方法（如蒸气骤冷、更换溶剂等）可使某些物质凝聚至胶体分散相粒子的大小。例如将汞的蒸气通入冷水中即可制得汞溶胶。此外，根据物质在不同溶剂中溶解度相差悬殊的性质，通过改换溶剂的方法也可制备溶胶。例如向水中滴入硫的乙醇饱和溶液，由于硫难溶于水，过饱和的硫原子相互聚集，从而形成硫溶胶。

2. 溶胶的净化

制得的溶胶中常含有一定量的电解质，会影响溶胶的稳定性，因此必须将溶胶净化。一般常利用渗析法对溶胶进行净化。溶胶粒子、高分子化合物难以通过半透膜，而小分子、离子等能通过，因此可用半透膜将待净化的溶胶与纯溶剂隔开，溶胶内的杂质就透过半透膜进入纯溶剂，若不断更换新鲜溶剂，即可达到净化溶胶的目的。净化后溶胶可较长时间保持稳定。

3. 溶胶的性质

(1) 溶胶的光学性质 溶胶具有较强的光散射现象，当一束会聚的光线通过溶胶时，在其垂直方向可看到明亮的光柱，此现象称为 Tyndall 效应。Tyndall 效应是溶胶区别于真溶液的一个基本特性。

(2) 溶胶的电学性质 在外加电场作用下，胶粒将做定向迁移，此为电泳现象。电泳现象证明了胶粒表面带有电荷，研究溶胶的电学性质，能深入了解胶粒的形成过程及其结构。电泳在蛋白质、氨基酸等物质的分离和鉴定方面有极其重要的应用。

(3) 溶胶的聚沉 溶胶是热力学不稳定、动力学稳定系统，当使其稳定的因素被破坏或削弱，胶粒易发生聚集而形成较大的颗粒，从分散介质中沉淀下来发生聚沉。加入电解质、加热、辐射等均能引起溶胶聚沉。若在溶胶中加入一定量电解质，可使胶粒所带电荷全部或部分被中和，胶粒易聚集变大而沉降。电解质的聚沉能力，随着引起聚沉的反离子电荷数的增加而加强。此外两种带相反电荷的溶胶相互混合，也可以发生聚沉现象。

4. 高分子溶液对溶胶的保护作用

在溶胶中加入高分子化合物后，既可能使溶胶稳定也可能使溶胶聚沉。若在溶胶中加入较多的高分子化合物，许多高分子化合物的一端吸附在同一个胶粒的表面上，或者许多个高分子线团环绕在胶粒的周围，形成水化外壳，将分散相粒子完全包围起来，使胶粒不易聚集变大而聚沉，从而增加了溶胶的稳定性。

三、仪器与试剂

1. 仪器

Tyndall 效应装置；电泳装置；电磁搅拌器；酒精灯；三脚架；量筒（5 mL×5，10 mL×2，20 mL）；烧杯（100 mL×5，250 mL，500 mL）；锥形瓶（250 mL）；大试管；表面皿；滴管；玻璃棒。

2. 试剂

$FeCl_3$（0.1 $mol \cdot L^{-1}$）；$NaCl$（0.01 $mol \cdot L^{-1}$，饱和）；$CaCl_2$（0.01 $mol \cdot L^{-1}$）；$AlCl_3$（0.01 $mol \cdot L^{-1}$）；$CuSO_4$（2%）；$KSCN$（0.1 $mol \cdot L^{-1}$）；$AgNO_3$（0.05 $mol \cdot L^{-1}$）；KNO_3（0.1 $mol \cdot L^{-1}$）；$NH_3 \cdot H_2O$（0.1 $mol \cdot L^{-1}$）；酒石酸锑钾溶液（0.4%）；碘液（0.05 $mol \cdot L^{-1}$）；新配制的 3% 动物胶；火棉胶；淀粉溶液；饱和 H_2S 溶液；硫的乙醇饱和溶液；去离子水；pH 试纸。

四、实验内容

1. 溶胶的制备

(1) 水解法制备 $Fe(OH)_3$ 溶胶 取 100 mL 蒸馏水于烧杯中，加热至沸，逐滴加入 5 mL 0.1 $mol \cdot L^{-1}$ $FeCl_3$ 溶液，继续煮沸 1~2 min，即得 $Fe(OH)_3$ 溶胶，观察溶液颜色变化。写出化学反应式及其胶团结构式。溶胶保留备用。

(2) 复分解法制备 Sb_2S_3 溶胶 取 10 mL 0.4% 酒石酸锑钾溶液于大试管中，逐滴加入饱和 H_2S 溶液，边滴边摇匀，直至溶液变为橙红色为止。写出其胶团的结构式。溶胶保留备用。

(3) 改变溶剂法制备硫溶胶 往盛有 10 mL 蒸馏水的大试管中逐滴加入约 1 mL 硫的乙

醇饱和溶液，振摇试管，观察硫溶胶的生成，并试加以解释。溶胶保留备用。

2. 胶体的净化——渗析

(1) 火棉胶袋半透膜的制作 用量筒量取 20 mL 火棉胶缓慢注入干燥洁净的 250 mL 锥形瓶中，慢慢转动锥形瓶使火棉胶均匀布满器壁，形成均匀薄层后，倒出多余的火棉胶，然后将锥形瓶置于铁圈上。待乙醚溶剂蒸发尽后火棉胶固化成膜（此时胶膜已不粘手），然后往瓶中注满去离子水，浸泡两三分钟后倒出瓶中的水。然后轻轻将火棉胶膜与容器口分离，将去离子水注入至瓶壁与膜之间，膜即可脱离瓶壁，慢慢取出，注意不要撕破。注入去离子水检查是否有漏洞，如无，则浸入去离子水中待用。（在制备半透膜袋并从瓶内剥离时，注意加水不宜太早，因为乙醚尚未挥发完。加水后，膜呈白色不适用；但亦不宜太迟，否则膜变干、变硬，不宜取出。）

(2) Fe(OH)₃ 溶胶的净化 将上述实验制备的 $Fe(OH)_3$ 溶胶冷却至约 50℃后，注入火棉胶袋，袋口用线扎紧，注意不要让溶液沾染透析袋外面，若外部附有溶液，用蒸馏水冲洗干净。浸入盛有 50℃ 蒸馏水的烧杯中（注意袋口不要没入水中）。每隔 10 min，换水一次。换水 5 次后，取适量袋外溶液，分别用 0.05 mol·L⁻¹ AgNO₃ 溶液和 0.1 mol·L⁻¹ KSCN 溶液检查 Cl^- 和 Fe^{3+}，若仍能检出则继续换水渗析，直至不能检出，解释实验结果。

3. 溶胶的性质

(1) 溶胶的光学性质——Tyndall 现象 将上述实验制备的溶胶，分别置于 Tyndall 效应装置中，对准光束，从垂直于光束方向观察溶胶的 Tyndall 现象。再观察硫酸铜溶液和蒸馏水是否具有 Tyndall 现象。

(2) 溶胶的电学性质——电泳 简单的电泳管是 U 形管，如图 9-1 所示。用少量已净化的 $Fe(OH)_3$ 溶胶将 U 形管润洗 3 次，然后向 U 形管中注入 $Fe(OH)_3$ 溶胶。沿 U 形管两端的内壁慢慢加入蒸馏水，使水与溶胶之间呈明显的界面，水层厚约 2 cm，并向两边蒸馏水中各加入 1 滴 0.1 mol·L⁻¹ KNO₃ 溶液。将两只金属电极分别插入 U 形管两侧的水层，接通直流电源，调节电压在 30～110 V，30 min 后观察。根据溶胶界面移动的方向，判断胶粒所带电荷的正负。

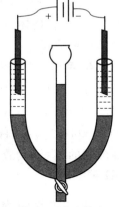

图 9-1 溶胶的电泳示意图

(3) 溶胶的聚沉

① 取三支干燥试管，各加入 2 mL Sb₂S₃ 溶胶，然后依次向三支试管内逐滴加入 0.01 mol·L⁻¹ NaCl 溶液、0.01 mol·L⁻¹ CaCl₂ 溶液、0.01 mol·L⁻¹ AlCl₃ 溶液，每加一滴电解质溶液即刻振荡试管，直至溶液刚呈现浑浊为止。记录各试管中所加电解质溶液的滴数，比较三种电解质聚沉能力的大小，并解释原因。

② 将 2 mL Fe(OH)₃ 溶胶与 2 mL Sb₂S₃ 溶胶混合，振荡，观察现象并解释原因。

③ 将盛有 2 mL Sb₂S₃ 溶胶的试管加热至沸，观察现象并解释原因。

4. 高分子溶液对溶胶的保护作用

取两支试管，一支试管中加入 1 mL 蒸馏水，另一支试管中加入 1 mL 新配制的 3% 动物胶溶液，然后在每支试管中各加入 2 mL Sb₂S₃ 溶胶，摇匀溶液，放置约 3 min 后，向两支试管中分别滴加饱和 NaCl 溶液，边滴加边振荡试管，观察两试管中聚沉现象的差别，并解释之。

五、注意事项

1. 制备半透膜所用的锥形瓶务必洗净并烘干，制半透膜时，加水不宜太早，若乙醚未挥发完，则加水后膜呈乳白色，强度差不能用；但亦不可太迟，加水过迟则胶膜变干、脆，不易取出且易破。

2. 在 $Fe(OH)_3$ 溶胶中滴加 $0.1\ mol \cdot L^{-1}\ NH_3 \cdot H_2O$ 调节 pH 至 $3 \sim 4$ 时，可以观察到较为显著的 Tyndall 现象。

六、思考题

1. 试解释 Tyndall 效应和电泳现象是怎样产生的？
2. 影响溶胶稳定性的因素主要有哪些，并说明原因。
3. 动物胶为何能使溶胶稳定？

参考文献

[1] 傅献彩，沈文霞，姚天扬，等. 物理化学［M］. 5 版. 北京：高等教育出版社，2006.
[2] 祁嘉义. 基础化学实验（双语教材）［M］. 北京：高等教育出版社，2008.
[3] 北京师范大学无机化学教研室. 无机化学实验［M］. 北京：高等教育出版社，1983.
[4] 沈雪松，仇佩虹. 大学实验化学［M］. 北京：中国医药科技出版社，2010.
[5] 李险峰. Fe（OH）₃ 胶体电泳实验影响因素探讨［J］. 广东化工，2012，39（4）：76.

（周萍）

实验十

p 区元素的性质 I

一、实验目的

1. 掌握卤素氧化还原的递变规律以及卤酸盐、次卤酸盐的氧化性质。

2. 熟悉验证卤化银生成的方法及其溶解规律，并学会 Cl^-、Br^-、I^- 混合离子的分离及鉴定方法。

3. 掌握过氧化氢、亚硫酸盐及硫代硫酸盐的性质。

4. 掌握难溶硫化物的生成和溶解规律。

5. 了解过二硫酸盐的强氧化性。

二、实验原理

卤素位于元素周期表第ⅦA族，价层电子构型为 ns^2np^5，包括氟、氯、溴、碘等元素。卤素易得到一个电子生成氧化值为 -1 的卤素离子，因此卤素单质具有较强的氧化性，其氧化能力强弱顺序为 $F_2 > Cl_2 > Br_2 > I_2$；反之，卤素离子具有一定的还原性，其还原能力强弱顺序为 $I^- > Br^- > Cl^- > F^-$。卤素分子均为非极性分子，因此易溶于非极性溶剂。

氯、溴、碘与电负性更大的元素化合时，只能生成共价化合物。这类化合物中，氯、溴、碘表现为正氧化态，其特征氧化值分别为 $+1$、$+3$、$+5$ 和 $+7$，特征化合物主要为含氧化合物和卤素互化物。

氯、溴、碘的含氧酸根都具有氧化性，其中以次卤酸、卤酸及其盐最具代表性，有强氧化性，在酸性介质中表现尤为显著。

卤素离子除了 F^- 外，均能与 Ag^+ 生成难溶于水的化合物，但是其溶解性又有所不同。其中 AgCl 能溶于稀氨水和 $(NH_4)_2CO_3$，AgBr 和 AgI 则不溶。利用此性质可分离 AgCl 和 AgBr、AgI。Br^- 和 I^- 可以用氯水将其氧化为 Br_2 和 I_2 后，再进行鉴定。

氧族元素位于元素周期表第ⅥA族，价层电子构型为 ns^2np^4，包括氧、硫、硒、碲等元素。其中氧和硫为较活泼的非金属元素。

氧的化合物中，过氧化氢（H_2O_2）分子中氧的氧化值为 -1，处于中间价态，因此 H_2O_2 兼具氧化性和还原性。在酸性介质中，H_2O_2 与 $K_2Cr_2O_7$ 反应生成深蓝色的过氧化铬 $CrO(O)_2$，产物于乙醚中较为稳定，该反应可用于鉴定 H_2O_2。

硫的化合物中，H_2S 和 S^{2-} 具有强还原性。在碱性溶液中，S^{2-} 与亚硝酰铁氰化钠

$Na_2[Fe(CN)_5NO]$ 反应生成紫色配合物 $Na_4[Fe(CN)_5NOS]$，该反应可用于 S^{2-} 的鉴定。

浓 H_2SO_4、$H_2S_2O_8$ 及其盐具有强氧化性，例如在 Ag^+ 催化条件下，$S_2O_8^{2-}$ 能将 Mn^{2+} 氧化为 MnO_4^-。

氧化值位于 $-2 \sim +6$ 之间的含硫化合物，如 H_2SO_3 及其盐、$Na_2S_2O_3$，既具有氧化性又具有还原性，但以还原性为主。SO_3^{2-}、$S_2O_3^{2-}$ 在酸性条件下不稳定，遇酸易分解。

金属硫化物中，碱金属硫化物易溶于水，碱土金属硫化物在水中易发生水解，其他的金属硫化物大多难溶于水，并具有特征的颜色。不同的难溶硫化物其溶度积常数相差甚大，因此溶解条件也不尽相同，例如硫化锌可溶于稀盐酸，硫化铜能溶解于浓硝酸，而硫化汞需在王水中才能溶解。

三、仪器与试剂

1. 仪器

试管；离心管；烧杯（250 mL）；滴管；角匙；镊子；点滴板；酒精灯；离心机；托盘天平。

2. 试剂

HCl（$1\ mol\cdot L^{-1}$，$2\ mol\cdot L^{-1}$，$6\ mol\cdot L^{-1}$，浓）；H_2SO_4（$2\ mol\cdot L^{-1}$，$6\ mol\cdot L^{-1}$，浓）；HNO_3（浓）；$NaOH$（$2\ mol\cdot L^{-1}$）；$NH_3\cdot H_2O$（$6\ mol\cdot L^{-1}$，浓）；$BaCl_2$（$0.1\ mol\cdot L^{-1}$）；$NaCl$（$0.1\ mol\cdot L^{-1}$，晶体）；KBr（$0.1\ mol\cdot L^{-1}$，晶体）；KI（$0.1\ mol\cdot L^{-1}$，晶体）；Na_2S（$0.1\ mol\cdot L^{-1}$）；$KBrO_3$（饱和）；KIO_3（$0.1\ mol\cdot L^{-1}$）；$NaHSO_3$（$0.1\ mol\cdot L^{-1}$）；Na_2SO_3（$0.5\ mol\cdot L^{-1}$）；$Na_2S_2O_3$（$0.1\ mol\cdot L^{-1}$）；$ZnSO_4$（$0.1\ mol\cdot L^{-1}$）；$CdSO_4$（$0.1\ mol\cdot L^{-1}$）；$CuSO_4$（$0.1\ mol\cdot L^{-1}$）；$AgNO_3$（$0.1\ mol\cdot L^{-1}$）；$Hg(NO_3)_2$（$0.1\ mol\cdot L^{-1}$）；$MnSO_4$（$0.05\ mol\cdot L^{-1}$）；$KMnO_4$（$0.1\ mol\cdot L^{-1}$）；$K_2Cr_2O_7$（$0.1\ mol\cdot L^{-1}$）；$Na_2[Fe(CN)_5NO]$（3%）；H_2O_2（3%）；饱和氯水；饱和溴水；饱和碘水；品红（0.1%）；淀粉溶液（0.5%）；CCl_4（l）；乙醚；$KClO_3$（s）；$(NH_4)_2S_2O_8$（s）；$Pb(Ac)_2$ 试纸；淀粉-碘化钾试纸；石蕊试纸。

四、实验内容

1. 卤素的性质

（1）卤素单质的性质

① 卤素的置换顺序

a. 取一支试管，加入 2 滴 $0.1\ mol\cdot L^{-1}$ KBr 溶液、10 滴 CCl_4，再逐滴加入氯水，边加边振荡试管，观察试管中 CCl_4 层的颜色变化。

b. 取一支试管，加入 2 滴 $0.1\ mol\cdot L^{-1}$ KI 溶液、10 滴 CCl_4，再逐滴加入氯水，边加边振荡试管，观察试管中 CCl_4 层的颜色变化。

c. 取一支试管，加入 5 滴 $0.1\ mol\cdot L^{-1}$ KI 溶液、10 滴 CCl_4，再逐滴加入溴水，边加边振荡试管，观察试管中 CCl_4 层的颜色变化❶。

综合上述实验结果，说明卤素的置换顺序，比较卤素单质氧化能力的大小，并写出所有反应方程式。

---

❶ 溴水加入不宜过量，否则过量的 Br_2 将溶解在 CCl_4 中，从而影响 CCl_4 层 I_2 的颜色观察。

② 碘的氧化性

a. 取一支试管，加入 5 滴碘水，再加入 1～2 滴 0.1 mol·L⁻¹ Na₂S₂O₃ 溶液，振荡试管，观察试管中溶液颜色的变化，并写出化学反应方程式。

b. 取一支试管，加入 10 滴碘水，再加入 1 滴 0.1 mol·L⁻¹ Na₂S 溶液，振荡试管，观察试管中溶液发生的变化，并写出化学反应方程式。

③ 氯水对溴、碘离子混合溶液的作用 取一支试管，分别加入 10 滴 0.1 mol·L⁻¹ KBr 溶液、2 滴 0.1 mol·L⁻¹ KI 溶液，摇匀，再加入 10 滴 CCl₄，逐滴加入氯水，边加边振荡试管，仔细观察 CCl₄ 层溶液的颜色变化，写出化学反应方程式，试用标准电极电位来进行解释。

（2）卤素离子的还原性

① 向一支干燥试管中加入少许 KI 晶体，再加入 10 滴浓硫酸，观察产物的颜色和状态，并将润湿的 Pb(Ac)₂ 试纸置于试管口检验气体产物。

② 向一支干燥试管中加入少许 KBr 晶体，再加入 10 滴浓硫酸，观察产物的颜色和状态，并将润湿的淀粉-KI 试纸置于试管口检验气体产物。

③ 向一支干燥试管中加入少许 NaCl 晶体，再加入 10 滴浓硫酸，观察产物的颜色和状态，并用玻璃棒蘸取浓氨水置于试管口检验气体产物，观察现象并解释之；或者将润湿的蓝色石蕊试纸置于试管口检验气体产物。

比较上述实验的不同产物，说明卤素离子的还原性强弱的变化规律，并写出所有的化学反应方程式。

（3）卤化物的生成及溶解 取三支离心管，分别加入 5 滴 0.1 mol·L⁻¹ NaCl 溶液、0.1 mol·L⁻¹ KBr 溶液和 0.1 mol·L⁻¹ KI 溶液，各加入 5 滴 0.1 mol·L⁻¹ AgNO₃ 溶液，振荡试管，观察沉淀的生成和颜色。离心分离，弃去上层清液。分别向三支离心管中滴加 6 mol·L⁻¹ 氨水，边滴加边振荡，观察三支离心管中沉淀的溶解情况，记录各自加入氨水的滴数。根据实验结果，比较 AgCl、AgBr、AgI 三者溶度积的相对大小，并写出所有化学反应方程式。

（4）次卤酸盐和卤酸盐的性质

① NaClO 的氧化性 在试管中加入 2 mL 氯水，再加入 2～3 滴 2 mol·L⁻¹ NaOH 溶液至试管中溶液呈碱性（可用红色石蕊试纸检验），将所得溶液分装于三支试管中，进行下列实验。

第一支试管中逐滴加入浓 HCl，同时将润湿的淀粉-KI 试纸置于试管口检验产生的气体，写出反应方程式。

第二支试管中加入 2 滴 0.1 mol·L⁻¹ KI 溶液，并加入 2 滴 2 mol·L⁻¹ H₂SO₄ 溶液酸化，摇匀后再加入 2 滴 0.5% 淀粉溶液，观察试管中发生的现象（若现象不明显可再加入适量 2 mol·L⁻¹ H₂SO₄ 溶液），并写出反应方程式。

第三支试管中加入 2 滴 0.1% 品红试液，观察试管中品红颜色的变化情况，并解释原因。

② KClO₃ 的氧化性 试管中加入少许 KClO₃ 晶体，加入 10 滴蒸馏水，振荡使晶体溶解，加入 5 滴 0.1 mol·L⁻¹ KI 溶液和 10 滴 CCl₄，振荡试管，观察 CCl₄ 层溶液颜色有何变化。然后加入 5 滴 6 mol·L⁻¹ H₂SO₄ 溶液酸化后再振荡试管，仔细观察 CCl₄ 层溶液颜色变化有何不同。解释现象并写出反应方程式。

③ KBrO$_3$ 的氧化性　试管中加入 10 滴饱和 KBrO$_3$ 溶液，滴加 5 滴 2 mol·L^{-1} H$_2$SO$_4$ 溶液和 5 滴 0.1 mol·L^{-1} KBr 溶液，振荡，并用润湿的淀粉-KI 试纸置于试管口，检验生成的气体（若现象不明显，可稍稍加热），写出反应方程式。

④ KIO$_3$ 的氧化性　试管中加入 10 滴 0.1 mol·L^{-1} KIO$_3$ 溶液，滴加 5 滴 2 mol·L^{-1} H$_2$SO$_4$ 溶液和 2 滴 0.5% 淀粉溶液，再滴加 0.1 mol·L^{-1} NaHSO$_3$ 溶液，边加边振荡试管，观察试管中溶液的颜色变化，写出反应方程式。

2. 氧、硫的性质

(1) 过氧化氢的性质

① 过氧化氢的氧化性　试管中加入 5 滴 0.1 mol·L^{-1} KI 溶液和 1 滴 2 mol·L^{-1} H$_2$SO$_4$ 溶液，再加入 2 滴 3% H$_2$O$_2$ 溶液，观察试管中溶液变化情况。然后加入 2 滴 0.5% 淀粉溶液，仔细观察试管中溶液的颜色变化，写出反应方程式。

② 过氧化氢的还原性　试管中加入 5 滴 0.1 mol·L^{-1} KMnO$_4$ 溶液和 1 滴 2 mol·L^{-1} H$_2$SO$_4$ 溶液，再逐滴加入 3% H$_2$O$_2$ 溶液，边加边振荡试管，观察试管中溶液颜色变化，写出反应方程式。

③ 过氧化氢的鉴定　试管中加入 1 mL 3% H$_2$O$_2$ 溶液、10 滴乙醚和 10 滴 2 mol·L^{-1} H$_2$SO$_4$ 溶液，摇匀后再加入 2 滴 0.1 mol·L^{-1} K$_2$Cr$_2$O$_7$ 溶液，观察试管水溶液和乙醚层的颜色变化，写出反应方程式。

(2) 难溶硫化物的生成与溶解

取四支离心管，分别加入 10 滴 0.1 mol·L^{-1} ZnSO$_4$、CdSO$_4$、CuSO$_4$ 和 Hg(NO$_3$)$_2$ 溶液，然后各加入 1~2 滴 0.1 mol·L^{-1} Na$_2$S 溶液，观察并记录各试管中沉淀的颜色。离心分离，弃去上层清液后进行下列实验。

① 在 ZnS 沉淀中加入 10 滴 1 mol·L^{-1} HCl 溶液，振荡试管，观察沉淀是否溶解，写出反应方程式。

② 在 CdS 沉淀中加入 10 滴 1 mol·L^{-1} HCl 溶液，振荡试管，观察沉淀是否溶解。若不溶，离心分离，弃去上层清液后，于沉淀中加入 10 滴 6 mol·L^{-1} HCl 溶液，振荡试管，观察沉淀是否溶解，写出反应方程式。

③ 在 CuS 沉淀中加入 10 滴 6 mol·L^{-1} HCl 溶液，振荡试管，观察沉淀是否溶解。若不溶，离心分离，弃去上层清液后，于沉淀中加入 10 滴浓 HNO$_3$，并在水浴中加热，观察试管中沉淀的变化情况，写出反应方程式。

④ 在 HgS● 沉淀中加入 10 滴浓 HNO$_3$，观察沉淀是否溶解。如不溶，再加入 30 滴浓 HCl，搅拌（必要时可水浴加热），观察试管中沉淀的变化情况，写出反应方程式。

比较四种金属硫化物与酸作用的情况，结合溶度积的大小，讨论它们的溶解条件。

(3) S^{2-} 的鉴定

取 1 滴 Na$_2$S 溶液于白色点滴板上，再加 1 滴 3% 亚硝酰铁氰化钠 Na$_2$[Fe(CN)$_5$NO] 溶液，溶液显示特殊紫色。若现象不明显，加 1 滴 NaOH 溶液。此为鉴定 S^{2-} 的特征反应。

(4) 亚硫酸盐的性质

① 亚硫酸盐的氧化性　试管中加入 10 滴 0.5 mol·L^{-1} Na$_2$SO$_3$ 溶液和 5 滴 2 mol·L^{-1}

● HgS 可溶于过量的浓 Na$_2$S 溶液生成 Na$_2$[HgS$_2$]。

H_2SO_4 溶液，摇匀后加入 5 滴 $0.1\ mol\cdot L^{-1}\ Na_2S$ 溶液，观察试管中溶液的变化，写出反应方程式。

② 亚硫酸盐的还原性　试管中加入 10 滴 $0.5\ mol\cdot L^{-1}\ Na_2SO_3$ 溶液和 5 滴 $2\ mol\cdot L^{-1}$ H_2SO_4 溶液，摇匀后加入 $1\sim2$ 滴 $0.1\ mol\cdot L^{-1}\ KMnO_4$ 溶液，观察试管中溶液颜色的变化情况，写出反应方程式。

(5) 硫代硫酸盐的性质

① 试管中加入 10 滴 $0.1\ mol\cdot L^{-1}\ Na_2S_2O_3$ 溶液，再加入 5 滴 $2\ mol\cdot L^{-1}\ HCl$ 溶液，微热。观察试管中沉淀的生成，写出反应方程式。

② 试管中加入 2 滴碘水，1 滴 0.5% 淀粉溶液，然后逐滴加入 $0.1\ mol\cdot L^{-1}\ Na_2S_2O_3$ 溶液，边加边振荡试管，观察溶液蓝色的消失，写出反应方程式。

③ 试管中加入 10 滴 $0.1\ mol\cdot L^{-1}\ Na_2S_2O_3$ 溶液，再加入 $1\sim2$ 滴氯水，振荡试管，并设法验证 SO_4^{2-} 的生成，写出反应方程式。

(6) 过二硫酸盐的氧化性

① 试管中加入少许 $(NH_4)_2S_2O_8$ 晶体，用 1 mL 水溶解，逐滴加入 $0.1\ mol\cdot L^{-1}\ KI$ 溶液，边加边振荡试管，再加入 2 滴 0.5% 淀粉溶液，观察试管中溶液的颜色变化，写出反应方程式。

② 试管中加入 1 mL $2\ mol\cdot L^{-1}\ H_2SO_4$ 溶液和 $1\sim2$ 滴 $0.05\ mol\cdot L^{-1}\ MnSO_4$ 溶液，摇匀后加入 1 滴 $0.1\ mol\cdot L^{-1}\ AgNO_3$ 溶液，再加入少许 $(NH_4)_2S_2O_8$ 晶体，微热，观察试管中溶液的颜色变化，写出反应方程式。

五、注意事项

1. 氯气为剧毒并有刺激性气味的气体，人体少量吸入会刺激鼻和喉部，引起咳嗽和喘息，大量吸入甚至会导致死亡。硫化氢为无色且有腐蛋臭味的有毒气体，人体吸入后会引起中枢神经系统中毒，产生头晕、头痛呕吐症状，严重时可导致昏迷、意识丧失，甚至窒息而致死亡。二氧化硫也是一种剧毒刺激性气体。在制备和使用这些有毒气体时，一定要注意做到装置气密性好并收集尾气，操作时在通风橱内进行，并注意室内通风换气和废气的处理。

2. 溴蒸气对人体气管、肺部、眼、鼻、喉等都有强烈的刺激作用，凡涉及溴的实验均应在通风橱内进行。若不慎吸入溴蒸气，可吸入少量氨气和新鲜空气解毒。液溴具有强烈的腐蚀性，能灼伤皮肤。移取液溴时，需戴橡皮手套。溴水的腐蚀性较液溴弱，在取用时不允许直接倒而应使用滴管。如果不慎将溴水溅到皮肤上，应立即用水冲洗，再用碳酸氢钠溶液或稀硫代硫酸钠溶液冲洗。

3. 氯酸钾是强氧化剂，当加热、摩擦、撞击或与可燃物质接触，易引起燃烧和爆炸，因此决不允许将它们混合保存。同时氯酸钾易分解，因此不宜大力研磨、烘干或烤干。实验时，应将洒落的氯酸钾及时清除干净，注意不要倒入废液缸中。

六、思考题

1. 实验中能否用类似制备 HCl 的方法，用浓硫酸与溴或碘的卤化物反应来制备 HBr 或 HI？说明原因。

2. 在 KI 溶液中通入氯气，开始可观察到碘析出，但若继续通入过量氯气，碘又会消失，请解释原因。

3. 如何区别 HCl、SO_2、H_2S 这三种酸性气体？

4. 向一未知溶液中加入 Cl^-，未见白色沉淀生成，能否说明该溶液中一定不含有 Ag^+？如何证明？

5. $AgNO_3$ 与 $Na_2S_2O_3$ 在水溶液中发生反应，何种情况下生成 Ag_2S 沉淀？何种情况下生成 $[Ag(S_2O_3)_2]^{3-}$？

参考文献

[1] 傅献彩. 大学化学 [M]. 北京：高等教育出版社，1999.

[2] 北京师范大学无机化学教研室. 无机化学实验 [M]. 4 版. 北京：高等教育出版社，2003.

[3] 谢吉民. 无机化学实验 [M]. 北京：人民卫生出版社，2007.

[4] 北京师范大学无机化学教研室. 无机化学实验 [M]. 3 版. 北京：高等教育出版社，2001.

[5] 董顺福. 大学化学实验 [M]. 北京：高等教育出版社，2012.

[6] 柯以侃，王桂花. 大学化学实验 [M]. 2 版. 北京：化学工业出版社，2013.

[7] 沈雪松，仇佩虹. 大学实验化学 [M]. 北京：中国医药科技出版社，2010.

（周萍）

实验十一

p 区元素的性质 II

一、实验目的

1. 掌握亚硝酸盐、硝酸及硝酸盐的性质，了解 NO_2^-、NO_3^-、NH_4^+ 的鉴定方法。
2. 掌握磷酸盐、碳酸盐、硼酸盐等的一些性质。
3. 掌握砷、锑、铋等化合物一些性质的递变规律，熟悉砷的鉴别方法。
4. 了解硼化合物的性质。

二、实验原理

氮族元素位于周期表的第 VA 族，包括氮、磷、砷、锑、铋五种元素。氮族元素从典型的非金属元素氮、磷，经准金属元素砷和锑过渡到金属铋。

氮族元素的价电子组态为 ns^2np^3，含 3 个单电子和 1 对孤对电子。氮族元素的电负性比相应的 VIIA 和 VIA 族元素都要低，所以当氮族元素与电负性较大的元素结合时会显示高氧化值（+5），此外，常见的氧化值还有 +3、+1、-3。氮族元素可以与电负性较小的元素如活泼金属及氢结合而呈负氧化值，多数形成了共价化合物。由于氮族元素含孤对电子，与金属结合具有较强的配位倾向，特别是氮、磷常作为配位原子出现在配体中。

氮的含氧酸常见的为亚硝酸和硝酸，亚硝酸极不稳定，常温下即发生歧化分解（$2HNO_2 \rule[0.5ex]{1em}{0.4pt} NO_2 + NO + H_2O$），仅存在于冷的稀水溶液中。亚硝酸盐较稳定，既具有氧化性，又具有还原性，其氧化能力随溶液酸度增大而增强。硝酸是强酸，但不稳定，受热或见光分解生成 NO_2，溶液颜色慢慢变黄，故硝酸要储存于棕色试剂瓶中。硝酸具有强氧化性，浓度越大，氧化性越强，反应产物随硝酸的浓度、还原剂的本性及反应温度等因素的不同，有 NO_2、NO、N_2O 和 NH_4^+。硝酸盐类较稳定，受热可以分解，其产物随阳离子相应的金属活泼性的不同可以生成亚硝酸盐、金属氧化物和金属单质。

磷的含氧酸及其盐较多。常见的以磷酸盐较多，包括正磷酸盐和酸式盐。磷酸二氢盐都溶于水，水溶液呈酸性，磷酸一氢盐和正盐除钾盐、钠盐、铵盐等外，一般都难溶于水，正盐的水溶液呈明显的碱性。磷酸盐与硝酸银反应可生成黄色沉淀。此外，磷酸盐在酸性条件下可与 $(NH_4)_2MoO_4$ 反应生成黄色沉淀，用于磷酸盐的鉴定。

砷、锑的氧化物、氢氧化物基本上都是两性，铋的氧化物、氢氧化物则呈碱性。锑盐、铋盐在水溶液中易水解，生成白色沉淀。砷的硫化物易溶于碱中，锑的硫化物呈两性，铋的硫化物呈碱性，只溶于酸。砷的化合物在酸性条件下可与 Zn 粒反应，产生 AsH_3，与 $AgNO_3$ 反应产生黑色沉淀，可用于砷化合物的鉴定。

硼族元素位于周期表ⅢA族，包括硼、铝、镓、铟、铊五种元素。其中硼是非金属元素，自然界中只以硼砂（$Na_2B_4O_7 \cdot 10H_2O$）和硼酸（H_3BO_3）的形式存在。硼酸微溶于水，是极弱的一元酸，可与甘油结合成硼酸甘油，使其酸性增强。在浓硫酸存在下，硼酸能与醇类（如甲醇、乙醇）发生酯化反应生成硼酸酯，硼酸酯燃烧时呈特有的绿色火焰，此性质可用于鉴定硼酸及硼酸盐。硼砂与金属化合物一起灼烧，可生成有特殊颜色的偏硼酸的复盐，并依金属不同而显出其特征的颜色，因此可通过"硼砂珠"实验鉴定金属离子。

三、仪器与试剂

1. 仪器

离心机；离心管；试管；烧杯；酒精灯；气体发生器；托盘天平。

2. 试剂

硼砂(s)；硼酸(s)；As_2O_3(s)；$SbCl_3$(s)；$Bi(NO_3)_3$(s)；$Ca(OH)_2$(s)；NH_4Cl(s)；$CaCO_3$(s)；$AgNO_3$(s)；$Cu(NO_3)_2$(s)；KNO_3(s)；$FeSO_4$(s)；$Co(NO_3)_2$(s)；Cr_2O_3(s)；Zn 粒；Cu 片；Sn 片；广泛 pH 试纸；$Pb(Ac)_2$ 棉花；0.2%甲基红指示剂；0.1%酚酞指示剂；无水乙醇；氨基苯磺酸(l)；α-萘胺(l)；饱和 H_2S 溶液；氨水（2 $mol \cdot L^{-1}$，6 $mol \cdot L^{-1}$）；$NaOH$（2 $mol \cdot L^{-1}$，6 $mol \cdot L^{-1}$）；HCl（2 $mol \cdot L^{-1}$，6 $mol \cdot L^{-1}$）；HNO_3（2 $mol \cdot L^{-1}$，6 $mol \cdot L^{-1}$，浓）；H_2SO_4（2 $mol \cdot L^{-1}$，6 $mol \cdot L^{-1}$，浓）；HAc（2 $mol \cdot L^{-1}$）；$SnCl_2$（0.1 $mol \cdot L^{-1}$）；$AgNO_3$（0.1 $mol \cdot L^{-1}$）；Na_2S（0.5 $mol \cdot L^{-1}$）；Na_3PO_4（0.1 $mol \cdot L^{-1}$）；Na_2HPO_4（0.1 $mol \cdot L^{-1}$）；NaH_2PO_4（0.1 $mol \cdot L^{-1}$）；$CaCl_2$（0.1 $mol \cdot L^{-1}$）；$NaHCO_3$（0.1 $mol \cdot L^{-1}$）；$SbCl_3$（0.2 $mol \cdot L^{-1}$）；$Bi(NO_3)_3$（0.2 $mol \cdot L^{-1}$）；Na_2CO_3（0.1 $mol \cdot L^{-1}$）；$Hg(NO_3)_2$（0.1 $mol \cdot L^{-1}$）；KI（0.1 $mol \cdot L^{-1}$）；$NaNO_2$（0.5 $mol \cdot L^{-1}$）；$KMnO_4$（0.01 $mol \cdot L^{-1}$）；KNO_3（0.1 $mol \cdot L^{-1}$）；Na_2S（0.1 $mol \cdot L^{-1}$）；$NaHCO_3$（0.1 $mol \cdot L^{-1}$）；NH_4Cl（0.1 $mol \cdot L^{-1}$）；$(NH_4)_2MoO_4$（0.1 $mol \cdot L^{-1}$）；甘油。

四、实验内容

1. 亚硝酸盐的氧化性和还原性

（1）在 10 滴 0.5 $mol \cdot L^{-1}$ $NaNO_2$ 溶液中滴入 2 滴 0.1 $mol \cdot L^{-1}$ KI 溶液，观察是否有变化。再加入 2 滴 2 $mol \cdot L^{-1}$ H_2SO_4，观察现象，写出反应式。

（2）在 10 滴 0.5 $mol \cdot L^{-1}$ $NaNO_2$ 溶液中滴入 2 滴 0.01 $mol \cdot L^{-1}$ $KMnO_4$ 溶液，观察是否有变化。再加入 2 滴 2 $mol \cdot L^{-1}$ H_2SO_4，观察现象，写出反应式。

2. 硝酸及硝酸盐

（1）硝酸的性质 在两支试管中分别加入一小片铜片，一支试管中加入 4 滴浓 HNO_3，另一支试管中加入 4 滴 2 $mol \cdot L^{-1}$ HNO_3（现象不明显时，可水浴稍加热），观察溶液和气体的颜色，写出反应式。

（2）硝酸盐的热分解反应 在三支试管中分别加入少量固体 $AgNO_3$、$Cu(NO_3)_2$、KNO_3，酒精灯加热，观察反应产物的状态和颜色，并比较反应的难易程度，写出反应式。

3. NO_2^-、NO_3^-、NH_4^+ 的鉴定

(1) NO_2^- 的鉴定 取 3 滴 0.5 mol·L^{-1} NaNO$_2$ 于试管中，加入 2 滴 2 mol·L^{-1} HAc 酸化，再加入氨基苯磺酸和 α-萘胺各 3 滴，若有红色出现，证明有 NO_2^- 存在。

(2) NO_3^- 的鉴定 取 1 mL 0.1 mol·L^{-1} KNO$_3$ 于试管中，加入 1～2 粒 FeSO$_4$ 晶体，振荡试管使其溶解。然后将试管斜持，沿试管壁小心地慢慢滴加 4～5 滴浓 H$_2$SO$_4$，不要振荡，慢慢竖直试管，静置片刻，可观察到在浓 H$_2$SO$_4$ 和溶液两个液层交界处，有棕色环出现，证明有 NO_3^- 存在（溶液中若有 NO_2^- 需先加 NH$_4$Cl 并加热以除去）。

(3) NH_4^+ 的鉴定 在试管中加入 1 滴 0.1 mol·L^{-1} Hg(NO$_3$)$_2$ 溶液，逐滴加入 0.1 mol·L^{-1} KI 溶液至沉淀溶解，然后加入 10 滴 6 mol·L^{-1} NaOH，即得到奈斯勒试剂。取 2 滴 0.1 mol·L^{-1} NH$_4$Cl 于点滴板上，滴加 2 滴奈斯勒试剂，即可观察到有特殊的红棕色沉淀产生，写出反应方程式。

4. 磷酸盐的性质

（1）向三支试管中分别加入 10 滴 0.1 mol·L^{-1} Na$_3$PO$_4$、Na$_2$HPO$_4$ 和 NaH$_2$PO$_4$ 溶液，用 pH 试纸测定各管溶液的 pH 值并记录于实验报告中。然后向每支试管中各加入 10 滴 0.1 mol·L^{-1} CaCl$_2$ 溶液并充分振荡，观察是否有沉淀产生。再向每支试管中各加入 5 滴 2 mol·L^{-1} 氨水，观察是否有沉淀产生。最后，向每支试管中分别滴加 2 mol·L^{-1} HCl，观察沉淀的溶解。比较磷酸钙、磷酸氢钙和磷酸二氢钙的溶解性，说明它们之间相互转化的条件，解释现象并写出有关反应式。

（2）在两支试管中分别加入 1 mL 0.1 mol·L^{-1} Na$_2$HPO$_4$ 和 0.1 mol·L^{-1} NaH$_2$PO$_4$ 溶液，再分别滴加 3～5 滴 0.1 mol·L^{-1} AgNO$_3$ 溶液，观察是否有沉淀产生，解释现象并写出反应式。

（3）PO_4^{3-} 的鉴定：向试管中加入 3 滴 0.1 mol·L^{-1} Na$_3$PO$_4$，然后加入 3 滴 6 mol·L^{-1} HCl 及 8～10 滴 0.1 mol·L^{-1} (NH$_4$)$_2$MoO$_4$，微热（可于水浴中加热），观察是否有沉淀产生，写出反应式。

5. 砷、锑、铋化合物的一些性质

(1) 氢氧化物的酸碱性

① 在两支试管中各加入少量 As$_2$O$_3$ 粉末，向其中一支试管中滴加 2 mol·L^{-1} NaOH 溶液，振荡溶解备用；另一支试管中滴加 6 mol·L^{-1} HCl 溶液，振荡溶解（若不溶解，可稍加热），写出有关反应式。

② 试管中加入 5 滴 0.2 mol·L^{-1} SbCl$_3$ 溶液，滴加 2 mol·L^{-1} NaOH 溶液至沉淀完全，将沉淀分成两份，分别滴加 6 mol·L^{-1} NaOH 溶液和 6 mol·L^{-1} HCl 溶液，观察是否有沉淀溶解，解释现象并写出反应式。

③ 用 Bi(NO$_3$)$_3$ 代替 SbCl$_3$ 重复上面②之实验，观察并比较沉淀溶解情况。

(2) 锑、铋盐的水解性 在两支试管中分别取绿豆大小的 SbCl$_3$、Bi(NO$_3$)$_3$，加入 1 mL 水，观察现象。然后分别滴加 6 mol·L^{-1} HCl 至沉淀恰好溶解，再加水稀释，观察并解释现象，写出反应式。

(3) 硫化物

① 取 1 mL 实验内容 5(1) ①中制备的亚砷酸钠溶液于离心管中，加入 1 mL 6 mol·L^{-1}

盐酸溶液酸化，滴入饱和 H_2S 溶液至沉淀完全，观察沉淀颜色。离心分离，弃去上清液，把沉淀分成三份，分别滴加浓盐酸、2 mol·L^{-1} NaOH 和 0.5 mol·L^{-1} Na$_2$S 溶液并振摇，观察沉淀溶解，写出反应式。

② 用 0.2 mol·L^{-1} SbCl$_3$ 溶液代替亚砷酸钠溶液进行上面①项实验。

③ 用 0.2 mol·L^{-1} Bi(NO$_3$)$_3$ 溶液代替亚砷酸钠溶液进行上面①项实验。

比较上述硫化物的溶解性。

(4) 砷的鉴定　在试管加入 2 滴含有砷的试液，少许 Zn 粒，滴加 10 滴 6 mol·L^{-1} HCl，在试管上半部放 Pb(Ac)$_2$ 棉花一小团，在棉花上放一小片沾有 AgNO$_3$ 溶液的滤纸，管口用纸套罩住，数分钟后，AgNO$_3$ 滤纸变为黄褐或黑色，证明砷的存在。试样中如有硫化物存在时，遇酸产生 H_2S 能使 AgNO$_3$ 变为黑色 Ag$_2$S，为了清除 H_2S 的干扰，需用 Pb(Ac)$_2$ 棉花吸收 H_2S。

(5) Sb^{3+}、Bi^{3+} 的鉴定　在一小片擦亮的锡片上滴加 0.2 mol·L^{-1} SbCl$_3$ 溶液，锡片上出现黑色，证明有 Sb^{3+} 存在。写出反应式。

在 1 mL 新制的 0.2 mol·L^{-1} SnCl$_2$ 溶液中，滴加 2 mol·L^{-1} NaOH 溶液至沉淀溶解，滴加 5 滴 0.2 mol·L^{-1} Bi(NO$_3$)$_3$ 溶液，有黑色沉淀生成，证明 Bi^{3+} 存在。写出反应式。

6. 碳酸和碳酸盐的性质

(1) 向试管中加入 3 mL 水，2 滴 0.2% 甲基红指示剂，从气体发生器中通入 CO$_2$，观察指示剂颜色的变化，加热溶液至沸腾后指示剂颜色又发生了怎样的变化？解释此现象。

(2) 向试管中加入 3 mL 饱和 Ca(OH)$_2$ 溶液，从气体发生器中平稳通入 CO$_2$，观察过程中沉淀的生成和溶解，写出反应式。

(3) 在两支试管中，分别加入 10 滴 0.1 mol·L^{-1} Na$_2$CO$_3$ 和 0.1 mol·L^{-1} NaHCO$_3$ 溶液，各加入 0.1% 酚酞指示剂 1 滴，比较二者颜色的差异并解释现象。

7. 硼酸和硼酸盐的性质

(1) 试管中加入 0.5 g Na$_2$B$_4$O$_7$·10H$_2$O 晶体和 3 mL 水，微热使之溶解，用 pH 试纸测其酸碱性，然后加入 1 mL 6 mol·L^{-1} H$_2$SO$_4$ 溶液，振荡后，把试管放在冰水中冷却，观察硼酸结晶的析出，写出反应式。

(2) 试管中加入少量 H$_3$BO$_4$ 晶体和 3 mL 水，并摇匀待固体溶解后滴加 1 滴甲基红指示剂，把溶液分成两份，一份作参照物，另一份加入 5 滴甘油，观察指示剂颜色的变化并解释此现象。

(3) 硼的焰色反应：在蒸发皿中加入少量硼酸固体，加入约 1 mL 乙醇，再加 3~5 滴浓 H$_2$SO$_4$，混合均匀后点燃混合物，观察火焰颜色，写出反应式。

(4) 硼砂珠试验：用带有顶端弯成小圈的铂丝（实验前用砂纸清洁处理）蘸取少许硼砂固体，在氧化火焰中灼烧并熔融成圆珠。观察硼砂珠的颜色和状态。用烧红的硼砂珠分别蘸取少量硝酸钴、三氧化二铬固体熔融，冷却后观察硼砂珠颜色。

五、注意事项

1. 硝酸的分解产物或还原产物多为含氮的氧化物，除 N$_2$O 外所有的含氮氧化物均有毒，尤其以 NO$_2$ 最甚且尚无特效治疗药，因此涉及硝酸的反应均应在通风橱内进行。

2. 砷、锑、铋及其化合物都为有毒物质。特别是三氧化二砷（俗称砒霜）和肼

（AsH_3）及其他可溶性的砷化物都是剧毒物质，必须要在教师指导下使用。取用量要少，切勿进入口内或与有伤口的地方接触。实验后立刻交还未用的试剂并及时洗手；若万一中毒，可用乙二硫醇解毒。

3. 硼的焰色反应可用来鉴定硼酸、硼砂等含硼化合物。

4. 硼砂珠实验可用于鉴别钴盐，铬盐。

六、思考题

1. 不同浓度的硝酸与金属反应，反应产物有什么不同？为什么？

2. 磷酸钙和磷酸二氢钙相互转变的条件是什么？

3. 从实验总结出 As(Ⅲ)、Sb(Ⅲ)、Bi(Ⅲ) 的氢氧化物和硫化物的酸碱性递变规律。

参考文献

[1] 北京师范大学无机化学教研室. 无机化学实验 [M]. 4 版. 北京：高等教育出版社，2003.
[2] 谢吉民. 无机化学实验 [M]. 北京：人民卫生出版社，2007.
[3] 北京师范大学无机化学教研室. 无机化学实验 [M]. 3 版. 北京：高等教育出版社，2001.
[4] 董顺福. 大学化学实验 [M]. 北京：高等教育出版社，2012.
[5] 柯以侃，王桂花. 大学化学实验 [M]. 2 版. 北京：化学工业出版社，2013.
[6] 沈雪松，仇佩虹. 大学实验化学 [M]. 北京：中国医药科技出版社，2010.

（许贯虹）

实验十二

过渡金属元素的性质 I

一、实验目的

1. 熟悉铜、银、锌、汞的氢氧化物、配合物和硫化物的性质。
2. 熟悉铜、银、汞化合物的氧化还原性。
3. 掌握铜、银、锌、汞离子的分离与鉴定方法。

二、实验原理

铜（Cu）、银（Ag）属于 IB 族，价层电子构型为 $(n-1)d^{10}ns^1$。由于 IB 族 ns 电子和次外层 $(n-1)d$ 电子能量相近，与其他元素反应时，ns 和 $(n-1)d$ 电子都可参与，呈现变价（+1，+2）。氧化值为 +1 的铜和银的氢氧化物都不稳定，会脱水形成 M_2O 型氧化物。锌（Zn）、汞（Hg）为 IIB 族元素，价层电子构型为 $(n-1)d^{10}ns^2$。IIB 族元素易失去最外层 2 个电子形成 M^{2+}，Hg^{2+} 具有较高的极化率和变形性，所以 Hg^{2+} 与易变形的 S^{2-}、I^- 等离子形成的化合物有显著的共价性，具有很深的颜色和较低的溶解度。

$Cu(OH)_2$ 呈现两性，但酸性较弱，可溶于浓的强碱溶液，在加热时易脱水而分解为黑色的 CuO。AgOH 在常温下极易脱水而转化为棕色的 Ag_2O。$Zn(OH)_2$ 呈两性。Hg(I) 和 Hg(II) 的氢氧化物极易脱水而转变为黄色的 HgO(II) 和黑色的 Hg_2O(I)。Cu^{2+}、Ag^+、Zn^{2+} 与过量的氨水反应时分别生成 $[Cu(NH_3)_4]^{2+}$、$[Ag(NH_3)_2]^+$、$[Zn(NH_3)_4]^{2+}$，但是 Hg^{2+} 和 Hg_2^{2+} 与过量氨水反应时，如果没有大量的 NH_4^+ 存在，并不生成氨配离子。Cu^{2+} 具有氧化性，与 I^- 反应，产物不是 CuI_2，而是白色的 CuI。卤化银难溶于水，但可利用形成配合物而使之溶解。黄绿色 Hg_2I_2 与过量 KI 反应时，发生歧化反应，生成 $[HgI_4]^{2-}$ 和 Hg。

三、仪器与试剂

1. 仪器

试管；离心管；酒精灯；离心机。

2. 试剂

$NaOH(1\ mol \cdot L^{-1}$，$6\ mol \cdot L^{-1})$；氨水（$2\ mol \cdot L^{-1}$，$6\ mol \cdot L^{-1}$）；H_2SO_4（$2\ mol \cdot L^{-1}$，

$6\ \text{mol·L}^{-1}$）；HNO_3（$2\ \text{mol·L}^{-1}$，$6\ \text{mol·L}^{-1}$）；HCl（$2\ \text{mol·L}^{-1}$，$6\ \text{mol·L}^{-1}$）；HAc（$2\ \text{mol·L}^{-1}$）；$CuSO_4$（$0.1\ \text{mol·L}^{-1}$）；$AgNO_3$（$0.1\ \text{mol·L}^{-1}$）；KI（$0.1\ \text{mol·L}^{-1}$）；$ZnSO_4$（$0.2\ \text{mol·L}^{-1}$）；$CdSO_4$（$0.2\ \text{mol·L}^{-1}$）；$Hg(NO_3)_2$（$0.1\ \text{mol·L}^{-1}$）；$Hg_2(NO_3)_2$（$0.1\ \text{mol·L}^{-1}$）；$SnCl_2$（$0.1\ \text{mol·L}^{-1}$）；$NaCl$（$0.1\ \text{mol·L}^{-1}$）；10%甲醛；$K_4[Fe(CN)_6]$（$0.1\ \text{mol·L}^{-1}$）；1%淀粉溶液；$HgCl_2$ 晶体；Hg_2Cl_2 晶体。

四、实验内容

1. 铜和银化合物的性质

(1) 氢氧化物的生成和性质

① 向三支试管中分别加入 10 滴 $0.1\ \text{mol·L}^{-1}$ $CuSO_4$ 溶液，再分别滴加 $1\ \text{mol·L}^{-1}$ $NaOH$ 溶液至沉淀完全。然后向第一支试管中滴加 $2\ \text{mol·L}^{-1}$ H_2SO_4 溶液；第二支试管中滴加过量的 $6\ \text{mol·L}^{-1}$ $NaOH$ 溶液；第三支试管于酒精灯上加热至固体变黑，再加入 $2\ \text{mol·L}^{-1}$ HCl。观察试管中各有何现象。写出反应方程式。

② 向两支试管中分别加入 10 滴 $0.1\ \text{mol·L}^{-1}$ $AgNO_3$ 溶液，再分别滴加 $1\ \text{mol·L}^{-1}$ $NaOH$ 溶液至沉淀完全。然后向第一支试管中滴加 $2\ \text{mol·L}^{-1}$ HNO_3 溶液；第二支试管中加入过量的 $6\ \text{mol·L}^{-1}$ $NaOH$ 溶液，观察各有何现象。写出反应方程式。

(2) 氨合物的生成　取两支试管，一支加入 10 滴 $0.1\ \text{mol·L}^{-1}$ $CuSO_4$ 溶液，另一支加入 10 滴 $0.1\ \text{mol·L}^{-1}$ $AgNO_3$ 溶液，然后分别缓慢滴入 $2\ \text{mol·L}^{-1}$ 氨水，边滴边振摇试管，观察沉淀的生成和溶解，写出反应方程式。

(3) 与碘化钾的反应

① 在离心管中滴入 5 滴 $0.1\ \text{mol·L}^{-1}$ $CuSO_4$ 溶液和 10 滴 $0.1\ \text{mol·L}^{-1}$ KI 溶液，摇匀，离心分离，吸出上层清液，用淀粉检验上层清液中是否含有 I_2，沉淀用水洗两次后，观察沉淀的颜色，写出反应式。

② 用 $0.1\ \text{mol·L}^{-1}$ $AgNO_3$ 溶液代替 $CuSO_4$，重复①项实验，比较两者反应有何不同。

(4) 铜、银化合物的氧化还原性

① 在试管中加入 10 滴 $0.1\ \text{mol·L}^{-1}$ $CuSO_4$ 溶液，再加入过量 $6\ \text{mol·L}^{-1}$ $NaOH$ 溶液，振荡试管，然后加入 10 滴 10%甲醛溶液，摇匀后在水浴上加热，观察沉淀颜色的变化。离心分离，用蒸馏水洗沉淀两次，然后向沉淀中滴加 $6\ \text{mol·L}^{-1}$ H_2SO_4 溶液，振摇至沉淀溶解，观察沉淀颜色的变化，写出反应方程式。

② 在洁净的试管中加入 $1\ \text{mL}$ $0.1\ \text{mol·L}^{-1}$ $AgNO_3$ 溶液，再加入 $2\ \text{mol·L}^{-1}$ 氨水溶液，边加边振荡试管，至生成的沉淀溶解后再多滴加 2 滴。然后，滴加 5 滴 10%甲醛溶液，摇匀后在 $60\,℃$水浴中加热，观察现象。写出反应方程式。

(5) 铜离子的鉴定　试管中加入 10 滴 $0.1\ \text{mol·L}^{-1}$ $CuSO_4$ 溶液，再加入 5 滴 $2\ \text{mol·L}^{-1}$ HAc 溶液，逐滴加入 $0.1\ \text{mol·L}^{-1}$ $K_4[Fe(CN)_6]$ 溶液，有红棕色沉淀生成，说明有 Cu^{2+} 存在。在沉淀中逐滴加入 $6\ \text{mol·L}^{-1}$ 氨水溶液，观察实验现象，写出反应方程式。

2. 锌和汞化合物的性质

(1) 氢氧化物的生成和性质

① 向两支试管中各加入 10 滴 $0.2\ \text{mol·L}^{-1}$ $ZnSO_4$ 溶液，再分别滴加 $1\sim 2$ 滴 $1\ \text{mol·L}^{-1}$

NaOH 溶液至沉淀完全（NaOH 不要过量）。然后向第一支试管中滴加 $2 \text{ mol·L}^{-1} \text{ H}_2\text{SO}_4$ 溶液；第二支试管中滴加 6 mol·L^{-1} NaOH 溶液，观察各有何现象。写出反应方程式。

② 向两支试管中各加入 10 滴 $0.1 \text{ mol·L}^{-1} \text{ Hg(NO}_3)_2$ 溶液，再分别加入 5 滴 1 mol·L^{-1} NaOH 溶液，观察沉淀的颜色和形态。然后向第一支试管中滴加 $6 \text{ mol·L}^{-1} \text{ HNO}_3$ 溶液；第二支试管中滴加 6 mol·L^{-1} NaOH 溶液，观察各有何现象。写出反应方程式。

③ 用 $0.1 \text{ mol·L}^{-1} \text{ Hg}_2(\text{NO}_3)_2$ 溶液替代 $\text{Hg(NO}_3)_2$ 溶液，重复②项实验，比较两者有何不同。

（2）氨合物的生成

① 向试管中加入 10 滴 $0.2 \text{ mol·L}^{-1} \text{ ZnSO}_4$ 溶液，缓慢滴入 2 mol·L^{-1} 氨水溶液，边滴边振摇试管，观察沉淀的生成和溶解，写出反应方程式。

② 取两支试管，一支试管中加入 HgCl_2 晶体少许，另一支试管中加入 Hg_2Cl_2 晶体少许，然后分别逐滴加入 2 mol·L^{-1} 氨水溶液至过量，边滴边振摇试管，观察现象，注意两者的区别，写出反应方程式。

（3）锌、汞硫化物的生成和性质

① 往盛有 10 滴 $0.2 \text{ mol·L}^{-1} \text{ ZnSO}_4$ 溶液的离心管中，加入 5 滴 $1 \text{ mol·L}^{-1} \text{ Na}_2\text{S}$ 溶液，观察沉淀的生成和颜色。将沉淀离心分离，在沉淀中加入 2 mol·L^{-1} HCl 溶液，观察沉淀是否溶解，写出反应方程式。

② 取三支离心管，分别加入 10 滴 $0.1 \text{ mol·L}^{-1} \text{ Hg(NO}_3)_2$ 溶液，再各加入 2 滴 1 mol·L^{-1} Na_2S 溶液，观察沉淀的生成和颜色。将沉淀离心分离，第一支试管加入 2 mol·L^{-1} 盐酸，第二支试管中加入浓 HCl，第三支试管中加入王水❶（自配），观察沉淀是否溶解，写出反应方程式。

（4）汞化合物与 KI 的反应　取两支试管，一支试管中加入 10 滴 0.1 mol·L^{-1} $\text{Hg(NO}_3)_2$ 溶液，另一支试管中加入 10 滴 $0.1 \text{ mol·L}^{-1} \text{ Hg}_2(\text{NO}_3)_2$ 溶液，然后分别逐滴加入 0.1 mol·L^{-1} KI 溶液至过量，观察反应过程中两者变化的区别，写出反应方程式。

（5）汞化合物与 SnCl_2 的反应　取两支试管，一支试管中加入 5 滴 0.1 mol·L^{-1} $\text{Hg(NO}_3)_2$ 溶液，另一支试管中加入 5 滴 $0.1 \text{ mol·L}^{-1} \text{ Hg}_2(\text{NO}_3)_2$ 溶液，然后各加入 0.1 mol·L^{-1} NaCl 溶液，观察现象。再分别加入适量 6 mol·L^{-1} HCl 溶液后，继续各加入 $0.1 \text{ mol·L}^{-1} \text{ SnCl}_2$ 溶液，边加边振摇试管，观察现象，注意两者的区别，写出反应方程式。

五、注意事项

1. Fe^{3+} 能与六氰合铁（Ⅱ）酸钾反应生成蓝色沉淀，此沉淀对鉴定 Cu^{2+} 会产生干扰，因此常需要预先除去 Fe^{3+}。除去的方法是先加入氨水，使 Fe^{3+} 生成氢氧化铁沉淀，而 Cu^{2+} 则与氨水形成可溶性配合物留在溶液中。

2. 涉及汞的实验毒性较大，做好回收工作。

六、思考题

1. Cu（Ⅰ）和 Cu（Ⅱ）稳定存在和转化的条件是什么？

---

❶ 王水的配比为三份浓 HCl 加一份浓 HNO_3。

2. 试设计区分 $HgCl_2$ 和 Hg_2Cl_2 的实验方法。

3. 使用汞时应注意什么？为什么储存汞时要用水封？

参考文献

张利民. 无机化学实验 [M]. 北京：人民卫生出版社，2003.

（杨旭曙）

实验十三

过渡金属元素的性质 II

一、实验目的

1. 掌握低氧化态铬和锰的还原性，高氧化态铬和锰的氧化性。
2. 掌握铬和锰各种氧化态化合物之间的转化条件。
3. 掌握铁、钴、镍化合物的氧化还原性和配位性。
4. 掌握 Mn^{2+}、Fe^{2+}、Fe^{3+}、Co^{2+}、Ni^{2+} 的鉴定。

二、实验原理

铬和锰分别属于第四周期的ⅥB族和ⅦB族。它们的原子结构极其相近，次外层 d 能级均为半充满状态。铬和锰的高氧化值化合物的氧化性较强。

向 Cr^{3+} 盐溶液中加碱可以生成蓝灰色的 $Cr(OH)_3$ 沉淀。这是一种两性氢氧化物，既溶于酸也溶于碱，无论是 Cr^{3+} 或亚铬酸盐在水溶液中都有水解作用。Cr^{3+} 有很强的生成配合物的能力。在碱性溶液中，CrO_2^- 还原性较强，可被 H_2O_2、Cl_2、Br_2 等氧化为 CrO_4^{2-}。重铬酸盐在酸性溶液中是强氧化剂，例如在酸溶液中 K_2CrO_7 可以氧化 H_2S、H_2SO_3、Fe^{2+} 和 HI。在重铬酸盐的水溶液中存在铬酸根与重铬酸根离子间的平衡，除了加酸或加碱可以使平衡移动外，向此溶液中加入 Ba^{2+}、Pb^{2+} 或 Ag^+ 都能使平衡移动，因为这些离子的铬酸盐均为难溶盐，且溶度积较小。

锰可以表现为 +2、+3、+4、+6、+7 多种氧化态，其中以 +2、+4、+7 氧化态的化合物较重要。在碱性溶液中，Mn^{2+} 易被空气中的氧气所氧化。在含 Mn^{2+} 的溶液中，加入强碱，可得到白色的 $Mn(OH)_2$ 沉淀。它在碱性介质中很不稳定，与空气接触，即被氧化为棕色的 $MnO(OH)_2$ 沉淀。把 Mn^{2+} 氧化成 MnO_4^- 较困难，但是某些极强的氧化剂如过硫酸铵、铋酸钠等在酸性溶液中是可以进行的。这些反应是 Mn^{2+} 的特征反应，常利用紫红色 MnO_4^- 的出现来检验溶液中微量 Mn^{2+} 的存在。高锰酸钾是一种很强的氧化剂，可以氧化 Fe^{2+}、$C_2O_4^{2-}$、Cl^-、I^- 等。在酸性溶液中还原产物为 Mn^{2+}，在微酸性、中性和微碱性溶液中，还原产物为褐色 MnO_2 沉淀，在强碱性溶液中，则生成绿色锰酸盐。

铁族元素属Ⅷ族，包括铁、钴、镍三种元素。由于它们是同一周期的相邻元素，其原子结构相似（$[Ar]3d^{6\sim8}4s^2$）、原子半径相近（115~117 pm），故它们的很多物理和化学性质相似（表 13-1）。

表 13-1　铁、钴、镍氢氧化物的性质

还原性增强

$\longleftarrow$

$Fe(OH)_2$	$Co(OH)_2$	$Ni(OH)_2$
白色	粉红色	绿色
难溶于水	难溶于水	难溶于水
$Fe(OH)_3$	$Co(OH)_3$	$Ni(OH)_3$
棕红色	棕色	黑色
难溶于水	难溶于水	难溶于水

$\longrightarrow$

氧化性增强

　　铁族元素的阳离子是配合物的较好形成体，能形成很多配合物。因 Fe^{3+}、Fe^{2+} 与 OH^- 的结合能力较强，它们在氨水中形成稳定的氨合离子较难。配合物的形成，使溶解度和颜色等性质发生改变，常用于离子的分析和鉴定。例如，无色 $[FeF_6]^{3-}$ 的形成可以"掩蔽" Fe^{3+}，避免形成 $Fe(OH)_3$ 沉淀或棕红色 $[Fe(OH)_n]^{3-n}$ 离子的干扰；血红色 $[Fe(NCS)_n]^{3-n}$ 的形成可用于鉴定 Fe^{3+}；蓝色 $[Co(NCS)_4]^{2-}$ 的形成可用于鉴定 Co^{2+}；丁二肟与 Ni^{2+} 形成鲜红色螯合物沉淀可用于鉴定 Ni^{2+}。

三、仪器与试剂

1. 仪器

试管；试管架；酒精灯。

2. 试剂

HCl（2 mol·L^{-1}，浓）；HNO_3（6 mol·L^{-1}）；H_2SO_4（1 mol·L^{-1}，2 mol·L^{-1}，6 mol·L^{-1}，浓）；NaOH（2 mol·L^{-1}，6 mol·L^{-1}）；浓 NH_3·H_2O；$NaBiO_3$（s）；KSCN（s）；NH_4Cl（s）；$(NH_4)_2Fe(SO_4)_2$（s）；MnO_2（s）；$Cr_2(SO_4)_3$（0.1 mol·L^{-1}）；3% H_2O_2；$K_2Cr_2O_7$（0.1 mol·L^{-1}）；$NaNO_2$（0.2 mol·L^{-1}）；K_2CrO_4（0.1 mol·L^{-1}）；$AgNO_3$（0.1 mol·L^{-1}）；$Pb(NO_3)_2$（0.1 mol·L^{-1}）；$BaCl_2$（0.1 mol·L^{-1}）；$MnSO_4$（0.2 mol·L^{-1}）；Na_2SO_3（0.1 mol·L^{-1}）；$KMnO_4$（0.01 mol·L^{-1}）；NH_4Cl（2 mol·L^{-1}）；$(NH_4)_2Fe(SO_4)_2$（2 mol·L^{-1}）；$CoCl_2$（0.2 mol·L^{-1}）；$NiSO_4$（0.2 mol·L^{-1}）；$FeCl_3$（0.2 mol·L^{-1}）；KI（0.2 mol·L^{-1}）；$K_3[Fe(CN)_6]$（0.5 mol·L^{-1}）；$K_4[Fe(CN)_6]$（0.5 mol·L^{-1}）；KCNS（0.5 mol·L^{-1}）；溴水；CCl_4（l）；丙酮；戊醇；1%丁二肟；淀粉碘化钾试纸；pH 试纸。

四、实验内容

1. 铬的化合物

（1）氢氧化铬（Ⅲ）的生成与性质　取 10 滴 0.1 mol·L^{-1} 的 $Cr_2(SO_4)_3$ 溶液于试管中，逐滴加入 2 mol·L^{-1} NaOH 溶液直至沉淀生成。用实验证明此沉淀具有两性性质，观察现象，写出有关反应式。

(2) 铬(Ⅲ) 化合物的还原性　取 5 滴 0.1 mol·L^{-1} 的 Cr$_2$(SO$_4$)$_3$ 溶液于试管中，滴入 6 mol·L^{-1} NaOH 溶液直至生成的沉淀又溶解为止。然后，滴入数滴 3% H$_2$O$_2$ 溶液，在水浴中加热，观察溶液颜色的变化，写出有关反应式。

(3) 铬(Ⅵ) 化合物的氧化性　取 5 滴 0.1 mol·L^{-1} 的 K$_2$Cr$_2$O$_7$ 溶液于试管中，滴入 2 滴 2 mol·L^{-1} 的 H$_2$SO$_4$ 溶液酸化。然后，滴入数滴 0.2 mol·L^{-1} NaNO$_2$ 溶液，观察溶液颜色的变化，写出反应式。

(4) 铬酸根离子和重铬酸根离子在溶液中的平衡与转化　取一支试管，滴加 5 滴 0.1 mol·L^{-1} 的 K$_2$Cr$_2$O$_7$ 溶液，滴入 2 滴 2 mol·L^{-1} NaOH 溶液使呈碱性，观察溶液颜色有何变化。再滴入 2 mol·L^{-1} 的 H$_2$SO$_4$ 使呈酸性，溶液颜色又有何变化？写出反应式，用平衡移动原理解释。

(5) 铬酸盐的生成　在三支试管中，分别加入 5 滴 0.1 mol·L^{-1} K$_2$CrO$_4$ 溶液，再分别加入 3 滴 0.1 mol·L^{-1} AgNO$_3$、0.1 mol·L^{-1} BaCl$_2$、0.1 mol·L^{-1} Pb(NO$_3$)$_2$ 溶液，观察沉淀颜色，写出反应式。

按上述用量，用 K$_2$Cr$_2$O$_7$ 溶液和 0.1 mol·L^{-1} BaCl$_2$ 溶液反应，有什么现象？用 pH 试纸检测反应前后溶液 pH 值的变化。试用 CrO$_4^{2-}$ 与 Cr$_2$O$_7^{2-}$ 间的平衡关系及平衡移动来说明这一实验结果并写出反应式。

2. 锰的化合物

(1) Mn(OH)$_2$ 的生成与性质　取 4 支试管，分别加入 10 滴 0.2 mol·L^{-1} MnSO$_4$ 溶液，按要求进行如下实验：

① 第 1 支试管中加入 2 滴 2 mol·L^{-1} NaOH 溶液，观察沉淀的颜色。然后静置一段时间，观察沉淀颜色有何变化，写出反应式。

② 第 2 支试管中加入 2 滴 2 mol·L^{-1} NaOH 溶液，生成沉淀后迅速滴加 2 mol·L^{-1} HCl 溶液使呈酸性，振荡，观察现象，写出反应式。

③ 第 3 支试管中加入 2 滴 2 mol·L^{-1} NaOH 溶液，生成沉淀后立即滴加 2 mol·L^{-1} NaOH 溶液，振荡，观察现象，解释原因。

④ 第 4 支试管中加入 2 滴 2 mol·L^{-1} NaOH 溶液，生成沉淀后迅速滴加 2 mol·L^{-1} NH$_4$Cl 溶液，振荡，观察沉淀是否溶解，写出反应式。

通过上述 4 组实验结果，比较 Mn(OH)$_2$ 在不同酸碱条件下的溶解情况。

(2) Mn^{2+} 的还原性　取 5 滴 0.2 mol·L^{-1} MnSO$_4$ 溶液于一支试管中，加入 5 滴 6 mol·L^{-1} 的 HNO$_3$ 溶液酸化，再加少量 NaBiO$_3$ 固体，微热，观察溶液颜色的变化，写出反应式。此法可鉴定 Mn^{2+} 的存在。

(3) 二氧化锰的生成与性质

① 往数滴 0.01 mol·L^{-1} KMnO$_4$ 溶液中逐滴加入 0.2 mol·L^{-1} MnSO$_4$ 溶液，观察现象，写出反应式。

② 往上述试管中滴入数滴 1 mol·L^{-1} 的 H$_2$SO$_4$ 溶液，再逐滴加入 0.1 mol·L^{-1} 的 Na$_2$SO$_3$ 溶液，观察现象，写出反应式。

③ 在盛有少量 MnO$_2$ 固体的试管中加入 2 mL 浓 H$_2$SO$_4$，加热，观察反应前后的颜色和状态，有何气体产生？写出反应式。

(4) 高锰酸钾的氧化性　在三支试管中，各加入 10 滴 0.1 mol·L^{-1} Na$_2$SO$_3$ 溶液，然

后分别加入 2 mol·L^{-1} H$_2$SO$_4$、6 mol·L^{-1} NaOH 和蒸馏水各 10 滴，再各滴入 2 滴 0.01 mol·L^{-1} KMnO$_4$ 溶液，观察各试管中的现象，比较 KMnO$_4$ 溶液在不同酸碱性介质中的还原产物，写出有关反应式。

3. 铁(Ⅱ)、钴(Ⅱ)、镍(Ⅱ)化合物的还原性

(1) Fe^{2+} 的还原性 往盛有 0.5 mL 溴水的试管中加入 3~4 滴 6 mol·L^{-1} H$_2$SO$_4$ 溶液，然后逐滴加入 2 mol·L^{-1} (NH$_4$)$_2$Fe(SO$_4$)$_2$ 溶液，观察现象，写出反应式。

(2) 氢氧化亚铁的生成和还原性 在一支试管中加入 1 mL 蒸馏水，再加 2 滴 2 mol·L^{-1} H$_2$SO$_4$ 溶液，煮沸（除去空气），然后加入少量硫酸亚铁铵晶体，振摇使之完全溶解；另取一试管，加入 1 mL 6 mol·L^{-1} NaOH 溶液，煮沸冷却后，用长滴管吸取此 NaOH 溶液，插入前一支试管底部，慢慢放出 NaOH 溶液（整个操作都要避免将空气带入溶液中），观察 Fe(OH)$_2$ 沉淀的生成与颜色，振荡后静置，观察沉淀颜色的变化（留待下面实验用），写出反应式。

(3) 钴(Ⅱ)、镍(Ⅱ)化合物的还原性 在两支试管中，分别加入 5 滴 0.2 mol·L^{-1} CoCl$_2$ 溶液，再各滴入 3 滴 2 mol·L^{-1} NaOH 溶液，观察沉淀的生成；然后，在一支试管中加入溴水（此管留待下面实验用），另一支试管静置于空气中，观察变化情况，写出反应式。

用 NiSO$_4$ 溶液代替 CoCl$_2$ 溶液，重复上述实验，比较两者有何不同。

4. 铁(Ⅲ)、钴(Ⅲ)、镍(Ⅲ)化合物的氧化性

(1) 在上面实验保留下来的铁、钴、镍氢氧化物沉淀里，各加入 5 滴浓 HCl，振荡后用湿的淀粉碘化钾试纸检验所放出的气体，写出有关反应式。

(2) 在试管中加入 5 滴 0.2 mol·L^{-1} FeCl$_3$ 溶液和 3 滴 0.2 mol·L^{-1} KI 溶液，再加入 10 滴 CCl$_4$ 充分振荡后，静置，观察 CCl$_4$ 层的颜色，写出反应式。

5. 铁、钴、镍配合物的生成

(1) 铁的配合物

① 在试管中加入 1 mL 蒸馏水，再加入极少量的硫酸亚铁铵晶体，溶解后，加 2 滴 0.5 mol·L^{-1} K$_3$[Fe(CN)$_6$] 溶液，观察现象，写出反应式。这是鉴定 Fe^{2+} 的特征反应。

② 在两支试管中，各加入 1 mL 蒸馏水、4 滴 0.2 mol·L^{-1} FeCl$_3$ 溶液和 2 滴 2 mol·L^{-1} 硫酸酸化，然后在一支试管中加入 2 滴 0.5 mol·L^{-1} K$_4$[Fe(CN)$_6$] 溶液，在另一支试管中加入 2 滴 0.5 mol·L^{-1} KSCN 溶液，振摇后，观察现象，分别写出反应式。这是鉴定 Fe^{3+} 的特征反应。

③ 取 10 滴 0.5 mol·L^{-1} K$_3$[Fe(CN)$_6$] 溶液于一支试管中，滴加数滴 2 mol·L^{-1} NaOH 溶液，是否有 Fe(OH)$_3$ 沉淀产生？为什么？

(2) 钴的配合物 取 1 mL 0.2 mol·L^{-1} CoCl$_2$ 溶液于试管中，小心加入少量的 KSCN 固体（不振摇），观察固体周围的颜色，再加入 1 mL 丙酮或 1 mL 戊醇振摇，观察水相和有机相的颜色有何不同。

取 5 滴 0.2 mol·L^{-1} CoCl$_2$ 溶液于试管中，加入少量固体 NH$_4$Cl 振摇至溶解。然后滴入浓氨水，边滴边振荡，至生成的沉淀刚好溶解为止，静置一段时间，观察溶液颜色有何变化，写出反应式。

(3) 镍的配合物 取 5 滴 0.2 mol·L^{-1} NiSO$_4$ 溶液于试管中，逐滴加入浓氨水，观察现象，写出反应式。然后滴加几滴丁二肟试剂，是否有鲜红色沉淀生成？这是鉴定 Ni^{2+} 的特征反应。

五、注意事项

硫酸亚铁铵溶于水时，必须先加酸进行酸化，再加硫酸亚铁铵晶体溶解，否则 Fe^{2+} 易水解。

六、思考题

1. 总结铬的各种氧化态之间相互转化的条件，注明反应是在何种介质中进行的，何者是氧化剂，何者是还原剂。

2. 绘出表示锰的各种氧化态之间相互转化的示意图，注明反应是在什么介质中进行的，何者是氧化剂，何者是还原剂。

3. 你所用过的试剂中，有几种可以将 Mn^{2+} 氧化为 MnO_4^-？在由 Mn^{2+} 转化为 MnO_4^- 的反应中，为什么要控制 Mn^{2+} 的量？

4. 在碱性介质中，氯水（或溴水）能把二价钴氧化成三价钴，而在酸性介质中，三价钴又能把氯离子氧化成氯气，二者有无矛盾？为什么？

5. 怎样鉴定 Fe^{3+}、Co^{2+}、Ni^{2+}？

参考文献

张利民. 无机化学实验 [M]. 北京：人民卫生出版社，2003.

（程宝荣）

实验十四

常见无机阳离子鉴别

一、实验目的

1. 掌握系统分析法对常见阳离子进行分组分离的原理和方法。
2. 掌握阳离子分离、鉴定的基本流程与操作。

二、实验原理

离子鉴别是指通过化学方法确定样品中某种元素或离子是否存在。离子的鉴别反应通常选择在水溶液进行，反应均要求具有高度的选择性，灵敏迅速且现象明显。

在样品成分分析中常涉及多种离子的混合溶液检测，由于离子间相互干扰，往往难以直接鉴定混合物中的某一种离子。因此对于混合组分，需要先分离再鉴别，有时还需对干扰离子进行掩蔽。

常见阳离子有二十余种，在进行分离鉴别时，为避免个别检出时的相互干扰，通常先利用阳离子的某些共同特性进行分组，然后再根据阳离子的个别特性加以鉴别。能使一组阳离子在适当的反应条件下生成沉淀而与其他组阳离子分离的试剂称为组试剂，利用不同的组试剂就可以将阳离子按组分离并依次检出，这种方法称为阳离子系统分析法。在阳离子系统分离中利用不同的组试剂可以得到多种分组方案。本实验将以 HCl、H_2SO_4、$NH_3 \cdot H_2O$、$NaOH$、$(NH_4)_2S$ 为组试剂的两酸三碱系统分析法对未知混合离子溶液进行分离和鉴别。此法将常见的二十余种阳离子分为六组。

第一组（易溶组）：Na^+，NH_4^+，Mg^{2+}，K^+

第二组（盐酸组）：Ag^+，Hg_2^{2+}，Pb^{2+}

第三组（硫酸组）：Ba^{2+}，Ca^{2+}，Pb^{2+}

第四组（氨合物组）：Cu^{2+}，Cd^{2+}，Zn^{2+}，Co^{2+}，Ni^{2+}

第五组（两性组）：Al^{3+}，Cr^{3+}，$Sb(III、V)$，$Sn(II、IV)$

第六组（氢氧化物组）：Fe^{2+}，Fe^{3+}，Bi^{3+}，Mn^{2+}，Hg^{2+}

用系统分析法分析阳离子时，须按照特定的顺序加入组试剂，将离子逐组沉淀，其流程见图 14-1，具体分离和鉴定方法如下。

1. 第一组（易溶组）阳离子的鉴别

本组阳离子包括 NH_4^+、K^+、Na^+、Mg^{2+}，它们的盐大多数可溶于水，没有一种共同的试剂可以作为组试剂，而是采用个别鉴定的方法，将它们加以检出。

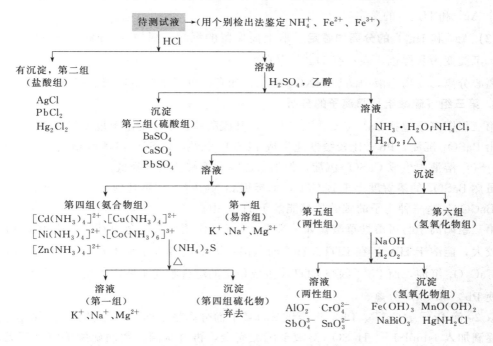

图 14-1　常见无机阳离子鉴定基本流程

（1）NH_4^+ 的鉴定　参见实验十一。在试管中加入 1 滴 0.1 mol·L^{-1} $Hg(NO_3)_2$ 溶液，逐滴加入 0.1 mol·L^{-1} KI 溶液至沉淀溶解，然后加入 10 滴 6 mol·L^{-1} NaOH，即得到奈斯勒试剂。取 2 滴 0.1 mol·L^{-1} NH_4Cl 于点滴板上，滴加 2 滴奈斯勒试剂，观察是否有红棕色沉淀产生。

（2）K^+ 的鉴定　取试液 3～4 滴，加入 4～5 滴 $Na_3[Co(NO_2)_6]$ 溶液，用玻璃棒搅拌，并摩擦试管内壁，片刻后，如有黄色沉淀生成，表示有 K^+ 存在。NH_4^+ 与 $Na_3[Co(NO_2)_6]$ 作用也能生成黄色沉淀，干扰 K^+ 的鉴定，应预先用灼烧法除去。

（3）Na^+ 的鉴定　取 3～4 滴试液，加 1 滴 6 mol·L^{-1} HAc 及 7～8 滴醋酸铀酰锌溶液，用玻璃棒在试管内壁摩擦，如有黄色晶体沉淀，表示有 Na^+ 存在。

（4）Mg^{2+} 的鉴定　取 1 滴试液，加入 6 mol·L^{-1} NaOH 及镁试剂各 1～2 滴，搅匀后，如有天蓝色沉淀生成，表示有 Mg^{2+} 存在。

2. 第二组（盐酸组）阳离子的鉴别

本组阳离子包括 Ag^+、Hg_2^{2+}、Pb^{2+}，它们的氯化物不溶于水，其中 $PbCl_2$ 可溶于 NH_4Ac 和热水中，而 AgCl 可溶于 $NH_3·H_2O$ 中，因此检出这三种离子时，可先把这些离子沉淀为氯化物，然后再进行鉴定反应。

取 20 滴分析试液，加入 2 mol·L^{-1} HCl 至沉淀完全（若无沉淀，表示无本组阳离子存在），离心分离。沉淀用数滴 1 mol·L^{-1} HCl 洗涤后按下法鉴定 Ag^+、Hg_2^{2+}、Pb^{2+} 的存在（离心液保留作其他离子的分离鉴定用）。

（1）Pb^{2+} 的鉴定　将上面得到的沉淀加入 5 滴 3 mol·L^{-1} NH_4Ac 溶液，在水浴中加热搅拌，趁热离心分离，在离心液中加入 2～3 滴 $K_2Cr_2O_7$ 或 K_2CrO_4 溶液，有黄色沉淀表示

有 Pb^{2+} 存在。沉淀用数滴 $3\ mol\cdot L^{-1}\ NH_4Ac$ 溶液加热洗涤除去 Pb^{2+}，离心分离后，保留沉淀作 Ag^+ 和 Hg_2^{2+} 的鉴定。

(2) Ag^+ 和 Hg_2^{2+} 的分离和鉴定　取上面保留的沉淀，滴加 5～6 滴 $NH_3\cdot H_2O$，不断搅拌，沉淀变为灰黑色，表示有 Hg_2^{2+} 存在。

离心分离，在离心液中滴加 HNO_3 酸化，如有白色沉淀产生，表示有 Ag^+ 存在。

3. 第三组（硫酸组）阳离子的分析

第三组阳离子包括 Ba^{2+}、Ca^{2+}、Pb^{2+}，其硫酸盐在水中的溶解度差异较大，Ba^{2+} 能立即析出 $BaSO_4$ 沉淀，Pb^{2+} 比较缓慢地生成 $PbSO_4$ 沉淀，$CaSO_4$ 溶解度稍大，Ca^{2+} 只在浓的 Na_2SO_4 溶液中生成 $CaSO_4$ 沉淀，但加入乙醇后溶解度显著降低。

虽然 $BaSO_4$ 的溶解度小于 $BaCO_3$，但经饱和 Na_2CO_3 加热处理后大部分 $BaSO_4$ 也可转化为 $BaCO_3$，这三种离子的碳酸盐都能溶于 HAc 中。

第三组阳离子与可溶性草酸盐如 $(NH_4)_2C_2O_4$ 作用生成白色沉淀，其中 BaC_2O_4 的溶解度较大，能溶于 HAc。在 EDTA 存在时（pH 为 4.5～5.5 条件下），Ca^{2+} 仍可与 $C_2O_4^{2-}$ 生成 CaC_2O_4 沉淀，而 Pb^{2+} 因与 EDTA 生成稳定的配合物而不能产生沉淀，利用这个性质可以使 Pb^{2+} 和 Ca^{2+} 分离。

取 20 滴 Ba^{2+}、Ca^{2+}、Pb^{2+} 混合试液（或上面分离第二组后保留的溶液）在水浴中加热，逐滴加入 $1\ mol\cdot L^{-1}\ H_2SO_4$ 溶液至沉淀完全，再过量滴入数滴硫酸溶液（若无沉淀，表示无本组离子存在），加入 4～5 滴 95% 乙醇，静置 3～5 min，冷却后离心分离（离心液保留作其他组阳离子的分析）。沉淀用硫酸乙醇溶液（10 滴 $1\ mol\cdot L^{-1}\ H_2SO_4$ 溶液加入 3～4 滴乙醇）洗涤 1～2 次后，弃去洗涤液，在沉淀中加入 7～8 滴 $3\ mol\cdot L^{-1}\ NH_4Ac$ 溶液，加热搅拌，离心分离，离心液按第二组鉴定 Pb^{2+} 的方法鉴定 Pb^{2+} 的存在。

沉淀中加入 10 滴饱和 Na_2CO_3 溶液，置沸水浴中加热搅拌 1～2 min，离心分离，弃去离心液，沉淀再用饱和 Na_2CO_3 同样处理 2 次后，用约 10 滴蒸馏水洗涤一次，弃去洗涤液，沉淀用数滴 HAc 溶解后，加入 $NH_3\cdot H_2O$ 调节 pH＝4～5，加入 2～3 滴 $K_2Cr_2O_7$，加热搅拌，生成黄色沉淀，表示有 Ba^{2+} 存在。

离心分离，在离心液中，加入 2～3 滴饱和 $(NH_4)_2C_2O_4$ 溶液，温热后，慢慢生成白色沉淀，表示有 Ca^{2+} 存在。

4. 第四组（氨合物组）阳离子的分析

氨合物组阳离子包括 Cu^{2+}、Cd^{2+}、Zn^{2+}、Co^{2+}、Ni^{2+} 等离子，它们和过量的氨水都能生成相应的氨合物，故本组称为氨合物组。Fe^{3+}、Al^{3+}、Mn^{2+}、Cr^{3+}、Bi^{3+}、Sb^{3+}、Sn^{2+}、Sn^{4+}、Hg^{2+} 等离子在过量氨水中因生成氢氧化物沉淀而与本组阳离子分离（Hg^{2+} 在大量铵离子存在时，将和氨水形成汞氨配离子 $[Hg(NH_3)_4]^{2+}$ 而进入氨合物组）。$Al(OH)_3$ 是典型的两性氢氧化物，能部分溶解在过量氨水中，因此加入铵盐如 NH_4Cl 使 OH^- 的浓度降低，可以防止 $Al(OH)_3$ 的溶解。但是由于降低了 OH^- 的浓度，Mn^{2+} 也不能形成氢氧化物沉淀，如在溶液中加入 H_2O_2，则 Mn^{2+} 可被氧化而生成溶解度小的 $MnO(OH)_2$ 棕色沉淀。因此本组阳离子的分离条件为：在适量 NH_4Cl 存在时，加入过量氨水和适量 H_2O_2，这时本组阳离子因形成氨合物而和其他阳离子分离。

取 20 滴本组混合试液（或上面分离第三组后保留的离心液），加入 2 滴 $3\ mol\cdot L^{-1}$

NH_4Cl、3~4 滴 3% H_2O_2，用浓氨水碱化后，在水浴中加热，再滴加浓氨水，每加一滴即搅拌，注意有无沉淀生成，如有沉淀，再加入浓氨水并过量 4~5 滴，搅拌后注意沉淀是否溶解（如果沉淀溶解或氨水碱化时不生成沉淀，则表示 Bi^{3+}、Sb^{3+}、Sn^{2+}、Cr^{3+}、Fe^{3+}、Al^{3+} 等离子不存在），继续在水浴中加热 1 min，取出，冷却后离心分离（沉淀保留作其他组阳离子的分析），离心液按下法鉴定 Cu^{2+}、Cd^{2+}、Co^{2+}、Ni^{2+}、Zn^{2+} 等离子。

(1) Cu^{2+} 的鉴定 取 2~3 滴离心液，加入 HAc 酸化后，加入 1~2 滴 $K_4[Fe(CN)_6]$ 溶液，生成红棕色沉淀，表示有 Cu^{2+} 存在。

(2) Co^{2+} 的鉴定 取 2~3 滴离心液，用 HCl 酸化，加入 2~3 滴新配制的 $SnCl_2$、2~3 滴饱和 NH_4SCN 溶液、5~6 滴戊醇，搅拌后，有机层显蓝色，表示有 Co^{2+} 存在。

(3) Ni^{2+} 的鉴定 取 2 滴离心液，加 1 滴二乙酰二肟溶液、5 滴戊醇，搅拌后，出现红色，表示有 Ni^{2+} 存在。

(4) Zn^{2+}、Cd^{2+} 的分离和鉴定 取 15 滴离心液，在沸水浴中加热近沸，加入 5~6 滴 $(NH_4)_2S$ 溶液，搅拌，加热至沉淀凝聚再继续加热 3~4 min，离心分离（离心液可保留用来鉴定第一组阳离子 K^+、Na^+、Mg^{2+} 的存在）。

沉淀用数滴 0.1 $mol \cdot L^{-1}$ NH_4Cl 溶液洗涤 2 次，离心分离，弃去洗涤液，在沉淀中加入 4~5 滴 2 $mol \cdot L^{-1}$ HCl，充分搅拌片刻，离心分离，将离心液在沸水中加热，除尽 H_2S 后，用 6 $mol \cdot L^{-1}$ NaOH 碱化并过量 2~3 滴，搅拌，离心分离。

取 5 滴离心液加入 10 滴二苯硫腙，搅拌，并在水浴中加热，水溶液呈粉红色，表示有 Zn^{2+} 存在。

沉淀用数滴蒸馏水洗涤 1~2 次后，离心分离，弃去洗涤液，沉淀用 3~4 滴 2 $mol \cdot L^{-1}$ HCl 搅拌溶解，然后加入等体积的饱和 H_2S 溶液，如有黄色沉淀生成，表示有 Cd^{2+} 存在。

5. 第五组（两性组）和第六组（氢氧化物组）阳离子的分析

第五组（两性组）阳离子有 Al、Cr、Sb、Sn 等元素的离子，第六组（氢氧化物组）阳离子有 Fe、Mn、Bi、Hg 等元素的离子。这两组的阳离子主要存在于分离第四组（氨合物组）后的沉淀中，利用 Al、Cr、Sb、Sn 的氢氧化物的两性性质，用过量碱可将这两组的元素分离。

(1) 第五组（两性组）和第六组（氢氧化物组）阳离子的分离 取 20 滴第五、六两组混合试液在水浴中加热，加入 2 滴 3 $mol \cdot L^{-1}$ NH_4Cl、3~4 滴 3% H_2O_2，逐滴加入浓氨水至沉淀完全，离心分离弃去离心液。

在所得的沉淀（或分离第四组阳离子后保留的沉淀）中加入 3~4 滴 3% H_2O_2、15 滴 6 $mol \cdot L^{-1}$ NaOH 溶液，搅拌后，在沸水浴中加热搅拌 3~5 min，使 CrO_2^- 氧化为 CrO_4^{2-} 并破坏过量的 H_2O_2，离心分离，离心液作鉴定第五组阳离子用，沉淀作第六组阳离子用。

(2) 第五组阳离子 Cr^{3+}、Al^{3+}、Sb(Ⅴ)、Sn(Ⅳ) 的鉴定

① Cr^{3+} 的鉴定 取 2 滴离心液，加入 5 滴乙醚，逐滴加入浓 HNO_3 酸化，加 2~3 滴 3% H_2O_2，振荡试管，乙醚层出现蓝色，表示有 Cr^{3+} 存在。

② Al^{3+}、Sb(Ⅴ) 和 Sn(Ⅳ) 的鉴定 将剩余离心液用 H_2SO_4 酸化，然后用氨水碱化并多加几滴，离心分离，弃去离心液，沉淀用数滴 0.1 $mol \cdot L^{-1}$ NH_4Cl 洗涤，加入 3 $mol \cdot L^{-1}$ NH_4Cl 及浓氨水各 2 滴、7~8 滴 $(NH_4)_2S$ 溶液，在水浴中加热至沉淀凝聚，离心分离。

沉淀用数滴 0.1 $mol \cdot L^{-1}$ NH_4Cl 溶液洗涤 1~2 次后，加入 2~3 滴 H_2SO_4，加热使沉

淀溶解，然后加入 3 滴 3 mol·L^{-1} NaAc 溶液、2 滴铝试剂溶液，搅拌，在沸水浴中加热 1～2 min，如有红色絮状沉淀出现，表示有 Al^{3+} 存在。

离心液用 HCl 逐滴中和至呈酸性后，离心分离，弃去离心液。在沉淀中加入 15 滴浓 HCl，在沸水浴中加热充分搅拌，除尽 H$_2$S 后，离心分离弃去不溶物（可能为硫），离心液供鉴定 Sb 和 Sn 用。

取 10 滴上述离心液，加入 Al 片或少许 Mg 粉，在水浴中加热使之溶解完全后，再加 1 滴浓盐酸，加 2 滴 HgCl$_2$ 溶液，搅拌，若有白色或灰黑色沉淀析出，表示有 Sn(Ⅳ) 存在。

取 1 滴上述离心液，于光亮的锡箔上放置约 2～3 min，如锡片上出现黑色斑点，表示有 Sb(Ⅴ) 存在。

(3) 第六组阳离子的鉴定　取第五组步骤（1）中所得的沉淀，加入 10 滴 3 mol·L^{-1} H$_2$SO$_4$、2～3 滴 3% H$_2$O$_2$，在充分搅拌下，加热 3～5 min，以溶解沉淀和破坏过量的 H$_2$O$_2$，离心分离，弃去不溶物，离心液供下面 Mn^{2+}、Bi^{3+} 和 Hg^{2+} 的鉴定。

① Mn^{2+} 的鉴定　取 2 滴离心液，加入数滴 HNO$_3$，加入少量 NaBiO$_3$ 固体（约火柴头大小），搅拌，离心沉降，如溶液呈现紫红色，表示有 Mn^{2+} 存在。

② Bi^{3+} 的鉴定　取 2 滴离心液，加入数滴亚锡酸钠溶液（自己配制），若有黑色沉淀，表示有 Bi^{3+} 存在。

③ Hg^{2+} 的鉴定　取 2 滴离心液，加入数滴新鲜配制的 SnCl$_2$，白色或灰黑色沉淀析出，表示有 Hg^{2+} 存在。

④ Fe^{3+} 的鉴定　取 1 滴离心液，加入 KSCN 溶液，如溶液显红色，表示有 Fe^{3+} 存在。

三、仪器与试剂

1. 仪器

离心机；烧杯；酒精灯；试管。

2. 试剂

HCl（2 mol·L^{-1}）；HNO$_3$（6 mol·L^{-1}）；浓 HNO$_3$；HAc（6 mol·L^{-1}）；H$_2$SO$_4$（1 mol·L^{-1}、3 mol·L^{-1}）；NH$_3$·H$_2$O（6 mol·L^{-1}）；浓 NH$_3$·H$_2$O；NaOH（6 mol·L^{-1}）；K$_2$Cr$_2$O$_7$（0.1 mol·L^{-1}）；K$_2$CrO$_4$（0.1 mol·L^{-1}）；K$_4$[Fe(CN)$_6$]（0.1 mol·L^{-1}）；SnCl$_2$（0.1 mol·L^{-1}）；KNCS（0.1 mol·L^{-1}）；HgCl$_2$（0.1 mol·L^{-1}）；KNCS（饱和）；NH$_4$Ac（3 mol·L^{-1}）；NaAc（3 mol·L^{-1}）；NH$_4$Cl（3 mol·L^{-1}）；(NH$_4$)$_2$S（6 mol·L^{-1}）；H$_2$O$_2$（3%）；H$_2$S（饱和）；乙醇（95%）；戊醇；二乙酰二肟；二苯硫腙；乙醚；丙酮；铝试剂；镁试剂；pH 试纸。

四、实验内容

抽签领取未知离子的混合溶液一份，自行设计方案，鉴定混合物中的阳离子成分。

五、注意事项

实验前应先设计好方案，并以简图形式表示，详细注明试剂名称、用量以及实验条件。

六、思考题

1. 在分离第五、六组离子时，加入过量 NaOH、H_2O_2 以及加热的作用是什么？

2. 以 NH_4SCN 法鉴定 Co^{2+} 时，Fe^{3+} 的存在有无干扰？如有干扰，应如何消除？

3. 从氨合物组中鉴定 Co^{2+} 时，为什么先要加 HCl 酸化，并加入数滴 $SnCl_2$ 溶液？

参考文献

[1] 李梅君. 实验化学（Ⅰ）[M]. 北京：化学工业出版社，1999.
[2] 张济新. 实验化学原理与方法 [M]. 北京：化学工业出版社，1999.

（杨静）

实验十五

常见无机阴离子鉴别

一、实验目的

1. 学习常见阴离子的基本性质。
2. 掌握常见阴离子的分离、鉴定方法。
3. 学习实验方案的设计，掌握离子检出的基本操作。

二、实验原理

ⅢA 族到ⅦA 族的 22 种非金属元素常常以阴离子的形式形成无机化合物。虽然形成阴离子的元素并不多，同一种元素却常常形成多种不同形式的阴离子，如 S 元素可以形成 S^{2-}、SO_3^{2-}、SO_4^{2-}、$S_2O_3^{2-}$、$S_2O_8^{2-}$ 等阴离子，N 元素可以形成 NO_2^-、NO_3^- 等阴离子。因此，对阴离子的鉴定分析，不仅要鉴定出试样中是否含有非金属元素，还要鉴定出其存在形态。

非金属阴离子中，有些可与酸反应生成挥发性物质，有些能与某些试剂反应生成沉淀，还有的表现出一定的氧化还原性质。利用这些特征，根据溶液中离子的共存情况，应先通过初步试验或者分组试验，以排除不可能存在的离子。

初步性质试验一般包括试样的酸碱性试验，与酸反应生成气体的试验，与某些特定试剂反应生成沉淀的试验，各种阴离子的氧化还原性质等。通过做初步性质试验，可以首先排除一些离子存在的可能性，从而简化分析过程。

表 15-1 列出了常见阴离子的初步性质试验结果。

表 15-1　常见阴离子与一些试剂反应的现象

阴离子	稀 H_2SO_4	$KMnO_4$ （稀 H_2SO_4）	I_2-淀粉 （稀 H_2SO_4）	KI-淀粉 （稀 H_2SO_4）	$BaCl_2$ （中性或弱碱性）	$AgNO_3$ （稀 HNO_3）
CO_3^{2-}	$CO_2\uparrow$	—①	—	—	白色↓	—
NO_3^-	—	—	—	—	—	—
NO_2^-	$NO\uparrow$,$NO_2\uparrow$	褪色	—	变蓝	—	—
SO_4^{2-}	—	—	—	—	白色↓	—
SO_3^{2-}	$SO_2\uparrow$ *②	褪色	褪色	—	白色↓	—
$S_2O_3^{2-}$	$SO_2\uparrow$,$S\downarrow$ *	褪色	褪色	—	白色↓ *	溶液或沉淀
PO_4^{3-}	—	—	—	—	白色↓	—
S^{2-}	$H_2S\uparrow$,$S\downarrow$	褪色	褪色	—	—	黑色↓
Cl^-	—	—	—	—	—	白色↓

阴离子	稀 H_2SO_4	$KMnO_4$ （稀 H_2SO_4）	I_2-淀粉 （稀 H_2SO_4）	KI-淀粉 （稀 H_2SO_4）	$BaCl_2$ （中性或弱碱性）	$AgNO_3$ （稀 HNO_3）
Br^-	—	褪色	—	—		淡黄色 ↓
I^-	—	褪色	—	—		黄色 ↓

① "—"表示无现象；

② " * "表示试验现象不明显，只有在适当条件下（如溶液浓度较大）才有较明显的现象。

根据初步试验的结果，判断出试液中可能存在的阴离子，然后再选择合适的试剂或方法加以确定。

三、仪器与试剂

1. 仪器

试管；离心管；玻璃棒；点滴板；离心机；加热装置；滴管；角匙。

2. 试剂

HCl（2 mol·L^{-1}，6 mol·L^{-1}）；H_2SO_4（浓，1 mol·L^{-1}）；HNO_3（浓，6 mol·L^{-1}）；$NaOH$（2 mol·L^{-1}，6 mol·L^{-1}）；HAc（2 mol·L^{-1}）；$Ba(OH)_2$（饱和）；氨水（6 mol·L^{-1}）；Na_2S（0.1 mol·L^{-1}）；Na_2SO_3（0.1 mol·L^{-1}）；$Na_2S_2O_3$（0.1 mol·L^{-1}）；$NaSO_4$（0.1 mol·L^{-1}）；Na_3PO_4（0.1 mol·L^{-1}）；$NaCl$（0.1 mol·L^{-1}）；$NaBr$（0.1 mol·L^{-1}）；KI（0.1 mol·L^{-1}）；$NaNO_3$（0.1 mol·L^{-1}）；$NaNO_2$（0.1 mol·L^{-1}）；Na_2CO_3（0.1 mol·L^{-1}）；$BaCl_2$（0.1 mol·L^{-1}）；$KMnO_4$（0.01 mol·L^{-1}）；$AgNO_3$（0.1 mol·L^{-1}）；$Sr(NO_3)_2$（0.1 mol·L^{-1}）；$(NH_4)_2MoO_4$（0.1 mol·L^{-1}）；$ZnSO_4$（饱和）；$(NH_4)_2CO_3$（12%）；$Na_2[Fe(CN)_5NO]$（1%新配）；对氨基苯磺酸（1%）；α-萘酚（0.4%）；H_2O_2（3%）；碘试液；淀粉溶液（0.5%）；氯水（饱和）；CCl_4；Zn 粉；$Pb(Ac)_2$ 试纸；pH 试纸；淀粉-KI 试纸。

四、实验内容

领取阴离子混合溶液一份，按以下步骤鉴定出试液中阴离子成分。

1. 初步性质试验

（1）试液的酸碱性试验 先用 pH 试纸检测试液的酸碱性。若试液呈强酸性，则易被酸分解的离子如 CO_3^{2-}、NO_2^-、$S_2O_3^{2-}$、SO_3^{2-} 等不存在。若试液呈碱性，可加入 2 mol·L^{-1} H_2SO_4 溶液酸化，进行下一步是否生成气体的试验。若酸化后试液中出现乳白色浑浊，则 $S_2O_3^{2-}$、S^{2-} 可能存在。

（2）是否生成气体的试验 试液中加入 2 mol·L^{-1} H_2SO_4 溶液（或稀 HCl 溶液），若有气体生成，则可能存在 CO_3^{2-}、NO_2^-、$S_2O_3^{2-}$、SO_3^{2-}、S^{2-} 等阴离子。根据产生气体的颜色、气味以及气体具有的某些特征反应，从而确证试液中含有的阴离子，如 NO_2^- 遇酸分解生成红棕色 NO_2 气体，能使润湿的淀粉-KI 试纸变蓝；S^{2-} 遇酸生成具有腐蛋气味的 H_2S 气体，能使润湿的 PbAc 试纸变黑。

（3）氧化性阴离子的试验 取 5 滴试液，加入 2 mol·L^{-1} H_2SO_4 溶液酸化，再加入 5 滴 KI 溶液和 10 滴 CCl_4，振荡试管，若 CCl_4 层显紫红色，则表示试液中有氧化性阴离子存在，如 NO_2^-。

(4) 还原性阴离子的试验 取 5 滴试液，加入 2 mol·L^{-1} H$_2$SO$_4$ 溶液酸化，再加入 2 滴 0.01 mol·L^{-1} KMnO$_4$ 溶液，若紫色褪去，则可能存在 NO$_2^-$、S$_2$O$_3^{2-}$、SO$_3^{2-}$、S^{2-}、Br$^-$、I$^-$ 等；若紫色不褪，则上述离子不存在。

当检出还原性阴离子后，可在酸化后的试液中，再加入 I$_2$ 淀粉溶液，若蓝色褪去，则试液中存在 S$_2$O$_3^{2-}$、SO$_3^{2-}$、S^{2-} 等离子。

(5) 难溶盐阴离子试验 若加入一种阳离子（如 Ba^{2+}）就可以试验整组阴离子是否存在，这种试剂就是该组阴离子相应的组试剂。

① 钡组阴离子 取 5 滴试液，必要时加入 6 mol·L^{-1} 氨水少许，使溶液呈中性或弱碱性，再加 2 滴 0.1 mol·L^{-1} BaCl$_2$ 溶液，若有白色沉淀生成，则可能存在 CO$_3^{2-}$、S$_2$O$_3^{2-}$、SO$_3^{2-}$、SO$_4^{2-}$、PO$_4^{3-}$ 等阴离子。继续滴加数滴 2 mol·L^{-1} HCl 溶液，观察沉淀是否溶解。若沉淀不溶解，则试液中有 SO$_4^{2-}$ 存在。

② 银组阴离子 取 5 滴试液，加入 3 滴 0.1 mol·L^{-1} AgNO$_3$ 溶液，观察有无沉淀生成。若有沉淀生成，观察沉淀的颜色，并滴加 5 滴 2 mol·L^{-1} HNO$_3$ 溶液，观察沉淀是否溶解。若沉淀不溶解，则可能存在 Cl$^-$、Br$^-$、I$^-$、S^{2-}、S$_2$O$_3^{2-}$ 等阴离子；若沉淀溶解，则 CO$_3^{2-}$、NO$_2^-$、SO$_4^{2-}$、SO$_3^{2-}$、PO$_4^{3-}$ 等阴离子可能存在。

2. 阴离子的鉴定

(1) CO$_3^{2-}$ 的鉴定 取下一洁净滴瓶的滴管，向滴瓶内加入少许待测试液，从滴管上口向滴管内加入 1 滴新配制的饱和 Ba(OH)$_2$ 溶液。然后向滴瓶内加入 5 滴 6 mol·L^{-1} HCl 溶液，立即将滴管插入滴瓶并塞紧。轻敲瓶底，放置 2 min。若 Ba(OH)$_2$ 溶液变浑浊，则试液中存在 CO$_3^{2-}$。

(2) NO$_3^-$ 的鉴定 取 2 滴试液于点滴板上，在溶液中央放置一小粒 FeSO$_4$ 晶体，然后在晶体上加 1 滴浓 H$_2$SO$_4$，若晶体周围有棕色出现，则试液中存在 NO$_3^-$。

(3) NO$_2^-$ 的鉴定 取 2 滴试液于点滴板上，加 1 滴 2 mol·L^{-1} HAc 溶液酸化，再加入 1 滴对氨基苯磺酸溶液和 1 滴 α-萘酚溶液。若有红色出现，则试液中存在 NO$_2^-$。

(4) SO$_4^{2-}$ 的鉴定 取 5 滴试液于试管中，加入 2 滴 6 mol·L^{-1} HCl 溶液和 1 滴 0.1 mol·L^{-1} BaCl$_2$ 溶液，如生成白色沉淀，则试液中存在 SO$_4^{2-}$。

(5) S^{2-} 的鉴定 取 2 滴试液于点滴板上，加 1 滴 2 mol·L^{-1} NaOH 溶液碱化，再加入 1 滴 Na$_2$[Fe(CN)$_5$NO] 溶液，若溶液变为紫色，则试液中存在 S^{2-}。

(6) S$_2$O$_3^{2-}$ 的鉴定 将试液中的 S^{2-} 除去后，取 5 滴试液于试管中，加入 10 滴 0.1 mol·L^{-1} AgNO$_3$ 溶液，振荡试管，若产生的白色沉淀逐渐变黄变橙变棕，最后变为黑色，则试液中有 S$_2$O$_3^{2-}$ 存在。

(7) SO$_3^{2-}$ 的鉴定 取 2 滴饱和 ZnSO$_4$ 溶液于点滴板上，然后加入 1 滴 0.1 mol·L^{-1} K$_4$[Fe(CN)$_6$] 溶液和 1 滴 1% Na$_2$[Fe(CN)$_5$NO] 溶液，并加入 NH$_3$·H$_2$O 使溶液呈中性，再滴加 1~2 滴待检试液，若溶液出现红色沉淀则表示试液中存在 SO$_3^{2-}$。

(8) PO$_4^{3-}$ 的鉴定 取 5 滴试液于试管中，加入 5 滴 6 mol·L^{-1} HNO$_3$ 溶液，再加 8~10 滴 (NH$_4$)$_2$MoO$_4$ 溶液，温热，如有黄色沉淀生成，则试液中存在 PO$_4^{3-}$。

(9) Cl$^-$ 的鉴定 取 5 滴试液于离心管中，加入 1 滴 6 mol·L^{-1} HNO$_3$ 溶液酸化，再加

入 1 滴 $0.1 \ mol \cdot L^{-1} AgNO_3$ 溶液。若有白色沉淀生成，则试液中可能存在 Cl^-。将离心管置于水浴上微热，离心分离，弃去上层清液，逐滴向沉淀中加入 $6 \ mol \cdot L^{-1}$ 氨水，用细玻璃棒搅拌，沉淀溶解，再加入数滴 $6 \ mol \cdot L^{-1} HNO_3$ 溶液酸化，若重新产生白色沉淀，则试液中存在 Cl^-。

(10) Br^- 的鉴定　取 5 滴试液于试管中，加入 3 滴 $2 \ mol \cdot L^{-1} H_2SO_4$ 溶液及 5 滴 CCl_4，然后逐滴加入 5 滴饱和氯水，边加边振荡试管，若 CCl_4 层出现黄色或者橙红色，则试液中存在 Br^-。

(11) I^- 的鉴定　取 5 滴试液于试管中，加入 2 滴 $2 \ mol \cdot L^{-1} H_2SO_4$ 溶液及 5 滴 CCl_4，然后逐滴加入饱和氯水，边加边振荡试管，若 CCl_4 层出现紫红色 (I_2)，氯水过量后，CCl_4 层紫红色又褪去（生成 IO_3^-），则试液中存在 I^-。

(12) 混合离子的分离和鉴定

① Cl^-、Br^-、I^- 混合离子的分离和鉴定　由于强还原性阴离子会干扰 Br^-、I^- 的鉴定，因此一般先将卤离子转化为卤化银沉淀，然后向沉淀中加入 $(NH_4)_2CO_3$ 溶液或者氨水，将 $AgCl$ 溶解与 $AgBr$、AgI 分离，在所得银氨溶液中先鉴定出 Cl^-。

在余下的 $AgBr$、AgI 混合沉淀中，加入稀 H_2SO_4 酸化，再加入少许锌粉或镁粉，并加热将 Br^-、I^- 转移入溶液。酸化后，在所得溶液中逐滴加入饱和氯水和 CCl_4，边加边振荡试管，根据 Br^-、I^- 的还原能力不同，先鉴定出 I^-，再鉴定出 Br^-。

图 15-1 所示为分离和鉴定含有 Cl^-、Br^-、I^- 混合离子溶液的分析方案。

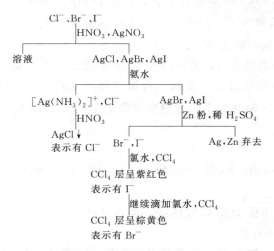

图 15-1　分离和鉴定 Cl^-、Br^-、I^- 混合离子溶液的分析方案

② S^{2-}、SO_3^{2-}、$S_2O_3^{2-}$ 混合离子的分离和鉴定　取少量试液，加入 $NaOH$ 碱化后，再加入亚硝酰铁氰化钠，若有特殊紫红色出现，则存在 S^{2-}。

向试液中加入 $CdCO_3$ 固体以除去 S^{2-} 后，再进行其他离子的分离鉴定。

将滤液分成两份，分别用于鉴定 SO_3^{2-} 和 $S_2O_3^{2-}$。向其中一份滤液中加入亚硝酰铁氰化钠、过量饱和 $ZnSO_4$ 溶液以及 $K_4[Fe(CN)_6]$ 溶液，若产生红色沉淀，则试液中存在 SO_3^{2-}。另一份滤液中滴加过量 $AgNO_3$ 溶液，若生成沉淀，且沉淀颜色由白色→黄色→橙红色→棕色→黑色转化，则试液中存在 $S_2O_3^{2-}$。

图 15-2 所示为分离和鉴定含有 S^{2-}、SO_3^{2-}、$S_2O_3^{2-}$ 混合离子溶液的分析方案。

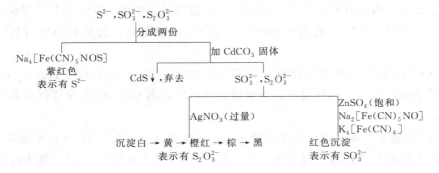

图 15-2　分离和鉴定 S^{2-}、SO_3^{2-}、$S_2O_3^{2-}$ 混合离子溶液的分析方案

五、注意事项

1. CO_3^{2-} 的鉴定中，若试液含有 $S_2O_3^{2-}$ 或 SO_3^{2-}，会干扰其检出，因为酸化时产生的 SO_2 能与 $Ba(OH)_2$ 反应生成 $BaSO_3$ 沉淀，使 $Ba(OH)_2$ 溶液浑浊。因此初步试验时若检出试液中含有 $S_2O_3^{2-}$ 或 SO_3^{2-}，需在酸化前先加入 3% H_2O_2 将其氧化。

2. NO_3^- 的鉴定中，若试液中存在 NO_2^- 也能产生棕色环反应，因此若初步试验检出试液中有 NO_2^- 存在，可先向待测试液中加入饱和 NH_4Cl 溶液并加热，除去 NO_2^-。

3. S^{2-} 对 SO_3^{2-}、$S_2O_3^{2-}$ 的鉴定有干扰，因此若初步试验检出试液中含有 S^{2-}，则在 SO_3^{2-}、$S_2O_3^{2-}$ 的鉴定前需将 S^{2-} 除去。方法是在试液中加入 $CdCO_3$ 固体，利用沉淀的转化使之生成 CdS 沉淀，从而除去 S^{2-}。

4. 在 Br^-、I^- 的分离鉴定时，若试液中 I^- 浓度较大，则 I_2 在 CCl_4 层中的紫红色会掩盖 Br_2 在 CCl_4 层的黄色或棕红色，从而干扰溴的检出。此时，可在溶液中加入 H_2SO_4 和 KNO_2 溶液并加热，使 I^- 氧化为 I_2，加热蒸发除去 I_2 后，再对 Br^- 进行鉴定。

六、思考题

1. 现有 $NaNO_2$、Na_2S、NaCl、Na_2SO_3、Na_2HPO_4 五种溶液，请只选择一种试剂将它们区分开来。

2. 某阴离子试液，用稀 HNO_3 酸化后，加入 $AgNO_3$ 试剂，发现无沉淀生成，则可以确定试液中哪些阴离子不存在？

3. 某碱性无色试液，加入 HCl 溶液调节至酸性后变浑浊，试预判试液中可能存在哪些阴离子。

4. 在酸性溶液中能使 I_2-淀粉溶液褪色的阴离子有哪些？

参考文献

[1]　傅献彩. 大学化学 [M]. 北京：高等教育出版社，1999.
[2]　北京师范大学无机化学教研室. 无机化学实验 [M]. 4 版. 北京：高等教育出版社，2003.
[3]　北京师范大学无机化学教研室. 无机化学实验 [M]. 3 版. 北京：高等教育出版社，2001.
[4]　谢吉民. 无机化学实验 [M]. 北京：人民卫生出版社，2007.
[5]　钟国清. 无机及分析化学实验 [M]. 北京：科学出版社，2011.

（周萍）

实验十六

分光光度法测定邻二氮菲合铁（Ⅱ）的组成及其分裂能

一、实验目的

1. 学习利用分光光度法测量配合物组成的基本原理与方法。
2. 学习利用吸收分光光度法测定配体分裂能的基本原理和方法。
3. 熟悉有关实验数据的处理方法。
4. 熟悉分光光度计的使用方法。

二、实验原理

配合物组成的测定是配位平衡反应研究的基本内容之一。金属离子 M 和配体 L 形成配合物的反应如下：

$$M + nL \rightleftharpoons ML_n$$

上述反应中 n 为配合物的配体数，可用等物质的量系列法（摩尔法）进行测定，即配制一系列不同浓度的溶液，使各溶液中的金属离子与配体的总浓度一致，但两者的摩尔分数（x）不同，在配合物的最大吸收波长处测定各溶液的吸光度。理论上，当金属离子与配体恰好完全反应全部形成配合物 ML_n 时，溶液的吸光度将达到最大值。若以吸光度（A）对配体的摩尔分数（x_L）作图，如图 16-1 所示。将曲线的线性部分延长相交于一点，由该点

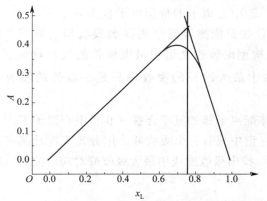

图 16-1　吸光度（A）与配体摩尔分数（x_L）的关系图

对应的 x 值可计算出配体数 n。等物质的量系列法通常适用于稳定性较高的配合物组成的测定。若配合物的解离度较大则无明显转折点，不适宜准确测定。

如图 16-1 所示，用各吸光度数值对配体摩尔分数分别绘制 3 种配合物体系的曲线图，并依次沿每条曲线的两端线性关系的点（大约 2~3 个点）直线反向延长，分别相交于一点，再以该交点作横轴的垂线，找到对应的横坐标，即为该配合物中配体的摩尔分数，由此可进一步确定配合物的组成。若图 16-1 中交点的横坐标（摩尔分数值）为 0.75，则 $x_L = \dfrac{n_L}{n_L + n_M} = 0.75$，由此可求出 $n_M/n_L = 1:3$，即该配合物组成为 ML_3。

本实验将通过上述方法验证邻二氮菲合铁（Ⅱ）配离子的组成。考虑到 Fe^{2+} 不稳定，故先配制 Fe^{3+} 标准液，用盐酸羟胺将 Fe^{3+} 还原为 Fe^{2+}，进而与邻二氮菲反应生成橙红色配合物，以醋酸钠调节 pH 值至 5 左右，其最大吸收波长约为 510 nm。反应式如下：

过渡金属离子形成配合物时，在配体场的作用下，金属离子的 d 轨道发生能级分裂。5 个简并的 d 轨道空间伸展方向不同，因而受配体场的影响情况各不相同，在不同配体场的作用下，d 轨道的分裂形式和分裂后轨道间的能量差也不同。在正八面体场的作用下，d 轨道分裂为 2 个能量较高的 e_g 轨道和 3 个能量较低的 t_{2g} 轨道，分裂后的 e_g 和 t_{2g} 轨道间的能量差称为分裂能，用 Δ_0（或 10 Dq）表示。Δ_0 值随配体的不同而不同。

配合物的 Δ_0 可通过测定电子光谱求得。配离子中心原子的价层电子构型为 $d^1 \sim d^9$，由于 d 轨道没有充满，电子可吸收相当于分裂能（Δ_0）的能量在 e_g 和 t_{2g} 轨道之间发生电子跃迁（d-d 跃迁）。用分光光度计在不同波长下测定配合物溶液的吸光度，以吸光度对波长作图即得配合物的电子光谱。电子光谱上最大吸收峰所对应的波长即为 d-d 跃迁所吸收光能的波长，由波长可计算出分裂能的大小：

$$\Delta_0 = \frac{1}{\lambda} \times 10^7 \tag{16-1}$$

式中，λ 的单位为 nm；Δ_0 的单位为 cm^{-1}。对于 d 轨道电子数不同的配合物，其电子光谱不同，因此计算 Δ_0 的方法也各不相同。例如在正八面体场中，若配离子中心离子的价层电子数为 d^1、d^4、d^6、d^9，其吸收光谱只有一个简单的吸收峰，根据此吸收峰位置的波长，计算 Δ_0 值；若中心离子的价层电子数为 d^2、d^3、d^7、d^8，其吸收光谱应该有三个吸收峰，但实验中往往只能测得两个明显的吸收峰，第三个吸收峰被强烈的电荷迁移所覆盖。d^3、d^8 电子构型由吸收光谱中最大波长的吸收峰位置的波长计算 Δ_0 值；d^2、d^7 电子构型由吸收光谱中最大波长的吸收峰和最小波长的吸收峰之间的波长差，计算 Δ_0 值。

本实验中，正八面体配离子邻二氮菲合铁（Ⅱ）中心原子 Fe^{2+} 的价层电子构型为 $3d^6$，在正八面体场中其吸收光谱中只有一个吸收峰。用分光光度计测定不同波长（λ）时的吸光度，绘制 A-λ 吸收曲线，找出吸收曲线中最大吸收峰对应的波长（λ_{max}），根据式（16-1）即可计算 Δ_0 值。

三、仪器与试剂

1. 仪器

721 或 722 型分光光度计；容量瓶（50 mL×13）；吸量管（10 mL×2，5 mL×1，1 mL×1）；洗耳球；1 cm 比色皿。

2. 试剂

铁标准溶液（$1.00×10^{-3}$ mol·L^{-1}）；10%盐酸羟胺溶液（新鲜配制）；邻二氮菲溶液（$1.00×10^{-3}$ mol·L^{-1}）；醋酸钠溶液（1.00 mol·L^{-1}）；蒸馏水。

四、实验内容

分光光度计的使用

1. 溶液配制

按表 16-1 所列溶液体积，用吸量管依次向 13 个 50 mL 容量瓶中加入铁标准溶液，然后加入 1.00 mL 10%盐酸羟胺溶液，摇匀，静置 2 min，接着依次分别加入邻二氮菲溶液和 10% NaAc 溶液，最后均以蒸馏水稀释定容至 50.00 mL，摇匀。

表 16-1　溶液配制及吸光度测定

编号	铁标准溶液/mL	10%盐酸羟胺溶液/mL	邻二氮菲溶液/mL	10% NaAc溶液/mL	邻二氮菲的摩尔分数	吸光度（A）
1	10.00		0.00			
2	9.00		1.00			
3	8.00		2.00			
4	7.00		3.00			
5	6.00		4.00			
6	5.00		5.00			
7	4.00	1.00	6.00	5.00		
8	3.00		7.00			
9	2.00		8.00		定容至 50.00 mL	
10	1.50		8.50			
11	1.00		9.00			
12	0.50		9.50			
13	0.00		10.00			

2. 吸收曲线的测定及各溶液吸光度测定

用表 16-1 中 9 号溶液，以蒸馏水为空白，用 1 cm 比色皿，按表 16-2 在 450～540 nm 波长范围内测定其吸光度（每次改变波长时，必须重新校准分光光度计的零点）。由实验测得的波长和相应的吸光度（A）绘制吸收曲线，找出最大吸收波长。在最大吸收波长处，以蒸馏水为空白，分别测定上述 13 种系列溶液的吸光度（A）。

表 16-2　吸收曲线的测定

λ/nm	450	460	470	480	490	500	502	504	506
A									

λ/nm	508	510	512	514	516	518	520	530	540
A									

3. 用等物质的量系列法确定配合物组成

根据表 16-1 中的数据，作吸光度（A）对邻二氮菲摩尔分数的关系图。将两侧的直线部分延长，交于一点，由交点计算配体数（n），确定邻二氮菲合铁（Ⅱ）配合物的组成，并按式(16-1)计算其分裂能。

五、注意事项

1. 注意试剂的添加顺序：先用盐酸羟胺还原 Fe^{3+} 生成 Fe^{2+}，然后再加邻二氮菲溶液进行显色反应。最后加入醋酸钠溶液来调节 pH 值至 4～5，保证配合物的稳定性。

2. 配制铁标准溶液时，要注意加适量的盐酸，以防 Fe^{3+} 水解。

3. 铁标准溶液（1.00×10^{-3} mol·L^{-1}）的配制方法：精密称取 0.1206 g 分析纯 $(NH_4)Fe(SO_4)_2 \cdot 12H_2O$ 晶体，加入 20 mL 6 mol·L^{-1} 的盐酸和少量去离子水溶解后，定量转移至 250 mL 容量瓶定容。

4. 邻二氮菲溶液（1.00×10^{-3} mol·L^{-1}）的配制方法：精密称取 0.1982 g 分析纯邻二氮菲，加入 50 mL 去离子水溶解，定量转移至 1000 mL 容量瓶定容。

六、思考题

1. 本实验中醋酸钠及盐酸羟胺的作用是什么？
2. 使用等物质的量系列法对配合物的稳定性有何要求？
3. 在测定配体分裂能的吸收曲线时，配合物的浓度是否影响 Δ_0 值？为什么？

参考文献

[1] 和玲，梁军艳. 无机与分析化学实验［M］. 北京：高等教育出版社，2020.
[2] 孟长功. 基础化学实验［M］. 3 版. 北京：高等教育出版社，2019.
[3] 柯以侃，王桂花. 大学化学实验［M］. 2 版. 北京：化学工业出版社，2010.

（杨静）

实验十七

酸碱标准溶液的配制与标定

一、实验目的

1. 掌握配制酸碱标准溶液和用基准物质标定标准溶液浓度的方法。
2. 掌握酸碱通用滴定管的准备、使用及滴定操作。
3. 熟悉甲基橙和酚酞指示剂的使用和终点的确定。
4. 学习用减重法称量固体物质。

二、实验原理

酸碱滴定法中最常用的标准溶液是 HCl 和 NaOH，浓度一般为 $0.01 \sim 1 \ mol \cdot L^{-1}$，最常用的浓度是 $0.1 \ mol \cdot L^{-1}$。由于浓盐酸容易挥发，氢氧化钠易吸收空气中的水分和 CO_2，不符合直接法配制的要求，只能先配制近似浓度的溶液，再用基准物质或另一种物质的标准溶液来测定它的准确浓度，即标定法。

NaOH 易吸收空气中的 CO_2，使部分 NaOH 变成 Na_2CO_3。用经过标定的含有 Na_2CO_3 的 NaOH 标准溶液来测定酸含量时，若使用与标定时相同的指示剂，则所含 Na_2CO_3 对测定结果无影响。若标定与测定时使用不同指示剂，则将产生误差。因此应配制不含 Na_2CO_3 的 NaOH 标准溶液。

配制不含 Na_2CO_3 的 NaOH 标准溶液最常用的是用 NaOH 的饱和水溶液（120∶100）配制，Na_2CO_3 在饱和 NaOH 溶液中不溶解，待 Na_2CO_3 下沉后，量取一定体积的上层澄清溶液，再稀释至所需浓度，即可得到不含 Na_2CO_3 的 NaOH 标准溶液。

饱和 NaOH 溶液的相对密度约为 1.56，含量约为 52%（质量分数），故其物质的量浓度为：

$$c(饱和 \ NaOH) = \frac{1000 \times 1.56 \times 0.52}{40} \approx 20 \ mol \cdot L^{-1}$$

取 5 mL 饱和 NaOH 溶液，加水稀释至 1000 mL，即得 $0.1 \ mol \cdot L^{-1}$ NaOH 标准溶液。为保证其浓度略大于 $0.1 \ mol \cdot L^{-1}$，故规定取 5.6 mL。

标定碱溶液的基准物质有邻苯二甲酸氢钾、草酸、苯甲酸等。邻苯二甲酸氢钾易制得纯品，溶于水，摩尔质量大，不潮解，加热至 135℃ 不分解，是一种很好的标定碱溶液的基准物质。邻苯二甲酸氢钾与 NaOH 的反应为：

$$\text{(benzene ring with COOH and COOK)} + NaOH \Longrightarrow \text{(benzene ring with COONa and COOK)} + H_2O$$

化学计量点时，由于弱酸盐的水解，溶液呈微碱性，应选用酚酞为指示剂。

根据邻苯二甲酸氢钾的称取量和所消耗的 NaOH 标准溶液的体积，按式（17-1）计算 NaOH 标准溶液的物质的量浓度：

$$c(NaOH) = \frac{m(KC_8H_5O_4)}{M(KC_8H_5O_4) \times \dfrac{V(NaOH)}{1000}} \tag{17-1}$$

$$M(KC_8H_5O_4) = 204.22 \ g \cdot mol^{-1}$$

标定酸溶液的基准物质有无水碳酸钠（Na_2CO_3）和硼砂（$Na_2B_4O_7 \cdot 10H_2O$）。硼砂由于摩尔质量大，称量误差小，比较常用。硼砂因含有结晶水，需要保存在含有饱和 NaCl 和蔗糖的密闭恒湿容器中。用硼砂标定 HCl 溶液的反应为：

$$Na_2B_4O_7 \cdot 10H_2O + 2HCl \Longrightarrow 2NaCl + 4H_3BO_3 + 5H_2O$$

反应产物是硼酸（$K_a = 5.7 \times 10^{-10}$），溶液呈微酸性，因此选用甲基红为指示剂。

根据硼砂的称取量和所消耗的 HCl 标准溶液的体积，按式（17-2）计算 HCl 标准溶液的物质的量浓度：

$$c(HCl) = \frac{2 \times m(Na_2B_4O_7 \cdot 10H_2O)}{M(Na_2B_4O_7 \cdot 10H_2O) \times \dfrac{V(HCl)}{1000}} \tag{17-2}$$

$$M(Na_2B_4O_7 \cdot 10H_2O) = 381.37 \ g \cdot mol^{-1}$$

三、仪器与试剂

1. 仪器

分析天平（0.1 mg）；托盘天平；电炉；酸碱通用滴定管（25 mL）；锥形瓶（250 mL×3）；烧杯（100 mL）；量筒（10 mL，100 mL，1000 mL）；试剂瓶（1000 mL，具玻璃塞、橡皮塞各 1 个）；移液管（20 mL）；聚乙烯塑料瓶；玻璃棒。

2. 试剂

浓盐酸；固体 NaOH；硼砂（基准级）；邻苯二甲酸氢钾（基准级）；甲基红指示液（0.1%乙醇溶液）；酚酞指示液（0.1%乙醇溶液）；甲基橙指示液（0.1%水溶液）。

四、实验内容

1. 0.1 mol·L^{-1} NaOH 标准溶液的配制与标定

（1）NaOH 标准溶液的配制　称取约 120 g NaOH 于烧杯中，加 100 mL 蒸馏水，搅拌使成饱和溶液。冷却后，置聚乙烯塑料瓶中，静置数日，澄清后作贮备液。量取 5.6 mL 上述贮备液，置于带有橡皮塞的试剂瓶中，加新煮沸放冷的蒸馏水至 1000 mL，摇匀即得。

（2）NaOH 标准溶液的标定　精密称取 3 份 0.38~0.40 g 已在 105~110℃ 干燥至恒重的基准物质邻苯二甲酸氢钾，分别置于 250 mL 锥形瓶中，加 50 mL 新煮沸放冷的蒸馏水，小心摇动，使其溶解（若没有完全溶解，可稍微加热加速溶解），加 2 滴酚酞指示液，用 NaOH 标准溶液滴定至微红色且 30 s 内不褪色，即为终点。平行操作 3 次。根据式（17-1），计算 NaOH 溶液的浓度。测定结果相对平均偏差应不大于 0.2%。

2. 0.1 mol·L⁻¹HCl 标准溶液的配制与标定

（1）HCl 标准溶液的配制 用 10 mL 量筒量取 9 mL 浓盐酸，倒入一个洁净的具有玻璃塞的试剂瓶中，加蒸馏水稀释至 1000 mL，摇匀即得。

（2）HCl 标准溶液的标定 精密称取 0.36～0.40 g 硼砂 3 份，分别置于 250 mL 锥形瓶中，加 50 mL 蒸馏水使之溶解（在 20℃时，100 g 水中可溶解 5 g 硼砂，如果温度太低，可适量加入温热的蒸馏水，加速溶解，但滴定时一定要冷却至室温）。加 2 滴甲基红指示液，用 HCl 标准溶液滴定至溶液由黄色恰变为橙色，即为终点。平行操作 3 次。根据式(17-2)，计算 HCl 溶液的浓度。测定结果相对平均偏差应不大于 0.2%。

（3）HCl 标准溶液的标定（比较法） 精密吸取 20.00 mL NaOH 标准溶液于锥形瓶中，加入 2 滴甲基橙指示剂，用待标定的 HCl 标准溶液滴定至溶液由黄色恰变为橙色，即为终点，记下读数。平行操作 3 次，根据式（17-3）计算 HCl 溶液的浓度。测定结果相对平均偏差应不大于 0.2%。

$$c(\text{HCl}) = \frac{c(\text{NaOH})V(\text{NaOH})}{V(\text{HCl})} \tag{17-3}$$

五、注意事项

1. 固体氢氧化钠应在表面皿上或在小烧杯中称量，不能在称量纸上称量。

2. 盛放基准物质的 3 个锥形瓶应编号，以免张冠李戴。

3. 滴定管在装满标准溶液之前，要用该溶液荡洗滴定管内壁 3 次，以免改变标准溶液的浓度。

4. 在每次滴定结束后，要将标准溶液加至滴定管零点，以减少误差。

5. 正确使用酸碱通用滴定管，如检查是否漏液、气泡是否除尽、近终点时 1 滴和半滴的正确操作。

六、思考题

1. 标定 0.1 mol·L⁻¹ HCl 和 NaOH 标准溶液时，基准物质硼砂和邻苯二甲酸氢钾的称取量如何计算？

2. 溶解基准物质时加入 50 mL 蒸馏水，应使用移液管还是量筒？为什么？

3. 称取 NaOH 及邻苯二甲酸氢钾分别用什么天平？为什么？

4. 滴定管在盛装标准溶液前为什么要用该溶液荡洗内壁 3 次？用于滴定的锥形瓶是否需要干燥？是否要用标准溶液荡洗？为什么？

5. 酚酞指示剂由无色变为微红色时，溶液的 pH 值为多少？变红的溶液在空气中放置后又会变为无色的原因是什么？

6. 溶解邻苯二甲酸氢钾时，为什么要用新煮沸放冷的蒸馏水？

参考文献

邸欣 . 分析化学实验指导［M］.5 版 . 北京：人民卫生出版社，2023.

（魏芳弟，彭艳）

实验十八

酸碱滴定法测定硼砂的含量

一、实验目的

1. 掌握酸碱滴定分析的基本原理和操作步骤。
2. 掌握 HCl 标准溶液的配制和标定方法。
3. 熟悉硼砂含量的测定方法。

二、实验原理

硼砂（$Na_2B_4O_7 \cdot 10H_2O$）易溶于水，解离后释放出 Na^+ 和 $B_4O_7^{2-}$。$B_4O_7^{2-}$ 在水溶液中呈碱性，可以用酸碱滴定法测定含量。如果用 HCl 标准溶液滴定，反应如下：

$$Na_2B_4O_7 \cdot 10H_2O + 2HCl = 2NaCl + 4H_3BO_3 + 5H_2O \tag{18-1}$$

在化学计量点时，有

$$n(HCl) = 2n(Na_2B_4O_7 \cdot 10H_2O) \tag{18-2}$$

$$w(Na_2B_4O_7 \cdot 10H_2O) = \frac{c(HCl) \times V(HCl) \times M(Na_2B_4O_7 \cdot 10H_2O)}{m_{样品} \times 2 \times 1000} \times 100\% \tag{18-3}$$

式中，$c(HCl)$ 为滴定所消耗的 HCl 的浓度，$mol \cdot L^{-1}$；$V(HCl)$ 为消耗的 HCl 标准溶液的体积，mL；$M(Na_2B_4O_7 \cdot 10H_2O)$ 为硼砂的摩尔质量，381.37 $g \cdot mol^{-1}$；$m_{样品}$ 为每次滴定中硼砂的质量，g。

用盐酸标准溶液滴定硼砂溶液，滴定终点溶液的 pH 值为 5.1，可以选用甲基红作为指示剂。

盐酸标准溶液的配制和标定方法详见实验十七。

三、仪器与试剂

1. 仪器

分析天平；酸式滴定管（25 mL）；容量瓶（100 mL）；移液管（20.00 mL×2）；锥形瓶（250 mL×3）；烧杯（100 mL）；量筒（10 mL，1000 mL）；称量瓶；玻璃棒；试剂瓶（1000 mL）。

2. 试剂

硼砂样品；无水 Na_2CO_3 固体；浓盐酸；甲基橙指示剂；甲基红指示剂。

四、实验内容

1. HCl 标准溶液的标定

按照实验十七的方法标定盐酸标准溶液。

2. 硼砂含量测定

（1）称取硼砂 1.9～2.1 g，精密称定，置于 100 mL 小烧杯中，加入 20～30 mL 蒸馏水，加热搅拌至全溶，定量转移至 100 mL 容量瓶中，用少量水洗涤烧杯 3 次一并移入容量瓶，定容，摇匀。

（2）用少量待测硼砂溶液润洗移液管 3 次，然后移取 20.00 mL 硼砂溶液置于 250 mL 锥形瓶中，用少许蒸馏水冲洗锥形瓶内壁，加入 2 滴甲基红，摇匀，溶液呈黄色。

（3）用标准 HCl 溶液滴定至溶液变为橙色，即为滴定终点。记录消耗的标准 HCl 溶液的体积。

（4）重复 2 次，测定结果相对平均偏差不应大于 0.2%。

（5）计算硼砂的含量（质量分数）。

五、注意事项

1. 硼砂含有结晶水，应保存于恒湿器中。若硼砂的结晶水有损失，可能导致测量结果偏高。

2. 硼砂量大且不易溶解，必要时可电炉加热，放冷后滴定。

六、思考题

1. 是否所有的锥形瓶都需无水处理？蒸馏水是否需要精确量取？
2. 你觉得测量硼砂含量时指示剂选用甲基橙好还是甲基红好？

参考文献

[1] 南京大学大学化学实验教学组. 大学化学实验 [M]. 2 版. 北京：高等教育出版社，2010.
[2] 胡琴，祁嘉义. 基础化学实验（双语教材）[M]. 2 版. 北京：高等教育出版社，2017.

（许贯虹，彭艳）

实验十九

药物阿司匹林的含量测定

一、实验目的

1. 掌握用酸碱滴定法测定阿司匹林含量的原理和操作。
2. 熟悉酚酞指示剂滴定终点的判断。

二、实验原理

阿司匹林（aspirin，又名乙酰水杨酸），对缓解轻度或中度疼痛，如牙痛、头痛、神经痛、肌肉酸痛及痛经效果较好，亦用于感冒、流行性感冒等发热疾病的退热，以及治疗风湿痛等。近年来发现阿司匹林对血小板聚集有抑制作用，能阻止血栓形成。乙酰水杨酸是有机弱酸（$K_a = 1 \times 10^{-3}$），故可用 NaOH 标准溶液直接滴定，其滴定反应为：

$$\begin{array}{c}\text{COOH}\\\text{OCOCH}_3\end{array} + NaOH \rightleftharpoons \begin{array}{c}\text{COONa}\\\text{OCOCH}_3\end{array} + H_2O$$

化学计量点时，生成物是强碱弱酸盐，溶液呈微碱性，应选用碱性区域变色的指示剂，本实验选用酚酞，终点颜色由无色变为淡红色。

根据试样量和 NaOH 标准溶液的浓度及其用量，按式（19-1）计算阿司匹林的含量：

$$w(C_9H_8O_4) = \frac{c(NaOH)V(NaOH) \times \dfrac{M(C_9H_8O_4)}{1000}}{m} \times 100\% \tag{19-1}$$

$$M(C_9H_8O_4) = 180.16 \text{ g} \cdot \text{mol}^{-1}$$

三、仪器与试剂

1. 仪器

分析天平（0.1 mg）；酸碱通用滴定管（25 mL）；锥形瓶（100 mL×2）；烧杯（100 mL）；量筒（100 mL，10 mL）。

2. 试剂

阿司匹林（原料药）；NaOH 标准溶液（0.1 mol·L^{-1}）；酚酞指示液（0.1％乙醇溶液）；乙醇（95％）。

四、实验内容

1. 配制中性乙醇

用量筒量取 30 mL 95％乙醇于 100 mL 烧杯中，加 6 滴酚酞指示液，用 NaOH 标准溶液滴定至淡红色。

2. 阿司匹林含量测定

取约 0.40 g 阿司匹林原料药，精密称定，置于 100 mL 锥形瓶中，加 10 mL 中性乙醇溶解后，在不超过 10℃的温度下，用 NaOH 标准溶液滴定至淡红色，且 30 s 内不褪色，即为终点。平行测定 2 次，按式(19-1) 计算阿司匹林的含量，求平均值和相对平均偏差。

五、注意事项

1. 盛放样品的 2 个锥形瓶应编号，以免张冠李戴。

2. 阿司匹林在水中微溶，在乙醇中易溶，故选用乙醇为溶剂。但市售乙醇含有微量酸，若不经过处理直接作为溶剂，滴定时必定多消耗氢氧化钠，使测定结果偏高，故实验中应先配制中性乙醇。

3. 阿司匹林的分子结构中含有酯键，易发生水解反应而多消耗 NaOH 标准溶液，使分析结果偏高。

$$\text{（COOH / OCOCH}_3\text{）} +2NaOH \rightleftharpoons \text{（COONa / OH）} +CH_3COONa+H_2O$$

实验中采取如下措施来防止上述水解反应：①滴定前，在冰水浴中充分冷却；滴定时，速度稍快；将操作温度控制在 10℃以下；②实验中尽可能少用水；洗净的锥形瓶应倒置沥干，近终点时，不用水而用中性乙醇荡洗锥形瓶的内壁；③用乙醇作溶剂，可降低阿司匹林的水解程度。

六、思考题

1. 以 NaOH 标准溶液滴定阿司匹林，属于哪一类滴定？怎样选择指示剂？

2. 本实验所用乙醇，为什么要加 NaOH 标准溶液至对酚酞指示剂显中性？如果直接使用乙醇，对测定结果有何影响？

3. 如果阿司匹林结构中的酯键发生水解反应，对测定结果有何影响？如何防止水解反应的发生？

参考文献

朱明芳．分析化学实验［M］．北京：科学出版社，2016.

（魏芳弟）

实验二十

混合碱的含量测定

一、实验目的

1. 掌握用双指示剂法测定混合碱的组成及其含量的原理和方法。
2. 熟悉酚酞和甲基橙指示剂的使用和终点的确定。

二、实验原理

混合碱是指 Na_2CO_3 与 NaOH 或 Na_2CO_3 与 $NaHCO_3$ 的混合物，可采用"双指示剂法"测定混合碱的各个组分及其含量。常用的两种指示剂是酚酞和甲基橙。在混合碱溶液中先加入酚酞指示剂，以 HCl 标准溶液滴定至红色刚好褪去，到达第一个滴定终点，此时的反应可能为：

$$HCl + NaOH \Longrightarrow NaCl + H_2O$$
$$HCl + Na_2CO_3 \Longrightarrow NaCl + NaHCO_3$$

反应产物为 NaCl 和 $NaHCO_3$，溶液的 pH 值约为 8.3，记下消耗的 HCl 标准溶液的体积 V_1(mL)。再加入甲基橙指示剂，继续用 HCl 标准溶液滴定至橙色，到达第二个滴定终点。此时的反应为：

$$HCl + NaHCO_3 \Longrightarrow NaCl + CO_2 \uparrow + H_2O$$

溶液的 pH 值约为 3.8，记下消耗的 HCl 标准溶液的体积 V_2(mL)。根据 V_1 和 V_2 的用量来判断混合碱的组成。

若 $V_1 > V_2$，试样由 NaOH 和 Na_2CO_3 组成，各自的含量可由下式计算：

$$w(NaOH) = \frac{c(HCl)(V_1 - V_2) \times \dfrac{M(NaOH)}{1000}}{m} \times 100\% \tag{20-1}$$

$$w(Na_2CO_3) = \frac{c(HCl)V_2 \times \dfrac{M(Na_2CO_3)}{1000}}{m} \times 100\% \tag{20-2}$$

$M(NaOH) = 40.00 \ g \cdot mol^{-1}$ $\qquad$ $M(Na_2CO_3) = 105.99 \ g \cdot mol^{-1}$

若 $V_1 < V_2$，试样由 Na_2CO_3 与 $NaHCO_3$ 组成，各自的含量可由下式计算：

$$w(Na_2CO_3) = \frac{c(HCl)V_1 \times \dfrac{M(Na_2CO_3)}{1000}}{m} \times 100\% \tag{20-3}$$

$$w(\text{NaHCO}_3) = \frac{c(\text{HCl})(V_2 - V_1) \times \dfrac{M(\text{NaHCO}_3)}{1000}}{m} \times 100\% \qquad (20\text{-}4)$$

$$M(\text{Na}_2\text{CO}_3) = 105.99 \ \text{g} \cdot \text{mol}^{-1} \qquad M(\text{NaHCO}_3) = 84.01 \ \text{g} \cdot \text{mol}^{-1}$$

三、仪器与试剂

1. 仪器

分析天平（0.1 mg）；酸碱通用滴定管（25 mL）；锥形瓶（250 mL×2）；量筒（100 mL）。

2. 试剂

HCl 标准溶液（0.1 mol·L^{-1}）；混合碱固体样品（①每 50 g 约含 NaOH 5.5 g，Na$_2$CO$_3$ 44.5 g；②每 50 g 约含 NaHCO$_3$ 10.0 g，Na$_2$CO$_3$ 40.0 g）；混合碱试液（①每 10 mL 约含 NaOH 0.036 g，Na$_2$CO$_3$ 0.14 g；②每 10 mL 约含 NaHCO$_3$ 0.04 g，Na$_2$CO$_3$ 0.16 g）；酚酞指示液（0.1%乙醇溶液）；甲基橙指示液（0.1%水溶液）。

四、实验内容

实验 1：取混合碱固体样品（①或②）约 0.20 g，精密称定，置于 250 mL 锥形瓶中，加 25 mL 蒸馏水使之溶解，加 1~2 滴酚酞指示液，用 HCl 标准溶液滴定至红色恰好褪去，记下所消耗的 HCl 标准溶液的体积 V_1。然后，在此溶液中加入 1~2 滴甲基橙指示剂，继续用 HCl 标准溶液滴定至溶液由黄色变为橙色，记下所消耗的 HCl 标准溶液的体积 V_2。平行测定 2 次。根据 V_1、V_2 的关系，判断该混合碱的组成并计算各组分的含量。

实验 2：精密吸取混合碱溶液（①或②）10.00 mL 于 250 mL 锥形瓶中，加 15 mL 蒸馏水，按上述方法进行测定。根据 V_1、V_2 的关系，判断该混合碱的组成并计算各组分的质量浓度（g·L^{-1}）。

五、注意事项

1. 近终点时，一定要充分摇动，以防止形成 CO$_2$ 的过饱和溶液而使终点提前到达。

2. 本实验先以酚酞为指示剂，终点时红色恰好褪去，不易判断，要细心观察。

3. 在双指示剂法中，也可使用一定比例的百里酚蓝和甲酚红的混合指示剂代替酚酞指示剂。其变色点 pH 值为 8.3，滴定时终点颜色由紫色变为粉红色。

六、思考题

采用双指示剂法测定混合碱，在同一份溶液中测定，V_1 和 V_2 可能有下列 5 种情况。试判断碱溶液中的组成是什么？如何计算它们的含量？试写出计算式。

① $V_1 = 0$ ② $V_1 = V_2$ ③ $V_2 = 0$ ④ $V_1 < V_2$ ⑤ $V_1 > V_2$

参考文献

华中师范大学.分析化学实验［M］.5 版.北京：高等教育出版社，2024.

（魏芳弟）

实验二十一

硫酸铝的含量测定

一、实验目的

1. 掌握配位滴定中返滴定法测定铝含量的原理和方法。
2. 熟悉二甲酚橙指示剂和铬黑 T 指示剂的变色原理和应用条件。
3. 了解配位滴定中加入缓冲溶液的作用。

二、实验原理

硫酸铝是工业上广泛使用的一种化合物，其第一大用途是用于造纸，第二大用途是在饮用水、工业用水和工业废水处理中作絮凝剂，在生产和使用过程中需要对铝含量进行监测分析。

硫酸铝的含量测定可用配位滴定法测定其组成中铝的含量，然后换算成硫酸铝的含量。

Al^{3+} 能够与 EDTA 定量反应，但与 EDTA 的配位反应速度很慢，而且 Al^{3+} 对二甲酚橙指示剂有封闭作用，可采用返滴定法（剩余滴定法）来测定其含量。实验中先加入过量定量的 EDTA 标准溶液，加热促使 Al^{3+} 与 EDTA 配位反应完全。再用锌标准溶液回滴定剩余的 EDTA。用 HAc-NaAc 缓冲溶液控制溶液的 pH 为 5～6，以二甲酚橙（XO）为指示剂，反应过程如下：

$$Al^{3+} + H_2Y^{2-} \Longrightarrow AlY^- + 2H^+$$
$$Zn^{2+} + H_2Y^{2-} \Longrightarrow ZnY^{2-} + 2H^+$$

滴定终点时，溶液中稍过量的 Zn^{2+} 与指示剂二甲酚橙结合，溶液颜色由 XO 的游离色（黄色）变为结合色（紫红色）。

$$XO + Zn^{2+} \Longrightarrow Zn\text{-}XO^{2+}$$
$$\text{黄色} \qquad\qquad \text{紫红色}$$

三、仪器与试剂

1. 仪器

分析天平（0.1 mg）；托盘天平；酸式滴定管（25 mL）；容量瓶（100 mL）；移液管（25 mL，20 mL，10 mL）；锥形瓶（250 mL）；烧杯（50 mL）；量筒（10 mL，100 mL）；

水浴锅；电炉；洗耳球；玻璃棒。

2. 试剂

$Al_2(SO_4)_3 \cdot 18H_2O$（A.R.）；$ZnSO_4 \cdot 7H_2O$（A.R.）；$EDTA \cdot 2Na_2 \cdot H_2O$（A.R.）；稀 HCl（3 mol·$L^{-1}$）；甲基红指示液（0.1%的60%乙醇液）；二甲酚橙指示液（0.5%水溶液）；氨试液（120 mL 浓氨水加水至 1000 mL）；$NH_3 \cdot H_2O$-NH_4Cl 缓冲液（pH=10）（称取 54 g NH_4Cl 溶于水中，加 350 mL 氨水，用水稀释到 1000 mL）；HAc-NaAc 缓冲液（pH=6）（称取 60 g 无水醋酸钠溶于水中，加 5.7 mL 冰 HAc，用水稀释至 1000 mL）；铬黑 T 指示液（称取 0.2 g 铬黑 T 溶于 15 mL 三乙醇胺中，待完全溶解后，加入 5 mL 无水乙醇即得，最好现配现用）。

四、实验内容

1. 0.05 mol·L^{-1} EDTA 标准溶液的配制与标定

（1）0.05 mol·L^{-1} EDTA 标准溶液的配制 称取约 9.5 g $EDTA \cdot 2Na_2 \cdot H_2O$，加 500 mL 蒸馏水使其溶解，摇匀，贮存于硬质玻璃瓶中。

（2）0.05 mol·L^{-1} EDTA 标准溶液的标定 精密称取约 0.41 g 已在 800℃ 灼烧至恒重的基准物质 ZnO 至一小烧杯中，加 10 mL 稀盐酸，搅拌使其溶解，并定量转移到 100 mL 容量瓶中，加水稀释至刻度，摇匀。用移液管精密量取 20.00 mL 配制的 ZnO 溶液至锥形瓶中，加 1 滴甲基橙指示剂，用氨试液调至溶液刚呈微黄色。再加 25 mL 蒸馏水，加 10 mL $NH_3 \cdot H_2O$-NH_4Cl 缓冲液，加 4 滴铬黑 T 指示剂，摇匀。用 EDTA 标准溶液滴定至溶液由紫红色转变为纯蓝色，即为终点。

平行测定 3 次，按式（21-1）计算 EDTA 标准溶液浓度，求平均值及相对平均偏差。

$$c(EDTA) = \frac{\dfrac{m(ZnO)}{M(ZnO)} \times \dfrac{20}{100}}{\dfrac{V(EDTA)}{1000}} \tag{21-1}$$

$$M(ZnO) = 81.38 \text{ g·mol}^{-1}$$

2. 0.05 mol·L^{-1} $ZnSO_4$ 标准溶液的配制与标定

（1）0.05 mol·L^{-1} $ZnSO_4$ 标准溶液的配制 在托盘天平上称取约 3.75 g $ZnSO_4 \cdot 7H_2O$ 固体，加 2~3 mL 稀 HCl 与适量的蒸馏水溶解后，再加适量的蒸馏水使成 250 mL，搅匀。

（2）0.05 mol·L^{-1} $ZnSO_4$ 标准溶液的标定 用移液管精密量取 20.00 mL 配制的 $ZnSO_4$ 溶液，加 1 滴甲基红指示剂，小心滴加氨试液使溶液显微黄色，加 25 mL 蒸馏水、10 mL $NH_3 \cdot H_2O$-NH_4Cl 缓冲液、3 滴铬黑 T 指示剂，用 0.05 mol·L^{-1} EDTA 标准溶液滴定至溶液由紫红色转变为纯蓝色即为滴定终点。

平行测定 3 次，按式（21-2）计算 $ZnSO_4$ 标准溶液的准确浓度，求平均值及相对平均偏差。

$$c(ZnSO_4) = \frac{c(EDTA) \times V(EDTA)}{V(ZnSO_4)} \tag{21-2}$$

3. 硫酸铝的含量测定

取约 2 g 硫酸铝，精密称定，置于 50 mL 小烧杯中，依次加 2 mL 稀 HCl、10 mL 蒸馏水，完全溶解后，定量转移到 100 mL 容量瓶中，用水稀释到刻度，摇匀。精密量取 10 mL 于锥形瓶中，小心滴加氨试液中和至恰析出沉淀，再滴加稀 HCl 至沉淀恰溶解为止，加 10 mL HAc-NaAc 缓冲液（pH＝6），再精密加入 25.00 mL 0.05 mol·L^{-1} EDTA 滴定液，在电炉上加热煮沸 5 min，放冷至室温。加入 2～3 滴二甲酚橙指示剂，用 0.05 mol·L^{-1} ZnSO$_4$ 标准溶液滴定，至溶液由黄色转变为红色即为滴定终点。

平行测定 3 次，按式（21-3）计算硫酸铝的含量，求平均值及相对平均偏差。

$$w[Al_2(SO_4)_3 \cdot 18H_2O]$$

$$= \dfrac{\frac{1}{2} \times [c(EDTA) \times V(EDTA) - c(ZnSO_4) \times V(ZnSO_4)] \times \dfrac{M[Al_2(SO_4)_3 \cdot 18H_2O]}{1000}}{m \times \dfrac{10}{100}} \times 100\%$$

$$(21\text{-}3)$$

$$M[Al_2(SO_4)_3 \cdot 18H_2O] = 666.17 \text{ g·mol}^{-1}$$

五、注意事项

1. 贮存 EDTA 标准溶液应选用硬质玻璃瓶，最好是长期存放 EDTA 溶液的瓶子，以免 EDTA 与玻璃中的金属离子作用。有条件的话，用聚乙烯瓶贮存更好。

2. 配位滴定反应进行的速度相对较慢（不像酸碱反应能在瞬间完成），故滴定时加入 EDTA 溶液的速度不宜太快，在室温低时尤其要注意。特别在临近终点时，应逐滴加入，并充分振摇。

3. Al^{3+} 与 EDTA 配合速度很慢，加热的目的是促使 Al^{3+} 与 EDTA 配合速度加快，一般在石棉网上直接煮沸 3 min，配合程度可达 99%，为了尽量使反应完全，可煮沸 5～10 min。

4. 配位滴定中，由于指示剂、滴定剂和被测离子都受溶液 pH 的影响，但是随着滴定反应 M＋H$_2$Y $\rightleftharpoons$ MY＋2H$^+$ 的进行，溶液的酸度会不断下降，所以实验过程中要严格调节溶液 pH 值，需加入合适的缓冲体系来控制溶液的酸度。

5. 实验时需用电炉加热，注意明火，小心烫伤。

六、思考题

1. 用 EDTA 测定铝盐含量，为什么采用返滴定法？
2. Al^{3+} 测定时能否用铬黑 T 作指示剂？
3. 用返滴定法测定 Al^{3+} 时，允许的 pH 范围是多少？

参考文献

[1] 钟文英. 分析化学实验 [M]. 南京：东南大学出版社，2000.
[2] 严拯宇，范国荣. 分析化学实验 [M]. 2 版. 北京：科学出版社，2014.

（许贯虹）

实验二十二

氧化还原滴定法测定维生素 C 的含量

一、实验目的

1. 了解 $Na_2S_2O_3$ 和 I_2 标准溶液的配制方法。
2. 掌握标定 $Na_2S_2O_3$ 和 I_2 标准溶液的原理和方法。
3. 掌握直接碘量法测定维生素 C 含量的原理。

二、实验原理

I_2 是较弱的氧化剂，I^- 是中等强度的还原剂。其电极反应为：

$$I_2 + 2e^- \Longleftrightarrow 2I^- \qquad \varphi^{\ominus} = 0.535\ V$$

因此，可用 I_2 标准溶液直接滴定某些较强的还原性物质，以测定这些物质的含量（此称直接碘量法）；也可用过量 KI 与某些氧化性物质反应，定量析出的 I_2 用 $Na_2S_2O_3$ 标准溶液滴定，以测定这些氧化性物质的含量（此称间接碘量法）。本实验采用直接碘量法测定维生素 C 的含量，所需的 I_2 标准溶液拟通过与 $Na_2S_2O_3$ 标准溶液相比较的方法进行标定。

维生素 C，又名抗坏血酸（$C_6H_8O_6$，$\varphi^{\ominus} = 0.18\ V$），分子中的烯二醇基团具有较强的还原性，能被弱氧化剂 I_2 定量氧化成二酮基，反应如下：

该反应完全、快速、可采用直接碘量法，用 I_2 标准溶液直接测定维生素 C 的含量。

维生素 C 的还原性很强，在中性或碱性介质中极易被空气中的 O_2 氧化，碱性溶液中更甚。虽然从反应方程式看，碱性条件下更有利于反应向右进行，但是实验中为了减少维生素 C 受其他氧化剂的影响，滴定反应应在酸性溶液中进行。实验证明，维生素 C 在 $0.2\ mol \cdot L^{-1}$ HAc 或 $0.2\ mol \cdot L^{-1}$ $H_2C_2O_4$ 溶液中比在无机酸中更稳定。因此，本实验中测定维生素 C 含量在稀 HAc 介质中进行。淀粉遇碘变蓝色，碘量法用淀粉作指示剂。

固体碘易挥发且腐蚀性较强，不能用分析天平准确称量，所以 I_2 标准溶液通常用间接法配制。固体 I_2 在水中溶解度很小（0.00133 $mol \cdot L^{-1}$），故配制 I_2 标准溶液时须加入适量 KI，使 I_2 形成配离子 I_3^-，以增大 I_2 在水中的溶解度，并降低 I_2 的挥发性。溶液中 KI 含量在 2%～4% 时即可达到上述目的。《中国药典》用 $Na_2S_2O_3$ 标准溶液确定 I_2 标准溶液的浓度，反应如下：

$$I_2 + 2S_2O_3^{2-} \rightleftharpoons 2I^- + S_4O_6^{2-}$$

$Na_2S_2O_3$ 标准溶液的配制用间接配制法。因为市售 $Na_2S_2O_3 \cdot 5H_2O$ 常含有 S、Na_2CO_3、Na_2SO_4 等杂质，在空气中易风化或潮解。此外，$Na_2S_2O_3$ 在中性或酸性溶液中还可与水中 CO_2 及 O_2 作用，水中的嗜硫菌等微生物也能使它分解。为此，常用新煮沸而刚冷却的蒸馏水配制 $Na_2S_2O_3$ 标准溶液，以除去水中溶解的 CO_2 和 O_2，并杀死微生物；同时，还需加入少量 Na_2CO_3 作稳定剂，使溶液 pH 值保持在 9～10。所配溶液须放置 7～10 d，再用 $K_2Cr_2O_7$ 作基准物质进行标定。

标定时 $Na_2S_2O_3$ 标准溶液采用置换滴定法，$K_2Cr_2O_7$ 在强酸性溶液中与过量 KI 反应，定量地析出 I_2，再用待标定的 $Na_2S_2O_3$ 溶液滴定析出的 I_2。反应方程式为：

$$Cr_2O_7^{2-} + 6I^- + 14H^+ \rightleftharpoons 2Cr^{3+} - 3I_2 + 7H_2O$$

在溶液酸度较低时，此反应完成较慢。若酸度太强又会使 KI 被空气氧化成 I_2。因此，实验过程中必须注意酸度的控制，控制溶液 $[H^+]$ 约为 0.5 $mol \cdot L^{-1}$，并避光放置 10 min，使反应定量完成。析出的 I_2 再用 $Na_2S_2O_3$ 标准溶液滴定，以淀粉作指示剂。反应如下：

$$I_2 + 2S_2O_3^{2-} \rightleftharpoons 2I^- + S_4O_6^{2-}$$

$Na_2S_2O_3$ 与 I_2 的反应只能在中性或弱酸性溶液中进行。所以在滴定前应将溶液稀释，降低酸度，使 $[H^+]$ 约为 0.2 $mol \cdot L^{-1}$，也使终点时 Cr^{3+} 的绿色变浅。

指示剂淀粉溶液应在滴定至近终点时加入（溶液显浅黄色时加入），若过早加入，则大量的 I_2 与淀粉结合成蓝色配合物，这种结合状态的 I_2 较难释出，致使 $Na_2S_2O_3$ 标准溶液用量偏多，产生较大的滴定误差。

根据上述反应，$K_2Cr_2O_7$ 与 $Na_2S_2O_3$ 计量关系为 1∶6，即 $n(Na_2S_2O_3) = 6n(K_2Cr_2O_7)$，故

$$c(Na_2S_2O_3) = \frac{6 \times \dfrac{m(K_2Cr_2O_7)}{M(K_2Cr_2O_7)}}{\dfrac{V(Na_2S_2O_3)}{1000}} \tag{22-1}$$

$$M(K_2Cr_2O_7) = 294.18 \ g \cdot mol^{-1}$$

三、仪器与试剂

1. 仪器

分析天平（0.1 mg）；托盘天平；酸碱通用滴定管（25 mL）；碘量瓶；容量瓶（100 mL）；量筒（10 mL）；锥形瓶（250 mL）；移液管（20 mL）；烧杯（100 mL）；玻璃棒；棕色试剂瓶；洗耳球。

2. 试剂

$Na_2S_2O_3 \cdot 5H_2O$（A. R.）；$K_2Cr_2O_7$（基准级）；Na_2CO_3（A. R.）；I_2（A. R.）；KI（A. R.）；H_2SO_4（3 $mol \cdot L^{-1}$）；KI 溶液（1 $mol \cdot L^{-1}$）；维生素 C（试样）；HAc（2 $mol \cdot L^{-1}$）；

淀粉溶液 （0.5%）。

四、实验内容

1. 0.02 mol·L^{-1} Na$_2$S$_2$O$_3$ 标准溶液的配制与标定

(1) 0.02 mol·L^{-1} Na$_2$S$_2$O$_3$ 溶液的配制 在托盘天平上称取约 2 g Na$_2$S$_2$O$_3$·5H$_2$O，置于 50 mL 烧杯中，加入约 0.1 g Na$_2$CO$_3$，再加适量新煮沸而刚冷却的蒸馏水溶解后，倒入棕色试剂瓶中，继续加该蒸馏水至总体积为 400 mL，混匀，避光保存 7～10 d 后标定。

(2) 0.02 mol·L^{-1} Na$_2$S$_2$O$_3$ 标准溶液的标定 精确称取 0.10～0.12 g 在 120℃干燥至恒重并研细的基准物质 K$_2$Cr$_2$O$_7$ 于烧杯中，加适量蒸馏水溶解后，定量转移至 100 mL 容量瓶中，用蒸馏水稀释至刻度，摇匀。用移液管吸取 20.00 mL 上述溶液于碘量瓶中，加 10 mL 3 mol·L^{-1} H$_2$SO$_4$ 溶液、9 mL 1 mol·L^{-1} KI 溶液，密塞，混匀，置暗处 10 min，使反应进行完全。加 50 mL 水稀释后，立即用待标定的 Na$_2$S$_2$O$_3$ 溶液（装入滴定管中）进行滴定，等溶液由棕褐色转变为浅黄色时，加入 2～3 mL 0.5%淀粉溶液，此时溶液显蓝色，继续滴定至蓝色恰好转变为浅绿色即为终点。记录结果。

平行滴定 3 次，按式（22-1）计算 Na$_2$S$_2$O$_3$ 标准溶液的准确浓度，求算平均值及相对平均偏差。

2. 0.01 mol·L^{-1} I$_2$ 标准溶液的配制与标定

(1) 0.01 mol·L^{-1} I$_2$ 标准溶液的配制 在托盘天平上称取 1.0 g 经研细的碘于小烧杯中，加 2 g 固体 KI，约 5 mL 蒸馏水（水不能多加，否则碘不易溶解），充分搅拌，待碘完全溶解后，倒入棕色试剂瓶中，加水稀释至 400 mL，混匀，置暗处保存。

(2) I$_2$ 标准溶液与 Na$_2$S$_2$O$_3$ 标准溶液的比较 用移液管准确吸取 20.00 mL 已标定好的 Na$_2$S$_2$O$_3$ 标准溶液于锥形瓶中，加 2～3 mL 0.5%淀粉溶液，用待标定的 I$_2$ 标准溶液（装入滴定管）滴定至溶液恰显蓝色即为终点。记录滴定结果。

平行测定 3 次，按式（22-2）计算 I$_2$ 标准溶液的准确浓度，求其平均值和相对平均偏差（不超过 0.2%）。

$$c(\mathrm{I_2}) = \frac{c(\mathrm{Na_2S_2O_3})V(\mathrm{Na_2S_2O_3})}{2V(\mathrm{I_2})} \tag{22-2}$$

3. 维生素 C 的含量测定

精确称取 0.16～0.20 g 维生素 C 试样于小烧杯中，加入适量新煮沸放冷的蒸馏水（除去水中的溶解氧，防止维生素 C 被氧化）和 10 mL 2 mol·L^{-1} HAc 溶液，搅拌使样品溶解后，定量转移至 100 mL 容量瓶中，用新煮沸而刚冷却的蒸馏水稀释至刻度，混匀。精确吸取 20.00 mL 该样品溶液于锥形瓶中，加 2～3 mL 0.5%淀粉溶液，立即用 I$_2$ 标准溶液滴定至溶液显稳定的蓝色即为终点。

平行测定 3 次，按式（22-3）计算维生素 C 的含量，求平均值及相对平均偏差。

$$w(\mathrm{C_6H_8O_6}) = \frac{c(\mathrm{I_2}) \times V(\mathrm{I_2}) \times \dfrac{M(\mathrm{C_6H_8O_6})}{1000}}{m \times \dfrac{20}{100}} \times 100\% \tag{22-3}$$

$$M(\mathrm{C_6H_8O_6}) = 176.12\ \mathrm{g \cdot mol^{-1}}$$

五、注意事项

1. 在酸性介质中，维生素 C 受空气中 O_2 的氧化速度稍慢，较为稳定，但样品溶于稀醋酸后，仍需立即进行滴定。

2. 量取稀 HAc 和量取淀粉的量筒不能混用。

3. 淀粉指示剂容易失效（特别是温度较高时），需在临用前配制，且可加入少许防腐剂，如 HgI_2 或 $ZnCl_2$ 等。

六、思考题

1. 配制 $Na_2S_2O_3$ 标准溶液为什么要用新煮沸而刚冷却的蒸馏水？加入少量 Na_2CO_3 的作用是什么？

2. 如何配制 I_2 标准溶液？

3. 用 $K_2Cr_2O_7$ 作基准物质标定 $Na_2S_2O_3$ 标准溶液时，加入过量 KI 的作用是什么？加入不过量的 KI 将会出现怎样的实验结果？

4. 在维生素 C 试样溶液中，为什么要加入一定量的 HAc 溶液？

参考文献

[1] 邸欣. 分析化学实验指导 [M]. 北京：人民卫生出版社，2016.
[2] 严拯宇，杜迎翔. 分析化学实验与指导 [M]. 北京：中国医药科技出版社，2015.

（岑瑶）

实验二十三

磷酸的电位滴定

一、实验目的

1. 掌握电位滴定法三种常用的滴定终点的确定方法。
2. 熟悉二阶微商内插法计算滴定终点时所消耗标准溶液的体积。
3. 了解电位滴定法测定磷酸的解离平衡常数。

二、实验原理

电位滴定法是根据滴定过程中电池电动势的突变来确定滴定终点的方法。磷酸电位滴定的装置如图 23-1 所示，将复合 pH 电极插入磷酸试液中，用 NaOH 标准溶液进行滴定。在滴定过程中，随着 NaOH 的不断加入，H_3PO_4 与 NaOH 发生反应，溶液的 pH 值也随之不断变化。以加入 NaOH 的体积为横坐标，溶液相应的 pH 值为纵坐标，绘制 pH-V 滴定曲线，曲线上的转折点（拐点）所对应的体积即为滴定终点的体积。也可采用一级微商法（$\Delta pH/\Delta V$-$\overline{V}$）或二级微商法（$\Delta^2 pH/\Delta V^2$-V）来确定滴定终点。图 23-2 是几种常用的滴定终点的确定方法。

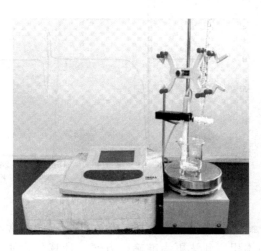

图 23-1　电位滴定的装置图

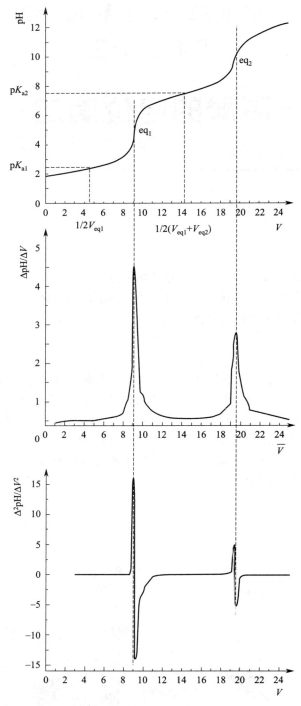

图 23-2　电位滴定法终点的确定

在滴定终点附近时，滴定曲线近似直线段，故在实际工作中常不作图，而是用内插法计算滴定终点时标准溶液的体积。此法更为准确、方便。计算公式如下：

$$V_x = V_\perp - \frac{V_\top - V_\perp}{(\Delta^2 E/\Delta V^2)_\top - (\Delta^2 E/\Delta V^2)_\perp} \cdot (\Delta^2 E/\Delta V^2)_\perp$$

式中，V_x 为滴定终点时的体积；$(\Delta^2 E/\Delta V^2)_\perp$、$(\Delta^2 E/\Delta V^2)_\top$ 分别为滴定终点前后的二阶微商；$V_\perp$、$V_\top$ 分别为与 $(\Delta^2 E/\Delta V^2)_\perp$、$(\Delta^2 E/\Delta V^2)_\top$ 对应的体积。

根据 pH-V 滴定曲线也能求算 H_3PO_4 的 K_{a1} 和 K_{a2}。这是因为磷酸是多元酸，在水溶液中是分步离解的，即

$$H_3PO_4 \underset{}{\overset{K_{a1}}{\rightleftharpoons}} H^+ + H_2PO_4^-$$

$$K_{a1} = \frac{[H^+][H_2PO_4^-]}{[H_3PO_4]}$$

当用 NaOH 标准溶液滴定至剩余 H_3PO_4 的浓度与生成的 NaH_2PO_4 的浓度相等时，从上式可知：$K_{a1} = [H^+]$，即 $pK_{a1} = pH$，也就是说，第一半中和点（$\frac{1}{2}V_{eq1}$）对应的 pH 值即为 pK_{a1}。同理：

$$H_2PO_4^- \underset{}{\overset{K_{a2}}{\rightleftharpoons}} H^+ + HPO_4^{2-}$$

$$K_{a2} = \frac{[H^+][HPO_4^{2-}]}{[H_2PO_4^-]}$$

当继续用 NaOH 标准溶液滴定至 $[H_2PO_4^-] = [HPO_4^{2-}]$ 时，$pK_{a2} = pH$，即第二半中和点体积所对应的 pH 值就是 pK_{a2}。

三、仪器与试剂

1. 仪器

pHS-25 型酸度计；复合 pH 电极；电磁搅拌器；磁子；聚四氟乙烯滴定管（25 mL）；烧杯（100 mL）；移液管（10 mL）；量筒（100 mL）；洗耳球；温度计。

2. 试剂

标准缓冲溶液（pH＝4.00 和 pH＝6.86）；NaOH 标准溶液（0.1 mol·L^{-1}）；磷酸样品溶液（0.1 mol·L^{-1}）。

四、实验内容

（1）按照图 23-1 安装实验装置。

（2）用 pH 4.00 与 6.86 的标准缓冲溶液校准 pH 计。

（3）用移液管精密吸取 10.00 mL 磷酸样品溶液，置于 100 mL 烧杯中，加 20 mL 蒸馏水，插入复合 pH 电极。在电磁搅拌下，用 0.1 mol·L^{-1} NaOH 标准溶液进行滴定，当 NaOH 标准溶液未达 8.00 mL 前，每加 1.00 mL NaOH 溶液记录 pH 值，在化学计量点（即加入少量 NaOH 溶液引起溶液的 pH 值变化逐渐变大）前后±10％时，每次加入 0.10

mL NaOH 溶液，记录一次 pH 值。用同样的方法，继续滴定至过了第二个计量点为止。

（4）关闭 pH 计和电磁搅拌器，拆除装置，清洗电极并将其浸泡在饱和 KCl 溶液中。

（5）处理实验数据，具体步骤如下。

① 打开电脑，启用 Microsoft Excel 应用程序。依次在 A～H 栏的第 1 行，输入 V、pH、ΔpH、ΔV、$\bar{V}$、ΔpH/ΔV、$\Delta(\Delta$pH/$\Delta V)$ 和 Δ^2pH/ΔV^2。

② 从第 2 行开始，将原始数据 V 输入表格中 A 栏、pH 输入 B 栏。

③ 绘制 pH-V 曲线：选中 A、B 栏中的数据→【插入】→【图表】→XY 散点图→平滑线散点图→下一步→完成。

④ 从图中可看到两个滴定突跃，曲线的转折点（拐点）即为两个滴定终点，记下第一化学计量点和第二化学计量点消耗的体积 V_1、V_2，并求算 H_3PO_4 的 K_{a1} 和 K_{a2}。

⑤ 分别作两个滴定终点的 ΔpH/ΔV-$\bar{V}$ 图，具体步骤如下。

a. 在 C 栏中，从第 3 行开始，计算 ΔpH，"＝B3－B2"，回车，复制；在 D 栏中计算 ΔV，"＝A3－A2" 回车，复制；在 E 栏中计算平均体积 $\bar{V}$，"＝（A3＋A2）/2"，回车，复制；在 F 栏中计算 ΔpH/ΔV，"＝C3/D3"，回车，复制。

b. 作 ΔpH/ΔV-$\bar{V}$ 图。

c. 点击 ΔpH/ΔV-$\bar{V}$ 图上的最大点，记下第一化学计量点和第二化学计量点消耗的体积 V_1、V_2。

⑥ 分别作两个滴定终点的 Δ^2pH/ΔV^2-$\bar{V}$ 图，具体步骤如下。

a. 在 G 栏中，从第 4 行开始，计算 $\Delta(\Delta$pH/$\Delta V)$，"＝F4－F3"，回车，复制；在 H 栏中计算 Δ^2pH/ΔV^2，"＝G4/D4"，回车，复制。

b. 作 Δ^2pH/ΔV^2-V 图。

c. Δ^2pH/ΔV^2＝0 的点所对应的体积，即为第一化学计量点和第二化学计量点消耗的体积 V_1、V_2。

⑦ 采用二阶微商内插法计算滴定终点体积，并利用公式 $c(H_3PO_4)=\dfrac{c(NaOH)V_1(NaOH)}{V(H_3PO_4)}$ 或

$c(H_3PO_4)=\dfrac{\frac{1}{2}c(NaOH)V_2(NaOH)}{V(H_3PO_4)}$，计算磷酸的浓度。

五、注意事项

1. 在溶液 pH 的测定中，通常选择玻璃电极为指示电极，饱和甘汞电极为参比电极。但在本实验中采用复合 pH 电极，它是将玻璃电极和甘汞电极组合在一起，构成单一电极体，具有体积小、使用方便、坚固耐用、被测试液用量少、可用于狭小容器中测试等优点。

2. 用 pH 4.00 与 6.86 的标准缓冲溶液校准 pH 计后，勿动定位钮。安装复合 pH 电极时，既要将电极插入待测液中，又要防止在滴定操作搅拌溶液时，烧杯中转动的磁子棒触及电极。

3. 电位滴定中的测量点分布，应控制在计量点前后密些，远离计量点疏些，在接近计量点前后时，每次加入的溶液量应保持一致（如 0.10 mL），这样便于数据处理和滴定曲线的绘制。

4. 滴定剂加入后，尽管发生中和反应的速度很快，但电极响应需要一定时间，故要充

分搅拌溶液，切忌滴加滴定剂后立即读数，应在搅拌平衡后，读取酸度计的 pH 值。

5. 搅拌速度略慢些，以免溶液溅失。

六、思考题

1. H_3PO_4 是三元酸，其 K_{a3} 可以从滴定曲线上求得吗？为什么？

2. 电位滴定中，能否用 E 的变化来代替 pH 的变化？

3. 如何根据 pH-V、$\Delta pH/\Delta V$-$\overline{V}$ 和 $\Delta^2 pH/\Delta V^2$-V 作图法确定滴定终点？

4. 若以电位滴定法进行配位滴定、氧化还原滴定和沉淀滴定，应如何选择指示电极和参比电极？

附：pHS-25 型酸度计操作步骤

1. 接通电源，打开仪器，预热约 15 min。

2. 调节"温度"旋钮，使温度与室温相同。

3. 从饱和 KCl 溶液中取出电极，洗净、擦干，插入 pH 6.86 的标准缓冲溶液中，按"标定"按钮，待读数稳定后，按两次"确认"键。

4. 将电极取出，洗净、擦干，插入 pH 4.00 的标准缓冲溶液中，待读数稳定后，连续按两次"确认"键。

5. 将电极取出，洗净、擦干，插入待测溶液中，测定 pH 值。

（注意：如果在标定过程中，操作失误或按键按错而使仪器使用不正常，可关闭电源，然后按住"确认"键后再开启电源，可使仪器恢复初始状态，然后重新标定。）

参考文献

李云兰，信建豪．分析化学实验［M］．武汉：华中科技大学出版社，2020．

（魏芳弟）

实验二十四

双波长分光光度法测定复方磺胺甲噁唑片的含量

一、实验目的

1. 掌握双波长分光光度法测定复方磺胺甲噁唑片含量的基本原理和方法。
2. 掌握利用紫外-可见分光光度计测定双波长的方法。

二、实验原理

双波长分光光度法可以在某一组分干扰下,对另一组分的含量进行测定,也可以同时测定两组分的浓度,其理论基础是差吸光度和等吸收波长,具体操作是采用两个不同的波长,同时测定一个样品溶液。该方法适用于测定干扰组分的吸收光谱中至少有一个吸收峰或吸收谷的混合物。波长的选择原则为:选定的两个波长下,干扰组分具有相同的吸光度,待测物的吸光度差值应足够大。

如果混合物由 A 和 B 两组分组成,若要消除 B 组分的干扰,首先选择待测组分 A 的最大吸收波长 λ_1 为参比波长,选取组分 B 吸收光谱上 λ_1 对应的一点,过该点作一条平行于波长轴的直线,该直线交于组分 B 吸收光谱的另一点对应的波长记为 λ_2。组分 B 在 λ_1 和 λ_2 处的吸光度相等,即 $A_{\lambda_1}^B = A_{\lambda_2}^B$。测定混合物在 λ_1 和 λ_2 下的吸光度差值 ΔA,然后根据 ΔA 来计算 A 组分的含量。原理表达如下:

$$\Delta A = A_{\lambda_1}^{A+B} - A_{\lambda_2}^{A+B} = (A_{\lambda_1}^A + A_{\lambda_1}^B) - (A_{\lambda_2}^A + A_{\lambda_2}^B) = A_{\lambda_1}^A - A_{\lambda_2}^A$$

$$则 \quad c_A = \frac{\Delta A}{(\varepsilon_{\lambda_1}^A - \varepsilon_{\lambda_2}^A) \times l} = \frac{\Delta A}{\Delta E^A \times l}$$

本实验利用上述原理测定复方磺胺甲噁唑片的含量。复方磺胺甲噁唑片每片含有磺胺甲噁唑(sulfamethoxazole,SMZ)0.4 g 和甲氧苄啶(trimethoprim,TMP)0.08 g。在 0.4% NaOH 溶液中,SMZ 和 TMP 对照品的紫外吸收光谱如图 24-1 所示。SMZ 的最大吸收波长约为 257 nm,而在 TMP 吸收光谱上与 257 nm 处吸光度相等的波长约为 304 nm,因此,可以通过实验选定 257 nm 和 304 nm 为两个测定波长 λ_1 和 λ_2,再用已知浓度的 SMZ 对照品溶液在 λ_1 和 λ_2 处测定吸光度,计算 ΔA 和比例常数 ΔE,即可用于测定 SMZ 的含量。《中国药典》规定复方磺胺甲噁唑片中 SMZ 的标示量(w)应为 90.0%～110.0%。

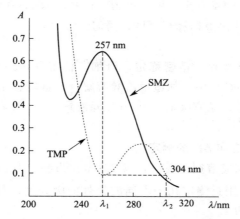

图 24-1　SMZ 和 TMP 在 0.4% NaOH 溶液中紫外吸收光谱

计算公式如下：

$$\Delta E_{\mathrm{SMZ}} = \frac{A_{\lambda_1}^{\mathrm{SMZ}} - A_{\lambda_2}^{\mathrm{SMZ}}}{c_{\mathrm{SMZ}}} \tag{24-1}$$

$$c_{样} = \frac{A_{\lambda_1}^{样} - A_{\lambda_2}^{样}}{\Delta E_{\mathrm{SMZ}}} (\mathrm{g \cdot 100\ mL^{-1}}) \tag{24-2}$$

$$w_{\mathrm{SMZ}} = \frac{测得量(\mathrm{g \cdot 平均每片^{-1}})}{标示量\ (\mathrm{g \cdot 每片^{-1}})} \times 100\%$$

$$= \frac{\dfrac{c_{样} \times 100}{2}}{m_{\mathrm{s}}(\mathrm{g})} \times \frac{平均片重(\mathrm{g})}{标示量(\mathrm{g \cdot 每片^{-1}})} \times 100\%$$

$$= \frac{c_{样} \times 100}{m_{\mathrm{s}}(\mathrm{g}) \times 2} \times \frac{平均片重(\mathrm{g})}{标示量(\mathrm{g \cdot 每片^{-1}})} \times 100\% \tag{24-3}$$

三、仪器与试剂

1. 仪器

紫外-可见分光光度计；1 cm 石英比色皿；烧杯（100 mL）；容量瓶（100 mL）；吸量管（5 mL）。

2. 试剂

SMZ 对照品；TMP 对照品；复方磺胺甲噁唑片；无水乙醇（A. R.）；NaOH 溶液（0.4%）。

四、实验内容

1. SMZ 对照品溶液的配制

精密称取约 50 mg 105℃干燥至恒重的 SMZ 于小烧杯中，加适量乙醇溶解，定量转移至 100 mL 容量瓶中，加乙醇稀释至刻度，摇匀。精密吸取 2.00 mL 上述溶液，置 100 mL 容量瓶中，用 0.4% NaOH 溶液稀释至刻度，摇匀。

2. TMP 对照品溶液的配制

精密称取约 10 mg 105℃干燥至恒重的 TMP 于小烧杯中，加适量乙醇溶解，定量转移至 100 mL 容量瓶中，加乙醇稀释至刻度，摇匀。精密吸取 2.00 mL 上述溶液，置 100 mL 容量瓶中，用 0.4% NaOH 溶液稀释至刻度，摇匀。

3. 供试品溶液的配制

取 10 片复方磺胺甲噁唑片，精密称定，研细，精密称定适量粉末（约相当于 50 mg SMZ 与 10 mg TMP）于小烧杯中，加适量乙醇溶解，定量转移至 100 mL 容量瓶中，加乙醇稀释至刻度，摇匀。过滤，精密吸取 2.00 mL 滤液置 100 mL 容量瓶中，用 0.4% NaOH 溶液稀释至刻度，摇匀。

4. SMZ 测定波长的选定和 ΔE 的测定

在分光光度计上，以相应溶剂为空白，以 257 nm 为测定波长 λ_1，测定 SMZ 对照品溶液的吸光度，并在 304 nm 附近测定几个不同波长处的吸光度。找出吸光度与 λ_1 处吸光度相等时所对应的波长，即为 λ_2。

若用双波长仪器，则只需要将 SMZ 对照品溶液置光路中，固定一个单色器的波长于 λ_1 处，用另一单色器作波长扫描即可找到 λ_2。

同法，在 λ_1 和 λ_2 处分别测定 SMZ 对照品溶液的 $A_{\lambda_1}^{SMZ}$ 和 $A_{\lambda_2}^{SMZ}$，按式（24-1）计算 ΔE。

5. 复方磺胺甲噁唑片剂中 SMZ 含量的测定

在 λ_1 和 λ_2 处分别测定供试品溶液的吸光度 $A_{\lambda_1}^{样}$ 和 $A_{\lambda_2}^{样}$，按式（24-2）计算供试品中 SMZ 的浓度，并按式（24-3）计算复方磺胺甲噁唑片剂中 SMZ 的标示量。

五、注意事项

1. 注意药物是否完全溶解。

2. 使用比色皿时，应拿毛玻璃两面，切忌用手拿捏透光面，以免沾上油污。使用完毕后，及时用测定溶剂洗净，再用蒸馏水冲净，并用吸水纸擦干，放入比色皿盒中，防尘放置。

3. 为使比色皿中测定溶液与待测溶液的浓度一致，需用待测溶液荡洗比色皿 2～3 次。

4. 比色皿内所盛溶液以比色皿高的 2/3 为宜。溶液过满可能溢出，使仪器受损；溶液过少，测定过程中光照不到溶液，使得测定结果有误。

5. 实验过程中，每改变一次测定波长，就需要用空白试剂和挡光位置重新调节透光率，使其分别为 100% 和 0%，然后再进行样品吸光度的测定。

六、思考题

1. 在双波长分光光度法测定中，如何选择适当的测定波长和参比波长？

2. 在选择实验条件时，是否应考虑赋形剂等辅料的影响？

3. 能否采用双波长分光光度法测定复方磺胺甲噁唑片中甲氧苄啶的含量？如果可行，试设计测定方法。

附：分光光度计使用方法

1. 使用仪器前，应先了解仪器的结构和工作原理，以及各个操作旋钮的功能。检查仪器的安全性，各个调节旋钮的起始位置应该正确，然后再接通

分光光度计
的使用

电源开关。开启电源，指示灯亮，仪器预热 20 min。

2．根据测定波长，调节波长旋钮，使波长显示窗显示所需波长值。

3．打开样品室盖，将盛有溶液的吸收池分别插入吸收池槽中，盖上样品室盖。

4．按"Mode（方式选择）"键选择透光率方式，利用挡光位置，按"0％T"键调透光率为零。

5．将空白溶液推或拉入光路中，按"100％T"调透光率为100％。再将被测溶液推或拉入光路中，按"Mode（方式选择）"键选择吸光度方式。此时显示器上所显示的数据即为被测样品的吸光度 A。

参考文献

［1］ 邸欣．分析化学实验指导［M］．北京：人民卫生出版社，2016．
［2］ 严拯宇，杜迎翔．分析化学实验与指导［M］．北京：中国医药科技出版社，2015．

（岑瑶）

实验二十五

可见分光光度法测定水中微量铁含量

一、实验目的

1. 掌握用分光光度法测定铁的基本原理和方法。
2. 学会分光光度计的使用方法。
3. 学习制作吸收曲线和选择适当测定波长。
4. 掌握利用标准曲线法进行定量分析的操作与数据处理方法。

二、实验原理

物质对光的吸收遵循 Lambert-Beer 定律，即当一定波长的单色光通过某物质的溶液时，溶液的吸光度 A 与该物质的浓度 c 及溶液厚度 l 之间成正比，其数学表达式为：

$$A = -\lg T = -\lg \frac{I_t}{I_0} = Kcl \tag{25-1}$$

式中，A 为吸光度；T 为透光率；I_t 为透过光的强度；I_0 是入射光的强度；l 为溶液的厚度；c 为待测物质的浓度；K 为吸收系数。一定温度下，当入射光波长 λ 及溶液厚度 l 一定时，在一定浓度范围内，该物质的吸光度 A 与该物质的浓度 c 成正比。

实验过程中，通常选择在最大吸收波长（λ_{max}）处进行测定。以适当浓度的溶液在不同波长处测定其吸光度，以波长 λ 为横坐标，吸光度 A 为纵坐标，逐点描画成吸收曲线。在吸收曲线上找出吸光度最大值所对应的波长即为最大吸收波长 λ_{max}。

在最大吸收波长处测定一系列已知准确浓度的某物质的吸光度，以吸光度 A 为纵坐标、浓度 c 为横坐标绘制标准曲线。然后根据待测试样的吸光度，由标准曲线就可以求得待测试样的浓度。

含有微量铁的溶液近乎无色，几乎不吸收可见光，所以在测定之前需加入合适的显色剂，与铁定量反应生成有色配合物后，用可见分光光度法进行含量测定，从而来提高测定的灵敏度和选择性。磺基水杨酸和邻二氮菲是微量铁含量测定时常用的两种显色剂，均适用于含铁量在 5% 以下的样品测定。

磺基水杨酸与 Fe^{3+} 可以形成稳定的配合物，溶液 pH 的不同时，形成配合物的组成和颜色会有所不同。在 pH $9 \sim 11.5$ 的溶液中，Fe^{3+} 与磺基水杨酸反应生成三（磺基水杨酸）合铁（Ⅲ），配合物显黄色。本实验中

磺基水杨酸

采用 NH_3-NH_4Cl 缓冲溶液控制溶液的 pH 值，反应方程式如下：

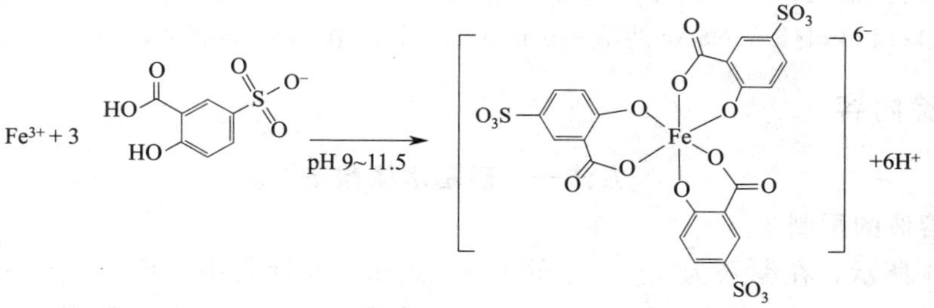

Ca^{2+}、Mg^{2+}、Al^{3+} 等金属离子与磺基水杨酸能生成无色配合物，在显色剂过量时，并不干扰测定。Cu^{2+}、Co^{2+}、Ni^{2+}、Cr^{3+} 等离子大量存在时则会干扰测定，可用 EDTA 掩蔽或经分离除去。F^-、NO_3^-、PO_4^{3-} 等阴离子对测定无影响。由于 Fe^{2+} 在碱性溶液中易被氧化，所以本法所测定的铁实际上是溶液中铁 Fe(Ⅲ)、Fe(Ⅱ) 的总含量。

邻二氮菲是另一种测定微量铁较好的试剂。在 pH 为 3～9 的溶液中，邻二氮菲与 Fe^{2+} 生成极稳定的橙红色配位化合物，该配位离子 $\lg K_{稳} = 21.3$，使得铁离子能定量转变为三（邻二氮菲）合铁（Ⅱ）配离子。该配离子在其最大吸收波长 508 nm 附近有强吸收，摩尔吸收系数高达 10^4，测定灵敏度高。其反应如下：

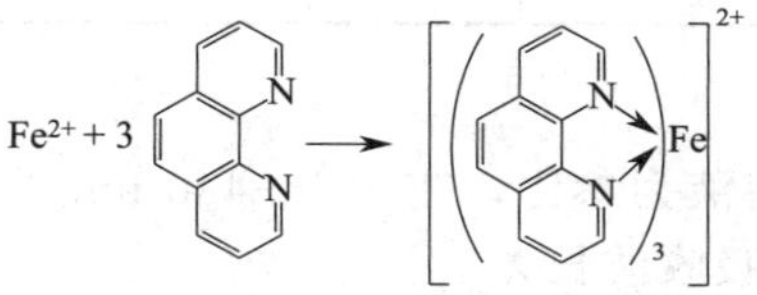

测定试样中 Fe^{3+} 浓度时，可先用盐酸羟胺还原生成 Fe^{2+}，然后再加邻二氮菲进行显色反应。Fe^{3+} 与盐酸羟胺的反应如下：

$$2Fe^{3+} + 2NH_2OH \cdot HCl = 2Fe^{2+} + N_2 \uparrow + 4H^+ + 2H_2O + 2Cl^-$$

为保证配合物的稳定性和 Fe^{2+} 与邻二氮菲的定量反应，需加入醋酸钠，与溶液中的盐酸反应后组成 HAc-NaAc 缓冲溶液，维持溶液 pH 值在 4～5 之间。

本方法的选择性高，相当于含铁量 40 倍的 Sn^{2+}、Al^{3+}、Ca^{2+}、Mg^{2+}、Zn^{2+}、SiO_3^{2-}；20 倍的 Cr^{3+}、Mn^{2+}、V^{5+}、PO_4^{3-}；5 倍的 Co^{2+}、Cu^{2+} 等均不干扰测定。

三、仪器与试剂

1. 仪器

方法一：容量瓶（50 mL×7）；移液管（5 mL×1）；吸量管（5 mL×2，10 mL×1）；洗耳球；可见分光光度计；1 cm 比色皿。

方法二：容量瓶（50 mL×7，100 mL×1）；吸量管（10 mL×1，5 mL×4）；移液管（10 mL×1）；量筒（5 mL×1）；洗耳球；可见分光光度计；1 cm 比色皿。

2. 试剂

方法一：1.00 mmol·L^{-1} Fe^{3+} 标准溶液；10% 磺基水杨酸；pH＝10.00 的缓冲溶液；蒸馏水；待测试样。

方法二：标准铁溶液（100 μg·mL^{-1}）；即准确称取 0.8634 g $NH_4Fe(SO_4)_2 \cdot 12H_2O$ 置于

烧杯中，加入 20 mL HCl 溶液（6 mol·L^{-1}）和少量水，溶解后，转移至 1000 mL 容量瓶中，用水稀释至刻度，摇匀；0.15％邻二氮菲水溶液（新鲜配制，避光保存）；10％盐酸羟胺水溶液（新鲜配制）；1 mol·L^{-1}NaAc 溶液；6 mol·L^{-1}HCl 溶液；蒸馏水；待测试样。

四、实验内容

方法一　磺基水杨酸法

1. 标准溶液的配制

如表 25-1 所示，在编号为 1～6 号的 6 个 50 mL 容量瓶中，用吸量管分别加入 0.00 mL、1.00 mL、2.00 mL、3.00 mL、4.00 mL 和 5.00 mL Fe^{3+} 标准溶液（1.00 mmol·L^{-1}），接着分别加入 4.00 mL 10％磺基水杨酸，摇匀，得红色溶液。再分别加入 10.00 mL pH＝10.00 的缓冲溶液，用蒸馏水稀释至刻度，摇匀。

表 25-1　标准溶液的配制和吸光度测定

试剂	1	2	3	4	5	6
Fe^{3+} 标准溶液/mL	0.00	1.00	2.00	3.00	4.00	5.00
10％磺基水杨酸/mL	4.00					
pH＝10.00 的缓冲液/mL	10.00					
蒸馏水	定容至 50.00 mL，摇匀					
溶液中 Fe^{3+} 的浓度/mmol·L^{-1}						
吸光度 A						

2. 确定最大吸收波长 λ_{max}

用 1 cm 比色皿，以 1 号溶液为参比，在 400～440 nm 处测定 4 号溶液的吸光度，按表 25-2 记录实验结果，找出最大吸收波长 λ_{max}。

表 25-2　吸收曲线的测定（1）

λ/nm	400	405	410	412	414	416	418	420
A								
λ/nm	422	424	426	430	432	434	436	440
A								

3. 绘制标准曲线

在所选定的 λ_{max} 下，以 1 号溶液为参比，测定 2～6 号各溶液的吸光度，将测定结果填入表 25-1。以溶液中 Fe^{3+} 的浓度（mmol·L^{-1}）为横坐标，吸光度 A 为纵坐标，参照"五、数据处理"用 Excel 软件绘制标准曲线，求得线性方程和相关系数 r。

4. 待测试样含铁量的测定

在编号为 7 号的 50 mL 容量瓶中，用移液管加入 5.00 mL 待测试样，再依次加入 4.00 mL 10％磺基水杨酸、10.00 mL pH＝10.00 的缓冲液，并用蒸馏水稀释至刻度，摇匀。在选定的 λ_{max} 处，测定所配制待测溶液的吸收度 A_x。代入所得标准曲线方程，求出所配溶液中微量铁的浓度，最后根据配制溶液时的稀释倍数算出试样中微量铁的物质的量浓度。

方法二　邻二氮菲法

1. 标准曲线的制作

用移液管吸取 10.00 mL 标准铁溶液（100 μg·mL^{-1}）于 100 mL 容量瓶中，加入 2.00

mL HCl 溶液（6 mol·L^{-1}），用水稀释至刻度，摇匀，配制成 10 μg·mL^{-1} 的铁标准储备液。

在编号为 1～6 号的 6 只 50 mL 容量瓶中，用吸量管分别加入 0.00 mL、2.00 mL、4.00 mL、6.00 mL、8.00 mL、10.00 mL 铁标准储备液（10 μg·mL^{-1}），再分别加入 1.00 mL 10％盐酸羟胺溶液，摇匀，静置 2 min。再加入 2.00 mL 0.15％邻二氮菲溶液和 5.00 mL NaAc 溶液（1 mol·L^{-1}），用水稀释至刻度，摇匀。

用 1 cm 比色皿，以 1 号溶液为参比，在 500～520 nm 处每隔 2 nm 测定 4 号溶液的吸光度，按表 25-3 记录实验结果，找出最大吸收波长 λ_{max}。

表 25-3　吸收曲线的测定（2）

λ/nm	500	502	504	506	508	510	512
A							

λ/nm	514	516	518	520
A				

在所选定的 λ_{max} 下，以 1 号溶液为参比，测定 2～6 号各溶液的吸光度。以溶液中 Fe^{3+} 的浓度（μg·mL^{-1}）为横坐标，吸光度 A 为纵坐标，用 Excel 软件绘制标准曲线，求得线性方程和相关系数 r。

2. 待测试样含铁量的测定

用移液管准确吸取 5.00 mL 待测试样，置于 50 mL 容量瓶中，编号为 7 号。按上述制备标准曲线的方法配制溶液并测定其在选定 λ_{max} 的吸光度 A_x。根据测得的吸光度，用标准曲线法算出试样中微量铁的浓度（μg·mL^{-1}）。

五、数据处理

1. 用最小二乘法求出回归直线方程及相关系数（Excel 应用程序）：

（1）打开 Microsoft Excel 应用程序，将铁标准溶液的浓度 c（mmol·L^{-1} 或 μg·mL^{-1}）输入表格中 A 栏，吸光度 A 输入 B 栏。

（2）绘制 A-c 标准曲线：选中 A、B 栏中的数据→【插入】→【图表】→XY 散点图→散点图。鼠标点击图中任意一个点，单击，选择"添加趋势线"，在弹出的对话框中，"类型"选中线性（L），"选项"选中显示公式、显示 R 平方值，点【关闭】完成。

（3）添加横纵坐标轴标题：单击"图表工具-设计"选项卡（或鼠标点击图中任意一个点），单击"添加图表元素"按钮，在展开的列表中选中"轴标题"，然后编辑相应的横坐标和纵坐标轴标题。

（4）记录回归直线方程和 R^2 值，计算相关系数 r，并确定线性范围。

2. 根据试样测得的吸光度 A_x，代入标准曲线方程，乘以稀释倍数后算出试样中微量铁的含量（mmol·L^{-1} 或 μg·mL^{-1}）。

六、注意事项

1. 每台仪器所配套的比色皿要配对，不能与其他仪器比色皿单个调换。

2. 比色皿包括两个光面（光线通过）和两个毛面；拿取比色皿时，用手捏住比色皿的毛面，切勿触及透光面，以免透光面被沾污或磨损。

3. 待测液以倒入比色皿高度的 2/3～3/4 处为宜；比色皿外壁的液体应用吸水纸吸干后再垂直放入样品室进行测定。

4. 清洗比色皿一般用蒸馏水冲洗，若比色皿被有机物污染时，宜用盐酸-乙醇混合液浸泡片刻，再用水冲洗。不能用碱液或强碱性洗涤液清洗，也不能用毛刷刷洗，以免损伤比色皿。

七、思考题

1. 在吸光度的测量中，为了减小测量误差，应控制吸光度在什么范围内？

2. 配制标准系列溶液时加入试剂的顺序是什么？为什么？

3. 为什么要选用 λ_{max} 处测定吸光度？

4. 实验过程中加缓冲溶液的目的是什么？

5. 为什么待测溶液与标准溶液的测定条件要相同？

附：721E 型可见分光光度计（图 25-1）的使用方法

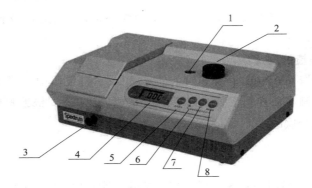

图 25-1　721E 型可见分光光度计

1—波长刻度窗；2—波长手轮；3—比色皿架拉杆；4—显示屏；5—Mode 按钮；
6—100%T 按钮；7—0%T 按钮；8—Print 按钮

1. 使用仪器前，应了解本仪器的结构和工作原理，以及各个操作旋钮的功能。

2. 接通电源，打开仪器背后电源开关，指示灯亮，仪器预热 20 min。

3. 转动波长手轮，将波长调至测试用波长。

4. 观察比色皿架杆所处位置与比色槽位的对应关系。比色皿架有四个槽位（对光位置），拉杆向里推到底时处在槽位 1，往外拉动 1 档为挡光位置，后续依次为槽位 2、槽位 3 和槽位 4。

5. 打开样品室盖，将盛有参比溶液和待测溶液的两个比色皿分别垂直插入比色槽位 1 和槽位 2 中，盖上样品室盖。让参比溶液处在光路中，按"方式设定"键"MODE"选择透光率 T 方式，按"100.0%T"键调透光率为 100%，此时显示屏显示"BLA"直至显示"100.0"为止。

6. 让比色皿架处于挡光位置，检查透光率是否显示为 0.00。若不是，则按"0%T"键调透光率为 0；然后再次将参比溶液推或拉入光路中，若仍能显示 100.0，即可按步骤 7 测定待测样品的吸光度。若不能，按步骤 5 重新调 100%T，确保参比溶液在光路中时，透光率为 100％；挡光位置在光路中时，透光率为 0％。

7. 将待测溶液推或拉入光路中，按下"MODE"键选择吸光度 A 方式，此时显示屏上所显示的数据即为待测样品的吸光度。

8. 实验过程中，一旦改变测定波长，就需按步骤 5 和步骤 6 重新调 100％T 和 0％T，然后测定待测样品的吸光度 A。

9. 测试结束，及时将样品室中的比色皿取出，将拉杆向里推到底，关闭仪器和电源。

参考文献

[1] 马全红，邱凤仙．分析化学实验［M］．南京：南京大学出版社，2009.

[2] 胡琴，祁嘉义．基础化学实验（双语教材）［M］．2 版．北京：高等教育出版社，2017.

（杨旭曙，杨静）

实验二十六

红外分光光度法测定苯甲酸和苯甲醇的结构

一、实验目的

1. 掌握红外分光光度法的基本原理。
2. 熟悉固体样品和液体样品的测定。
3. 了解傅立叶变换红外光谱仪的结构及操作方法。

二、实验原理

在化合物分子中，具有相同化学键的基团，其基本振动频率吸收峰（简称基频峰）基本上出现在同一频率区域内。但在不同化合物分子中因所处的化学环境不同，同一类型基团的基频峰频率会发生一定移动。掌握各种基团基频峰的频率及其位移规律，就可应用红外吸收光谱来确定有机化合物分子中存在的基团及其在分子结构中的相对位置。因此，同一化合物应有相同的红外吸收光谱图；不同化合物由不同的基团组成，因此有不同的振动形式和频率，得到的红外吸收光谱也不同，可以通过它们的红外吸收光谱进行定性鉴别和结构分析。

三、仪器与试剂

1. 仪器

布鲁克 TENSOR 27 型傅里叶变换红外光谱仪（FT-IR）；压片机；玛瑙研钵。

2. 试剂

苯甲酸（药用）；苯甲醇（药用）；溴化钾（光谱纯）；95％乙醇（分析纯）。

四、实验内容

1. 苯甲酸红外吸收光谱的测绘

(1) 压片法制备样品 取约 1 mg 干燥的苯甲酸试样，置于洁净干燥的玛瑙研钵中，加入约 200 mg 在 110℃下干燥 48 h 以上并保存在干燥器内的溴化钾粉末，研磨成均匀的粉末。将研磨好的物料转移到模腔内底膜面上并用小扁勺将混合物铺平，中心稍高，小心放入顶膜，将样品压平，并轻轻转动几下，使粉末分布均匀，装好模具，置油压机上，加压至 25～30 MPa，维持约 1 min。取出模具，制得一均匀透明的晶片（厚度约为 0.5～1 mm）。

（2）红外光谱测试　从模具中小心取出晶片，将此晶片装于样品架上，用夹具夹好，置于 FT-IR 的样品池处，即可从 $400 \sim 4000\ \text{cm}^{-1}$ 扫描样品，绘制其红外光谱图。在测定样品之前，需压一空白 KBr 晶片作为背景，采集背景吸收。

2. 苯甲醇红外吸收光谱的测绘

（1）液体池法　将液体样品注入固定密封液体池或装入可拆卸式液体池内，置光路中测定。通常将样品制成 $1\% \sim 10\%$ 溶液以 $0.1 \sim 0.5\ \text{mm}$ 厚液体池测定，用溶剂作为背景。一般液体试样及有合适溶剂的固体试样均可采用液体池法。最常用的溶剂有四氯化碳、二硫化碳、氯仿、环己烷等，对于某些难溶性高聚物或其他化合物多采用四氢呋喃、吡啶、二甲基甲酰胺等溶剂溶解。

（2）夹片法　取两片空白 KBr 晶片，将适量液体滴在一片上，再盖上另一片，装入样品架中夹紧，置于光路中测定。

3. 数据处理

（1）在试样的红外吸收光谱图上，标出各吸收峰的波数，并确定其归属。

（2）比较苯甲酸和苯甲醇红外吸收光谱的异同。

五、注意事项

1. 制得的晶片必须无裂痕，局部无发白现象，如同玻璃般透明，否则应重新制作。晶片局部发白，表示晶片厚薄不匀；晶片模糊，表示吸潮。

2. 溴化钾极易受潮，样品研磨应在低湿度环境中或在红外灯下进行。

3. 制样过程中，加压抽气时间不宜太长；真空要缓缓除去，以免晶片破裂。

4. 样品要干燥，不应含有水分，水也在红外区产生吸收，会干扰样品谱图。

5. 实验结束后，用乙醇将玛瑙研钵、模具、样品架等洗净，红外灯下烘干后，存放于干燥器中。

6. 使用液体池时，需注意窗片的保护，测定后，用适宜的溶剂彻底冲洗后保存在干燥器中。

7. 使用可拆卸式液体池时，在操作中注意不要形成气泡。

8. 在解释红外吸收光谱时，一般从高波数到低波数，但不必对谱图的每一个吸收峰都进行解释，只需指出各基团的特征吸收即可。

六、思考题

1. 试比较红外吸收光谱和紫外吸收光谱的异同点。

2. 红外光谱定性分析的基本依据是什么？简要叙述红外光谱定性分析的过程。

3. 测定红外吸收光谱时对样品有何要求？

附：布鲁克 TENSOR 27 型傅里叶变换红外光谱仪操作步骤

1. 开启电脑，运行 OPUS 操作软件。点击"Measurement"下拉菜单下的"Advanced"，建立文件名和保存路径，设定分辨率（Resolution）、扫描次数（Scan time）、光谱测试范围（Save data form）和谱图显示形式（Result spectrum）等测试条件，若没有特殊要求，可采用默认值。

红外吸收
光谱的测绘

2. 点击"Measurement"下拉菜单下的"Basic"，进入测试页面。在样品室中放入空白 KBr 晶片，关好仓门。点击"Collect Background"即可采集背景谱。数据采集结束后，显示"No Active Task"。

3. 背景采集完成后，取出空白 KBr 晶片，在样品室中放入样品晶片，关好仓门。在测试对话窗口中输入样品名（Sample Name）、样品形态（Sample Form），点击"Collect Sample（采样）"，测试对话窗口即消失，并进入谱图窗口（Display Window）。测量结束后，谱图会显示在谱图窗口中。

4. 谱图处理。在谱图处理窗口中，可进行基线校正、标峰、透射率与吸光度的转化，谱图平滑等操作，可根据实验需要在软件界面上点选相应的功能键完成。

5. 谱图保存，输出或打印。

6. 退出软件，关闭电脑。

参考文献

李云兰，信建豪.分析化学实验［M］.武汉：华中科技大学出版社，2020.

（魏芳弟）

实验二十七

荧光法测定维生素 B₂ 片的含量

一、实验目的

1. 掌握荧光法测定维生素 B_2 片含量的原理与方法。
2. 熟悉激发光谱和发射光谱的绘制方法。
3. 了解荧光分光光度计的使用方法。

二、实验原理

维生素 B_2，又称核黄素，是橘黄色无臭的针状晶体，易溶于水而不溶于乙醚等有机溶剂，在中性或酸性溶液中稳定，光照易分解，对热稳定。其结构如图 27-1 所示。

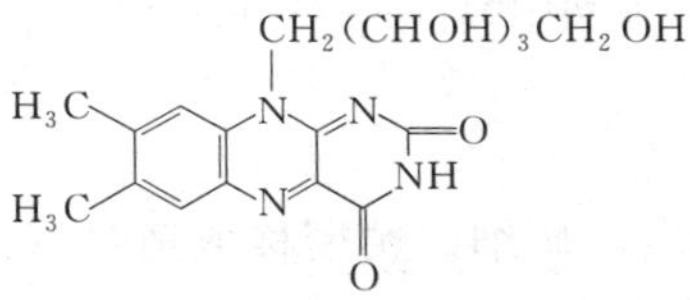

图 27-1　维生素 B_2 的结构式

由于其母核上存在共轭双键，具有刚性结构，维生素 B_2 是一种强荧光物质。图 27-2 是维生素 B_2 的激发光谱和发射光谱。在 $440\sim460$ nm 蓝光的照射下，维生素 B_2 会发射绿色荧光，荧光峰在 535 nm 附近。在 pH＝$6\sim7$ 的溶液中，其荧光强度最大，而且荧光强度与维生素 B_2 的浓度呈线性关系，因此可以用荧光分析法测定维生素 B_2 的含量。

三、仪器与试剂

1. 仪器

HITACHI F-4600 型荧光分光光度计；研钵；分析天平（0.1 mg）；容量瓶（50 mL×7，100 mL×2，1000 mL×1）；移液管（10 mL）；吸量管（5 mL×2）；滤瓶；漏斗；滤纸。

2. 试剂

乙酸溶液（1％水溶液）；维生素 B_2 对照品；维生素 B_2 片。

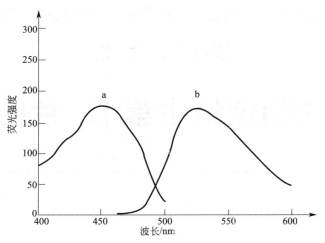

图 27-2 维生素 B_2 的激发光谱（a）和发射光谱（b）

四、实验内容

1. 标准系列溶液的配制

（1）标准贮备液（10 μg·mL^{-1}）的配制 精密称取 10 mg 维生素 B_2 对照品于小烧杯中，加 1% 乙酸溶液使其溶解后，定量转移入 1000 mL 容量瓶中，用 1% 乙酸溶液稀释至刻度，摇匀。

（2）标准系列溶液的配制 在 6 个 50 mL 容量瓶中，用吸量管分别加入 0.00 mL、1.00 mL、2.00 mL、3.00 mL、4.00 mL、5.00 mL 维生素 B_2 标准贮备液，用 1% 乙酸溶液稀释至刻度，摇匀。

2. 供试品溶液的制备

取 20 片维生素 B_2，精密称定，研细。精密称取适量（约相当于 10 mg 维生素 B_2），置 100 mL 容量瓶中，加 1% 乙酸溶液，振摇使其溶解，并用 1% 乙酸溶液定容，摇匀，过滤。弃去初滤液，精密量取 10 mL 续滤液置 100 mL 容量瓶中，加 1% 乙酸溶液稀释至刻度，摇匀。精密量取 3 mL 该溶液置 50 mL 容量瓶中，加 1% 乙酸溶液稀释至刻度，摇匀。

3. 测定

（1）分别测定维生素 B_2 系列标准溶液的荧光强度 F_s，并以维生素 B_2 标准溶液的浓度为横坐标，以 $F_s - F_0$ 为纵坐标，用 Excel 软件绘制标准曲线。

（2）测定供试品溶液的荧光强度 F_x，将 $F_x - F_0$ 代入回归方程，求得供试品溶液的浓度 c_x。

（3）按照式（27-1）计算样品中维生素 B_2 的标示量的含量：

$$\omega(C_{17}H_{20}N_4O_6) = \frac{c_x \times 50 \times 10^{-3}}{\frac{3}{100} \times \frac{10}{100} \times m(\text{样品})} \times \frac{m(\text{平均片量})}{m(\text{标示量})} \times 100\% \qquad (27\text{-}1)$$

$$M(C_{17}H_{20}N_4O_6) = 376.37 \text{ g·mol}^{-1}$$

五、注意事项

1. 标准贮备液应保存在冷暗处，备用。

2. 标准溶液的测定，要从稀到浓。

3. 激发波长和发射波长的选择，不同的仪器稍有差别。

六、思考题

1. 什么是激发光谱和发射光谱？如何绘制？

2. 根据维生素 B_2 的结构特点，进一步说明发射荧光的物质应具有什么样的分子结构？

3. 选择不同的激发波长对测定结果有影响吗？为什么？

荧光分光
光度计的使用

附：HITACHI F-4600 型荧光分光光度计操作步骤

1. 开机：开启计算机，打开仪器左后侧的电源开关。双击电脑桌面的 "FL-solution for F-4600"，进入工作站界面。仪器自检及初始化，监视器界面显示 "Ready"。

2. 将 2 号溶液盛装于样品池中，置于样品池槽中。

3. 点击右边工具栏的 "Method"，进入方法编辑窗口，进行扫描模式和参数的设定："Scan Mode"：Excitation；"Data Mode"：Fluorescence；"EM WL"：535 nm；"EX Start WL"：200 nm；"EX End WL"：700 nm；"Scan Speed"：1200 nm·min^{-1}；"EX Slit"：5.0 nm；"EM Slit"：5.0 nm；"PMT Voltage"：400 V。点击 "确定" 进行确认。

4. 点击 "Measure"，开始扫描激发光谱。扫描结束，保存。在激发光谱中找到最大激发波长 λ_{ex}。

5. 选择 λ_{ex} 作为激发波长，扫描发射光谱。步骤同 3，其中将 "Scan Mode" 设为 "Emission"，"EM Start WL" 设为 "200 nm"，"EM End WL" 设为 "700 nm"。扫描结束，保存。在发射光谱中找到最大发射波长 λ_{em}，并记录相应的荧光强度。

6. 从稀到浓，依次扫描标准系列溶液和供试品溶液的发射光谱，并记录在 λ_{em} 处的荧光强度。

7. 测量完毕，先通过工作站关闭氙灯，保持仪器通电 10 min 左右，待仪器充分散热后，关闭仪器。填写仪器使用记录。

8. 取出样品池，洗净，并将其浸泡于甲醇中。

参考文献

严拯宇，范国荣. 分析化学实验 [M]. 2 版. 北京：科学出版社，2014.

（魏芳弟）

实验二十八

乙醇和丙酮的气相色谱分离

一、实验目的

1. 掌握基线、保留时间、分配系数、容量因子、理论塔板数、拖尾因子、分离度等色谱法中的基本术语。
2. 掌握用已知物对照法定性的方法。
3. 熟悉岛津 GC-2014 气相色谱仪的操作规程。
4. 了解气相色谱仪的结构。

二、实验原理

药品中的残留有机溶剂是指在合成原料药、辅料或制剂生产过程中使用或产生的挥发性有机化学物质。目前，有机溶剂残留量普遍采用气相色谱法测定。乙醇和丙酮是合成药物过程中常用的有机溶剂，本实验通过气相色谱法进行乙醇和丙酮的分离。

丙酮是一种中等极性的化合物，其沸点 $56.5℃$，介电常数 ε 为 20.7；乙醇是带有一个羟基的饱和一元醇，沸点为 $78.4℃$，介电常数 ε 为 24.5，极性大于丙酮。这两种化合物极性差异较大，用中性固定液（OV-17，50％苯基甲基聚硅氧烷）进行分离时，极性大的乙醇先出峰，极性略小的丙酮后出峰，从而实现两者的分离。氢火焰离子化检测器（FID）对含碳类化合物有极强的响应，实验过程中采用 FID 作检测器。

已知物对照法是色谱分析中常用的定性方法，其原理是根据同一物质在相同色谱条件下保留行为相同来实现定性分析。在相同的操作条件下，分别测出已知物和未知试样的保留值，在未知试样色谱图中，对应于已知物保留值的位置上若有峰出现，则判定试样中可能含有此已知物组分，否则就不存在这种组分。该法在实际工作中是最常用的定性方法，对于已知组成的复方药物制剂和工厂的定性产品分析，尤为实用。

如果试样较复杂，峰间的距离太近，或操作条件不易控制，要准确测定保留值就有一定困难。此时最好将已知物加到未知试样中混合进样，若待定性组分峰比不加已知物时的峰高相对增大了，则表示原试样中可能含有该已知物的成分。有时几种物质在同一色谱柱上恰有相同的保留值，无法定性，则可用性质差别较大的双柱定性。若在这两根色谱柱上，该峰高都增加了，一般可认定是同一物质。

三、仪器与试剂

1. 仪器

岛津 GC-2014 气相色谱仪；SGH-500 高纯氢发生器；SGK-5LB 低噪音空气泵；GPI 气体净化器（色谱仪自带）；微量注射器（10 μL）；容量瓶（25 mL）；洗耳球。

2. 试剂

无水乙醇（A.R.）；丙酮（A.R.）；超纯水。

四、实验内容

1. 色谱条件

毛细管色谱柱为 OV-17（25 m×0.25 mm×0.33 μm）；柱温 40℃；进样口温度 100℃；FID 检测器；检测室温度 150℃；进样 1 μL，分流进样；载气、尾吹气为 N_2。

2. 溶液配制

(1) 乙醇标准液 精密量取 0.2 mL 无水乙醇，于 25 mL 容量瓶中，用水稀释至刻度，摇匀，备用。

(2) 混合液 精密量取无水乙醇、丙酮各 0.2 mL，于 25 mL 容量瓶中，用水稀释至刻度，摇匀，备用。

3. 测定

(1) 根据实验条件，按照仪器的操作步骤调节色谱仪，待基线平稳后，可进样分析。

(2) 依次分别吸取 1 μL 的乙醇标准液及混合液进样，记录各色谱图，各重复 3 次。

4. 结果处理

利用已知物对照法，对混合液中各组分进行定性分析，按表 28-1 进行数据记录和处理。

表 28-1 实验记录和结果处理

(1)实验仪器及条件	
GC 仪型号	
检测器类型 操作温度/℃	
色谱柱	
柱温/℃	
进样口温度/℃	
载气种类及其流速/mL·min^{-1}	
进样体积/μL	
是否分流进样 分流比	

(2) 实验结果及处理	保留时间（t_R）	理论塔板数（n）	拖尾因子	容量因子（k）	峰面积（A）	分离度（R）
乙醇-1						
乙醇-2						
乙醇-3						
混合样-1						
混合样-2						
混合样-3						
结论	混合物中哪个是乙醇，哪个是丙酮，为什么？ 两个组分是否达到基线分离？					

五、注意事项

1. 开机前检查气路系统是否有漏气，检查进样室硅橡胶密封垫圈是否需要更换。

2. 开机时，要先通载气，再升高气化室、检测室温度和柱温，为使检测室温度高于柱温，可先加热检测室，待检测室温度升至近设定温度时再升高柱温，关机前须先降温，待柱温降至室温，进样口、检测器温度降至 75℃ 以下时，才可关闭气相色谱仪主机，最后停止通载气。

3. 柱温、气化室和检测器的温度可根据样品性质确定。一般气化室温度比样品组分中最高的沸点再高 30～50℃ 即可。检测器温度大于柱温，为避免被测物冷凝在检测器上而污染检测器，检测器的温度必须高于柱温 30℃，并不得低于 100℃。

4. 用 FID 时，应关小空气流量和开大 H_2 流量，待点燃后，慢慢调整到工作比例。

5. 仪器基线平稳后，仪器上所有旋钮、按键不得乱动，以免色谱条件改变。

6. 使用 10 μL 注射器进样时，切记不要把针芯拉出针筒外。不要用手接触针芯，微量注射器的使用方法参见附注。

7. 微量注射器进样前应先用被测溶液润洗 5 次，吸取样品时，如有气泡，需要将气泡赶出。进样时切勿用力过猛，以免把针芯顶弯。实验结束后进样针用乙醇清洗至少 10 遍。

8. 为获得较好的精密度和色谱峰形状，进样时速度要快而果断，并且每次进样速度、留针时间应保持一致。

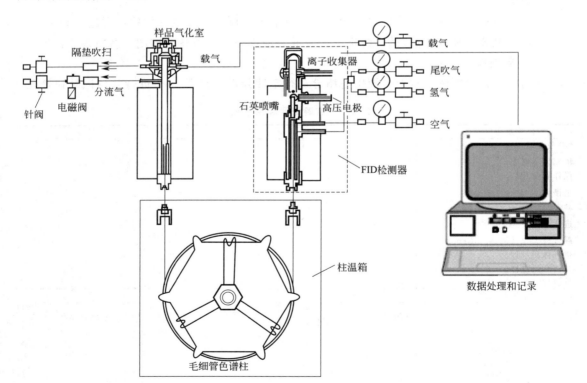

图 28-1　岛津 GC-2014 气相色谱仪示意

六、思考题

1. 为什么检测器的温度必须大于柱温？

2. 本实验中，用水作溶剂来配制待测样品，溶剂水会不会出峰，为什么？如果要用气相色谱法检测药物中的微量水分，应选用哪种类型的检测器？

3. 在本次 GC 实验中，采用毛细管色谱柱进行分离分析，该色谱柱柱型号为 OV-17（25 m×0.25 mm×0.33 μm），请说出其固定相的化学名称以及该柱的大致极性（非极性、弱、较弱极性、中等极性、极性），同时说明括号内数字的含义。

气相色谱仪的使用

4. 比较气相色谱法和高效液相色谱法在操作上的不同。

附：岛津 GC-2014 气相色谱仪示意图及其操作步骤

1. 岛津 GC-2014 气相色谱仪示意图

如图 28-1 所示，气相色谱仪一般由 5 部分组成：载气系统、进样系统、色谱柱系统、检测系统和记录系统。当采用毛细管色谱柱时，需要采用分流进样和使用尾吹气。载气由高压气瓶提供，经过减压阀调节到适当压力，再经净化干燥管除去杂质后，由流量调节器调节适当流量进入色谱柱，再经过检测器流出色谱仪。色谱柱是色谱仪的核心之一，具有分离功能。实验过程中采用毛细管气相色谱柱，由于毛细管柱内径细，固定液膜薄，因此其柱容量很小（一般所能承受的液体样品量为 $10^{-3} \sim 10^{-2}$ μL）。为了避免色谱柱超载，需用分流进样技术，即在气化室出口载气分成两路，绝大部分放空，极小部分进入色谱柱，这两部分的比例大小也称为分流比。一定温度下，待测样品经气化室气化后被载气带入色谱柱中进行分离。被分离后的各组分被载气携带进入 FID 检测器中，检测器将各组分的质量比的变化转变成电信号的变化并经放大后由记录仪绘制成色谱图。由于毛细管色谱柱内径小，载气流量小（常规为 1～3 mL·min^{-1}），不能满足检测器的最佳操作条件（一般检测器要求 20 mL·min^{-1} 的载气流量），需在色谱柱后增加一路载气（尾吹气）直接进入检测器，这样就可保证检测器在高灵敏度状态下工作。同时，经分离的化合物流出色谱柱后，可能由于管道体积的增大而出现严重的纵向扩散，从而引起谱带展宽，加入尾吹气后也消除了检测器的死体积的柱外效应。

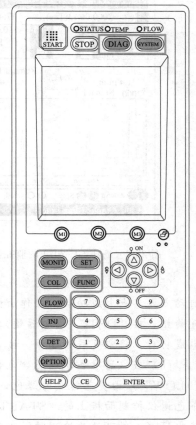

图 28-2　岛津 GC-2014
操作面板示意图

2. 岛津 GC-2014 气相色谱操作步骤

（1）接通电源。

（2）旋开载气（高纯氮 99.999%）钢瓶总阀开关，调节减压阀至 0.5～0.6 MPa。然后打开空气泵和氢气发生器开关。本实验中所用岛津 GC-2014 气相色谱仪自带气体净化器。

（3）打开岛津 GC-2014 气相色谱仪开关（仪器右侧下方），如图 28-2 所示，按操作面板上"SYSTEM"键，设置柱温、气化室温度、检测器温度。

设置柱温：按"COL"光标移动到"TEMP（温度）"栏，输入"40"，Enter。

设置气化室温度：按"INJ"光标移动到"TEMP（温度）"栏，输入"100"，Enter。

设置检测器温度：按"DET"光标移动到"TEMP（温度）"栏，输入"150"，Enter。

设置完毕后，按"SYSTEM"键，按"PF1"键（"START GC"功能键），仪器开始启动升温。

（4）按"MONIT"键，即可监控色谱仪状态和色谱运行情况。如图 28-3 所示，可以查看色谱运行过程中的各个参数，包括色谱柱柱温、进样口温度、检测器温度、流速等。也可以查看色谱峰的出峰情况。

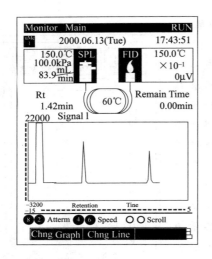

图 28-3　岛津 GC-2014 的监控显示屏　　　　图 28-4　气相色谱进样针的使用方法示意图

（5）调整气相色谱仪的氢气表头旋钮至 55 kPa，空气表头旋钮至 45 kPa，色谱仪器会自动点火。点火成功后，操作面板显示屏上"火苗"由虚变实。若自动点火失败，先调低空气旋钮，按"DET"（检测器键），再按"PF1"键（"IGNITE"键），可进行手动点火。点火成功后，将空气旋钮还原。按"MONIT"键，重新回到监控界面。

（6）当仪器准备就绪时，色谱仪控制面板最上方三个指示灯（"STATUS""TEMP""FLOW"）由黄色转变为绿色，可通过进样针进样检测（图 28-4）。进样完毕后，同时按下色谱仪控制面板上的"START"按钮和电脑工作站中的"采集"按钮。等待色谱峰完全流出后（一般可认为检测时间为最后一个样品保留时间的 1.5 倍时），按下色谱仪控制面板上的"STOP"按钮和电脑上工作站"停止采集"按钮，保存色谱图，记录组分相关参数，包括保留时间、拖尾因子、理论塔板数、分离度、峰面积等。

（7）实验全部结束后，先关闭工作站、空气泵、氢气发生器，按下色谱仪主机上"SYSTEM"按钮，按下"PF1"键（"STOP GC"），仪器开始自动降温。按"MONIT"键监测柱温、进样口温度和检测器温度，待柱温下降至常温，进样口、检测器温度下降到 75℃以下时，即可关闭气相色谱仪。

（8）关闭载气钢瓶总阀。

参考文献

[1]　岛津气相色谱 GC-2014 操作手册，日本岛津公司.

[2]　钟文英，王志群. 分析化学实验 [M]. 南京：东南大学出版社，2000.

[3]　张剑荣，余晓东，屠一锋，等. 仪器分析实验 [M]. 北京：科学出版社，2010.

（许贯虹）

实验二十九

对羟基苯甲酸酯类混合物的
反相高效液相色谱分析

一、实验目的

1. 掌握高效液相色谱保留值定性方法和归一化法定量方法。
2. 熟悉高效液相色谱仪的结构及操作规程。

二、实验原理

对羟基苯甲酸酯又称尼泊金酯，为常用的防腐剂之一，其抑菌范围广、作用强、用量少、毒性低、易配伍且防腐效果好，被广泛应用于各种食品保鲜防腐中。但是大量或不当使用防腐剂会对人体造成一定损害，如会有雌激素样作用，影响人的内分泌功能等。因此，中国、加拿大、日本和欧盟等许多国家和国际组织对食品中对羟基苯甲酸酯类防腐剂的使用都制定了添加限量。

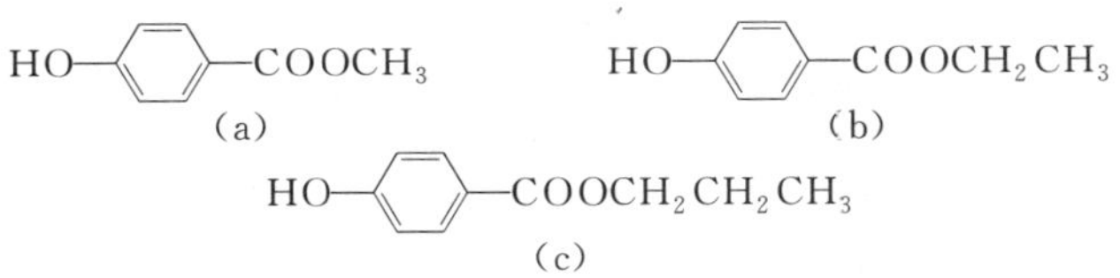

$$HO-\!\!\!\!\bigcirc\!\!\!\!-COOCH_3 \qquad HO-\!\!\!\!\bigcirc\!\!\!\!-COOCH_2CH_3$$
$$(a) \qquad\qquad\qquad (b)$$
$$HO-\!\!\!\!\bigcirc\!\!\!\!-COOCH_2CH_2CH_3$$
$$(c)$$

图 29-1 对羟基苯甲酸甲酯（a）、对羟基苯甲酸乙酯（b）和对羟基苯甲酸丙酯（c）的化学结构式

在对羟基苯甲酸酯中，常用的有对羟基苯甲酸甲酯、对羟基苯甲酸乙酯和对羟基苯甲酸丙酯（图 29-1），它们均属于中等极性的化合物，由于极性上略有差异，可采用反相液相色谱法进行分析。

本实验采用归一化法定量。当试样中所有组分全部出峰，组分与色谱峰数相符时，可以采用该法。计算公式如下：

$$c_i(\%) = \frac{f_i A_i}{\sum\limits_{i=1}^{n} f_i A_i} \times 100\% \tag{29-1}$$

若组分性质相近或对准确度要求不高时，可省略式（29-1）中的相对校正因子，此时称为面积归一化法：

$$c_i(\%) = \frac{A_i}{\sum\limits_{i=1}^{n} A_i} \times 100\%$$ (29-2)

三、仪器与试剂

1. 仪器

高效液相色谱仪（岛津 LC-20AT）；紫外检测器（SPD-20A）；色谱柱：十八烷基硅胶键合相（ODS柱）；HW-2000色谱工作站；微量注射器；过滤装置；超声波清洗器；分析天平（0.1 mg）；容量瓶（50 mL×3，25 mL×4）；吸量管（1 mL×3）；量筒（1000 mL×2）。

2. 试剂

对羟基苯甲酸甲酯（A.R.）；对羟基苯甲酸乙酯（A.R.）；对羟基苯甲酸丙酯（A.R.）；甲醇（色谱纯）；超纯水。

四、实验内容

1. 溶液的配制

（1）标准贮备液　称取对羟基苯甲酸甲酯、对羟基苯甲酸乙酯、对羟基苯甲酸丙酯各 25 mg，精密称定，分别置于三个 50 mL 容量瓶中，加适量甲醇溶解后，用甲醇稀释至刻度，配制成浓度约为 0.5 mg·mL^{-1} 的甲醇溶液。

（2）标准溶液　分别精密吸取 0.50 mL 上述三种标准贮备液到三个 25 mL 容量瓶中，用甲醇稀释至刻度，摇匀，配制成浓度为 10 μg·mL^{-1} 的三种酯类化合物的甲醇溶液。

（3）混合液　分别精密吸取上述三种标准贮备液各 0.50 mL，置于同一个 25 mL 容量瓶中，用甲醇稀释至刻度，摇匀，配制成浓度为 10 μg·mL^{-1} 的酯类混合物的甲醇溶液。

2. 流动相的配制

分别量取 550 mL 色谱纯甲醇、450 mL 超纯水，分别过滤后，混合，超声脱气，配制成 1000 mL 的混合液（体积比为 55：45）。

3. 色谱条件

高效液相色谱仪：岛津 LC-20AT

色谱柱：十八烷基硅胶键合相（ODS柱，15 cm×4.6 mm 或 25 cm×4.6 mm）

流动相：甲醇-水（55：45）

流速：1.0 mL·min^{-1}

检测波长：254 nm

柱温：室温

进样量：20 μL

4. 仪器操作步骤

（1）开机

① 打开高效液相色谱仪各功能元件电源，打开电脑。

② 打开软件 Labsolution，点击"确定"，双击"LC-20AT"，跳出窗口，显示"正在连接，请稍候"，当听到色谱仪发出"嘀"的声音，表示软件和仪器连接成功。

高效液相色谱仪的使用

③ 检查液相储液瓶 A、B 内的液体〔A 瓶中为水相，B 瓶中为甲醇（或其他有机溶剂），注意观察液面〕。

④ 换淋洗剂排气泡：旋开"Drain"旋钮（逆时针约 45°）后，按 LC-20AT 上的"Purge"键，稍等片刻，仪器显示"Purging Line"，约 1 min 后自动结束。观察管道中气泡是否除尽。之后顺时针旋紧"Drain"旋钮。

(2) 设置分析参数　点击软件左侧"仪器参数显示/隐藏"，点击"高级"（界面下半部分），设置以下参数：

① 点击"时间程序"，目标物不同设定的时间不同，需要检查界面是否还有其他已经设置的指令，如有，则删除。

时间/min	单元	处理命令	值
0.01	泵	B. Conc	55
15	泵	B. Conc	55
15.01	控制器	Stop	

② 检查"数据采集时间"，LC 时间程序及 LC 结束时间、数据采集结束时间与上一步所设置时间是否一致（15.01 min）。

③ 泵模式——二元高压梯度，总流速 1.0 mL·min^{-1}，泵 B 浓度 55%（根据分析条件设置）。压力限制最大为 25.0 MPa；最小为 0.0 MPa。

④ 检测器 A——灯 D2，波长 254 nm（根据分析条件设置）。

⑤ 柱温箱——柱温箱温度 40℃（根据分析条件设置），注意需要勾选"柱温箱"，最高温度 90℃。

(3) 建立方法文件　参数设置完毕后，依次点击"文件"——→"方法文件另存为"（选文件夹，文件名），随后点击"下载"。

若已有方法文件（已保存），点击"打开方法文件"调取，再点击"下载"。

(4) 样品分析

① 点击"单次分析开始"，选路径，修改样品名及数据文件保存位置（可写上全名进行命名以示区别），此时左上角显示"LC 等待柱温箱稳定"，等待片刻，左上角文字变至"等待开始信号输入"后，点击"开始"，此时会出现基线，并显示"LC 正在分析"。

② 色谱仪开始工作，压力逐渐上升，待压力和基线平稳后，重新根据目标物的保留时间设置方法〔类似（2）中设置参数方法，对羟基苯甲酸甲酯的保留时间约为 6 min，对羟基苯甲酸乙酯的保留时间约为 10 min，对羟基苯甲酸丙酯和混合样的保留时间约为 15 min〕。点击"单次分析开始"，选路径，修改样品名及数据文件保存位置，电脑跳出"等待开始信号输入"后，此时无须点击"开始"，准备进样，进样后仪器自动开始分析，"开始"对话框消失。等待程序结束，记录分析过程中压力值。

③ 对下一个样品分析前，需重新设置方法，重复"(2) 设置分析参数""(3) 建立方法文件"步骤，修改样品名及数据文件保存位置。

(5) 实验结束，冲洗色谱仪及色谱柱

① 点击软件左侧"仪器参数显示/隐藏"，点击"高级"—"时间程序"，设置以下参数：

时间/min	单元	处理命令	值
0.01	泵	B. Conc	100
20	泵	B. Conc	10
20.01	泵	B. Conc	100
30	泵	B. Conc	100
30.01	控制器	Stop	

② 检查"数据采集时间",LC 时间程序及 LC 结束时间、数据采集结束时间与上一步所设置时间是否一致。

③ 泵模式——二元高压梯度,总流速 1.0 mL·min^{-1},泵 B 浓度 100%。压力限制最大为 25.0 MPa;最小为 0.0 MPa。

④ 检测器 A——灯 OFF。

⑤ 关闭柱温箱(取消勾选"柱温箱")。

(6) 数据处理 找到数据文件所在文件夹,找到数据文件,双击打开,看到谱图界面,界面下半部分为相关信息,按照表 29-1 记录相关参数。如没有相关信息,可单击右键,点击"表样式",点击"添加(分离度等)"。

(7) 关机 冲柱结束,按"仪器激活按钮 ON/OFF",关闭泵,观察泵压力为"0"后,关闭软件 Labsolution,色谱仪发出"嘀"的声音表示已断开软件和仪器连接,随后关闭仪器各单元电源。

表 29-1 实验结果

(1)实验仪器及条件	
HPLC 泵型号	
检测器型号	
色谱柱	
流动相	
检测波长/nm	
流速/mL·min^{-1}	
柱压/MPa	
柱温/℃	

(2)定性和定量分析

试样		保留时间 t_R	理论塔板数 n	拖尾因子 f	容量因子 k	峰面积 A	分离度 R	含量/%
标准-对羟基苯甲酸甲酯								
标准-对羟基苯甲酸乙酯								
标准-对羟基苯甲酸丙酯								
混合样	对羟基苯甲酸甲酯							
	对羟基苯甲酸乙酯							
	对羟基苯甲酸丙酯							

五、注意事项

1. 高效液相色谱(HPLC)法中所用的溶剂需纯化处理,水为超纯水,甲醇为色谱纯。

2. 流动相应严格脱气（有些仪器附有脱气装置，可不用事先脱气），可选用超声波、水泵脱气。

3. 严格防止气泡进入系统，以免气泡造成无法吸液或脉动过大。吸液软管必须充满流动相，吸液软管的烧结不锈钢过滤器必须始终浸在流动相内。

4. 取样时，先用样品溶液清洗微量注射器 3 次以上，然后吸取过量样品，将微量注射器针尖朝上，赶去可能存在的气泡。

5. 为了保证进样准确，进样时必须多吸取一些溶液，使溶液完全充满定量环。实验过程中，定量环体积为 20 μL，应取约 3~4 倍于定量环的体积的样品进样。

6. 更换样品进样前，需用甲醇清洗微量注射器至少 5 次，防止残留溶液对后续测定的干扰。

7. 实验结束后，微量注射器需用甲醇洗涤 5 次。

8. 六通阀进样器是高效液相色谱系统中最理想的进样器。在充样（load）位置时，从进样孔充样进定量环，多余样品从放空孔排出；转动至进样（inject）位置时（将六通阀转子转动 60°），由泵输送的流动相冲洗定量环，推动样品入柱。

9. 如需换液，则按"仪器激活按钮 ON/OFF"，关闭泵，观察泵压力为"0"后，换淋洗液，排气泡（实验用流动相与淋洗液不同时，需进行此项操作；若流动相与淋洗液成分相同，略过此操作，只需重建冲柱方法即可）。设置冲洗参数如下：

时间/min	单元	处理命令	值
0.01	泵	B. Conc	100
20.00	泵	B. Conc	10
20.01	泵	B. Conc	30
30.00	泵	B. Conc	30
30.01	泵	B. Conc	50
40.00	泵	B. Conc	50
40.01	泵	B. Conc	100
60.00	泵	B. Conc	100
60.01	控制器	Stop	

六、思考题

1. 流动相在使用前为什么要脱气？

2. 高效液相色谱法采用归一化法定量有何优缺点？本实验为什么可以不用相对校正因子？

3. 在高效液相色谱法中，为什么可用保留值定性？这种定性方法你认为可靠吗？

4. 在本实验条件下，对羟基苯甲酸甲酯、对羟基苯甲酸乙酯和对羟基苯甲酸丙酯的保留时间从小到大的顺序如何？为什么？

参考文献

[1] 胡琴，许贯虹. 大学化学实验［M］. 北京：化学工业出版社，2014.

[2] 曹淑瑞，刘治勇，张雷，等. 高效液相色谱法同时测定食品中 6 种对烃基苯甲酸酯［J］. 分析化学，2012，40（4）：5.

（魏芳弟）

实验三十

内标法测定复方炔诺酮片中炔诺酮和炔雌醇的含量

一、实验目的

1. 掌握内标法的基本原理。
2. 熟悉校正因子的测定方法。
3. 了解高效液相色谱法在药物制剂含量测定中的应用。

二、实验原理

内标法是选择一种合适的物质（称为内标物），将其加入试样中，通过比较待测组分与内标物两者的峰面积进行定量分析的方法。

准确称取一定量（m_s）的内标物，将称取的内标物加入准确称取的试样中，充分混合后，进样，测定二者的峰面积 A_s 和 A_i，即可通过式(30-1)求出待测组分的量（m_i）：

$$m_i = \frac{f_i A_i m_s}{f_s A_s} \tag{30-1}$$

式中，f_i 和 f_s 分别为待测组分和内标物的校正因子。

如果校正因子以内标物作为基准物质而测得，则 $f_s = 1$，待测组分的量可通过式(30-2)求得：

$$m_i = \frac{f_i A_i m_s}{A_s} \tag{30-2}$$

测定校正因子时，配制含有 m_s(g) 基准物质和 m_i(g) 待测物质的对照品溶液，在与测试试样完全相同的实验条件下，进样 5～10 次，测定峰面积 A_s 和 A_i，用式(30-3) 计算校正因子：

$$f_i = \frac{(m_i/A_i)_{对照}}{(m_s/A_s)_{对照}} \tag{30-3}$$

复方炔诺酮片是一种复方避孕药，每片含 0.6 mg 炔诺酮和 0.035 mg 炔雌醇。炔诺酮能阻止孕卵着床，并使宫颈黏液稠度增加，阻止精子穿透；炔雌醇能抑制促性腺激素分泌，从而抑制卵巢排卵。两种成分配伍，增强避孕作用，又减少了不良反应。《中国药典》规定复方炔诺酮片含炔诺酮与炔雌醇均应为标示量的 90.0%～110.0%。炔诺酮分子中存在 C=

C—C≡O 共轭体系，炔雌醇分子中含有苯环（图 30-1），因此有紫外特征吸收，可用紫外检测器进行检测。

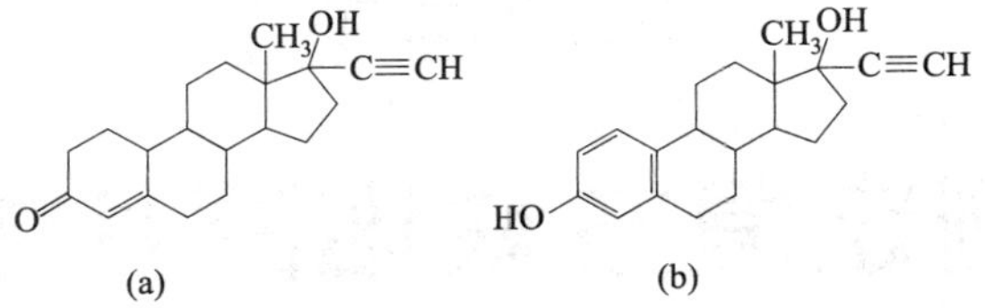

图 30-1 炔诺酮（a）和炔雌醇（b）的化学结构式

三、仪器与试剂

1. 仪器

高效液相色谱仪（岛津 LC-20AT）；紫外检测器（SPD-20A）；十八烷基硅胶键合相色谱柱（ODS柱）；HW-2000 色谱工作站；微量注射器；过滤装置；超声波清洗器；分析天平（0.1 mg）；容量瓶（25 mL×7，10 mL×3）；吸量管（1 mL×2，5 mL×2）；移液管（10 mL×7）；具塞试管（25 mL×2）。

2. 试剂

炔诺酮对照品；炔雌醇对照品；复方炔诺酮片；对硝基甲苯（A.R.）；甲醇（色谱纯）；超纯水。

四、实验内容

1. 校正因子的测定

（1）内标溶液的配制 取 22 mg 对硝基甲苯，精密称定，置于 10 mL 容量瓶中，加适量甲醇溶解后，用甲醇稀释至刻度，配制成浓度约为 2.2 mg·mL^{-1}的内标贮备液。

精密吸取 0.50 mL 上述内标贮备液，置于 25 mL 容量瓶中，用甲醇稀释至刻度，摇匀，配制成浓度为 0.044 mg·mL^{-1}的内标溶液。

（2）用于测定校正因子的对照品溶液的配制

① 炔诺酮对照品溶液的配制：取 100 mg 炔诺酮对照品，精密称定，置于 10 mL 容量瓶中，加适量甲醇溶解后，用甲醇稀释至刻度，配制成浓度约为 10 mg·mL^{-1}的炔雌醇贮备液。分别精密吸取 1.50 mL、1.80 mL、2.10 mL 上述炔诺酮贮备液，置于 3 个 25 mL 容量瓶中，用甲醇稀释至刻度，摇匀，配制成浓度约为 0.60 mg·mL^{-1}、0.72 mg·mL^{-1}、0.84 mg·mL^{-1}的炔诺酮对照品溶液。

② 炔雌醇对照品溶液的配制：取 25 mg 炔雌醇对照品，精密称定，置于 10 mL 容量瓶中，加适量甲醇溶解后，用甲醇稀释至刻度，配制成浓度约为 2.5 mg·mL^{-1}的炔雌醇贮备液。分别精密吸取 0.30 mL、0.40 mL、0.50 mL 上述炔雌醇贮备液，置于 3 个 25 mL 容量瓶中，用甲醇稀释至刻度，摇匀，配制成浓度约为 0.030 mg·mL^{-1}、0.040 mg·mL^{-1}、0.050 mg·mL^{-1}的炔雌醇对照品溶液。

③ 用于测定校正因子的对照品溶液的配制：精密吸取以上 6 个溶液各 10 mL，分别精密加入 2 mL 0.044 mg·mL^{-1}的内标溶液，混合均匀。

(3) 校正因子的测定

① 定性分析：用微量注射器分别吸取 20 μL 0.044 mg·mL^{-1}的内标溶液、0.60 mg·mL^{-1}的炔诺酮对照品溶液、0.030 mg·mL^{-1}的炔雌醇对照品溶液，进样，记录色谱图。

② 校正因子的测定：用微量注射器分别吸取 20 μL 用于测定校正因子的对照品溶液，进样，记录色谱图。

2. 试样的测定

(1) 试样溶液的配制　取 20 片复方炔诺酮片，研细，精密称取适量（约相当于炔诺酮 7.2 mg），置于具塞试管中，精密加入 10 mL 甲醇，密塞，置温水浴中 2 h，并不时振摇，取出，放冷至室温，精密加入 2 mL 0.044 mg·mL^{-1}的内标溶液，摇匀，过滤，续滤液作为样品溶液。

(2) 进样分析　用微量注射器吸取 20 μL 样品溶液，进样，记录色谱图。重复进样 3 次。

3. 实验条件

高效液相色谱仪：岛津 LC-20AT；

色谱柱：十八烷基硅胶键合相（ODS柱，15 cm×4.6 mm 或 25 cm×4.6 mm）；

流动相：甲醇-水（60∶40）；

流速：1.0 mL·min^{-1}；

检测波长：280 nm；

柱温：室温；

进样量：20 μL。

4. 数据处理

(1) 定性分析

物质	炔诺酮	炔雌醇	内标物
保留时间/min			

(2) 校正因子的测定

编号	炔诺酮				炔雌醇				内标物
	A_i	f_i	$\overline{f_i}$	RSD/%	A_i	f_i	$\overline{f_i}$	RSD/%	A_s
炔诺酮-1									
炔诺酮-2									
炔诺酮-3									
炔雌醇-1									
炔雌醇-2									
炔雌醇-3									

(3) 试样的测定

首先，根据式（30-2）求得待测组分的量 m_i（mg）。

待测组分标示量的含量为：$w_i(\%) = \dfrac{m_i \times 平均片重}{称样量 \times 标示量} \times 100\%$

编号	炔诺酮					炔雌醇					内标物
	A_i	m_i/mg	ω_i/%	$\overline{\omega_i}$/%	RSD/%	A_i	m_i/mg	ω_i/%	$\overline{\omega_i}$/%	RSD/%	A_s
1#											
2#											
3#											

五、注意事项

1. 系统适用性要求：理论塔板数按炔诺酮峰计算应不低于 3000，炔诺酮峰、炔雌醇峰和对硝基甲苯之间的分离度应符合要求。

2. 校正因子的相对标准偏差应≤2%。

六、思考题

1. 炔诺酮和炔雌醇的校正因子数值不同，为什么？

2. 内标法中，如何选择内标物？

参考文献

邸欣. 分析化学实验指导 [M]. 4 版. 北京：人民卫生出版社，2016.

（魏芳弟）

实验三十一

核磁共振波谱法测定对乙酰氨基酚氢谱

一、实验目的

1. 掌握核磁共振波谱仪测量小分子化合物氢谱的一般过程。
2. 熟悉核磁共振波谱仪的操作方法。
3. 了解核磁共振波谱仪的工作原理。

二、实验原理

核磁共振波谱仪按扫描方式的不同可分为连续波核磁共振仪和脉冲傅里叶变换核磁共振仪。随着实验技术和相关制造技术的发展，目前主流的核磁共振波谱仪大多采用超导高磁场，集多功能于一体。连续波核磁共振仪可以把射频场连续不断地加到试样上，得到频率谱（波谱）；脉冲傅里叶变换核磁共振仪可以把射频场以窄脉冲的方式加到试样上，得到自由感应衰减信号，再经软件处理得到可观察的频率谱。脉冲傅里叶变换核磁共振仪因具有检测灵敏度高、检测速度快等优点而被广泛应用，是当前主流的核磁共振波谱仪。

核磁共振谱波仪主要构件包括磁体、射频源、探头、接收机、匀场线圈和软件控制系统六个部分。

三、仪器与试剂

1. 仪器

JEOL-400M 型核磁共振波谱仪；核磁管；EP 管（1.5 mL）；移液枪（1000 μL）及配套枪头。

2. 试剂

对乙酰氨基酚（A. R.）；氘代 DMSO 试剂（TMS 0.03%）。

四、实验内容

1. 制样

在 EP 管中加入 10 mg 对乙酰氨基酚固体；用移液枪准确吸取 600 μL 氘代 DMSO 试剂（TMS 0.03%）加入 EP 管中溶解样品；振荡摇匀至澄清透明。

2. 转移

用移液枪吸取 $500~\mu\mathrm{L}$ 上述溶液样品注入核磁管中，盖上帽塞。将核磁管插入转子，放入量尺，注意使溶液高度能盖过量尺的黑色标线。

3. 上样

将带有转子的核磁管小心放入空载的核磁孔中。

4. 数据的采集与处理

数据的采集与处理使用 Delta 5.2 软件。具体操作为：添加新的任务；在样品定义区域点击加号添加样品，填入样品名"对乙酰氨基酚"；"Solvent"选择氘代 DMSO 试剂，在"Folder"里输入要保存的文件夹；在"Method"中选择实验类型（比如测 $^1\mathrm{H}$ 点击"Proton"，同时测 $^1\mathrm{H}$ 和 $^{13}\mathrm{C}$ 点击"Proton"和"Carbon"）；在"Slot"中选择样品孔位置；在"Job"中设置扫描次数"Scans"为 8 次；点击"Submit"即可开始采样。保存核磁谱图，分析处理数据（操作界面参见图 31-1）。

核磁共振波谱仪的使用

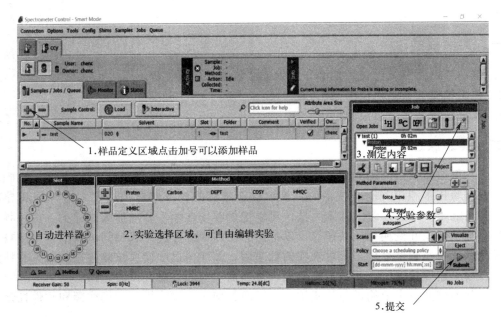

图 31-1 Delta 5.2 软件操作界面

五、注意事项

1. 核磁管的要求

（1）管壁均匀，管体规整平直，管体表面光洁，无划痕等缺陷；

（2）材质符合检测条件，且不影响检测元素（一般为普通玻璃材质）；

（3）匹配仪器频率，硼（B）谱检测需用石英核磁管，排除 B 元素影响；

（4）进样前，将外表面擦干净，不要粘贴任何标签，否则会影响测试；

（5）建议核磁管清洗后晾干，若烘干，温度应低于 $100\,^{\circ}\mathrm{C}$，防止变形；核磁管帽不要烘烤，否则容易变形。

2. 液体核磁样品要求

（1）样品纯度＞95%，不含磁性物质（如铁屑等）、灰尘、滤纸毛等杂质。

（2）应选择溶解度良好、极性相似、溶解峰不影响分析谱图的氘代试剂。

（3）关于样品用量，测定氢谱时需 5～10 mg/0.5 mL，测定碳谱时需 20～30 mg/0.5 mL，高分子化合物＞50 mg/0.5 mL；测定二维谱的样品量越多越好。

（4）需保证样品完全溶解，注意 DMSO-d^6 在较低温度下容易凝固。如果样品不溶解或重新凝固，不仅会影响测试结果，而且容易破坏磁场稳定。

（5）溶剂体积约 0.5 mL/次，溶剂在样品管内的高度不低于 3 cm（溶剂太多会降低浓度，浪费溶剂；溶剂太少，会影响锁场和匀场，并且容易破坏磁场稳定）。

六、思考题

1. 为何要选择氘代试剂？
2. 请解释对乙酰氨基酚的 ^{1}H NMR 谱图主要峰的归属？

参考文献

[1] 武汉大学. 分析化学［M］. 6 版. 北京：高等教育出版社，2016.
[2] 胡琴，彭金咏. 分析化学［M］. 2 版. 北京：高等教育出版社，2016.

（许贯虹，陈冬寅）

实验三十二

液相色谱-质谱法测定溶液中利血平的含量

一、实验目的

1. 掌握液相色谱-质谱法的基本原理、基本结构和操作方法。
2. 熟悉液相色谱-质谱法测定利血平含量的方法。

二、实验原理

利血平是一种吲哚型生物碱，存在于萝芙木属多种植物中，在催吐萝芙木中含量最高可达 1%。利血平能降低血压和减慢心率，作用缓慢、温和而持久，对中枢神经系统有持久的安定作用，是一种很好的镇静药。其化学式为 $C_{33}H_{40}N_2O_9$，结构如图 32-1 所示。

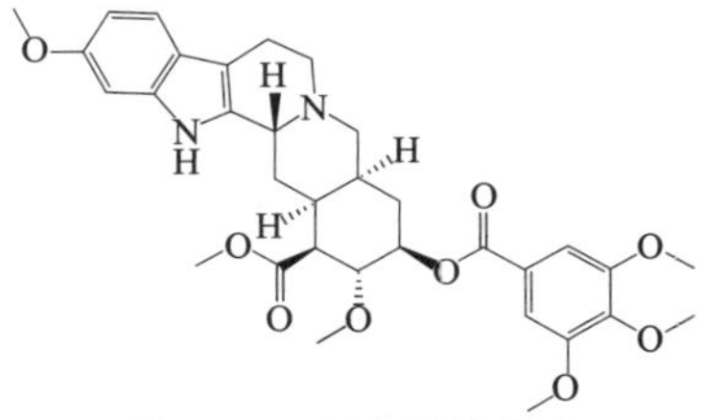

图 32-1　利血平结构式

液相色谱-质谱法（LC-MS）兼有 LC 的高分离能力与 MS 的强定性能力和高灵敏度，在药物分析、食品分析和环境分析等许多领域得到了广泛的应用。在 LC-MS 中，一般使用电喷雾离子源或大气压化学电离源，不形成分子离子峰，最常见的是质子化的准分子离子峰，即在正离子模式下与 H^+ 结合后形成 $[M+H]^+$，负离子模式下失去 H^+ 形成 $[M-H]^-$。利血平的分子量为 608.69，在正离子模式下与 H^+ 结合形成质荷比为 $m/z = 609$ 的离子，作为母离子，在碰撞单元发生碰撞诱导解离，形成质荷比 $m/z = 577$、448、397、365、195 的子离子。

三、仪器与试剂

1. 仪器

安捷伦 1200SL/6410B 型液相色谱-串联三重四极杆质谱仪；分析天平（0.1 mg）；容量

瓶（50 mL）；0.45 μm 微孔过滤膜；离心管（5 mL×10）；移液器（1000 μL，100 μL，10 μL）；枪头。

2. 试剂及材料

利血平（≥98.0%，HPLC）；利血平注射液；甲酸（99%，LC-MS）；甲醇（≥99.9%，LC-MS）；三氯甲烷（≥99.5.0%）；超纯水。

四、实验内容

1. 试剂的配制

（1）利血平标准贮备液（250 μg·mL^{-1}） 精密称取 12.5 mg 利血平对照品，置 50 mL 容量瓶中，加 1.5 mL 三氯甲烷使溶解，用甲醇稀释至刻度，摇匀。

取上述标准贮备液，用甲醇将其稀释成 40.0 μg·mL^{-1}、30.0 μg·mL^{-1}、20.0 μg·mL^{-1}、16.0 μg·mL^{-1}、8.0 μg·mL^{-1}、4.0 μg·mL^{-1}、2.0 μg·mL^{-1}、1.0 μg·mL^{-1} 的标准溶液系列。

（2）供试品溶液配制 精密移取利血平注射液适量，用甲醇定量稀释制成每 1 mL 中约含利血平 20 μg 的溶液。

2. 检测条件

（1）色谱条件 色谱柱为 ODS-2(2.1 mm×150 mm×5 μm)；流动相为甲醇-0.1%甲酸溶液（70∶30）；流速 0.35 mL·min^{-1}；进样量 10 μL。

（2）质谱条件 本实验使用安捷伦 1200SL/6410B 型液相色谱-串联三重四极杆质谱仪，配有电喷雾离子源，在正离子模式下采集数据，相应的质谱参数设定如下：

毛细管电压 3500 V；干燥气流速 9 L·min^{-1}；干燥气温度 350℃；雾化气压力 35 psi（1 psi=6894.76 Pa）；全扫描（MS Scan）模式下得到一级质谱，子离子扫描（Product Ion Scan）模式下得到二级质谱。

3. 仪器操作

（1）按照仪器开机顺序打开仪器所有电源开关，确保仪器正常开机，等仪器真空度达到实验要求后方可开始实验。

（2）按照实验步骤 2 设置好色谱条件和质谱条件。

（3）取适宜浓度的利血平标准溶液，在全扫描模式下进样分析，找到利血平准分子离子峰 $[M+H]^+$ 的质荷比 m/z，该离子作为一级质谱的母离子。

（4）选择一级质谱的母离子，在子离子扫描模式下得到利血平的特征性碎片离子，选择灵敏度最高的碎片离子作为利血平的定量离子，次灵敏度的碎片离子作为辅助定性离子。

（5）利用（3）、（4）得到的母离子和碎片离子，在多反应监测（MRM）模式下，测定标准溶液和供试品溶液，记录相应的峰面积。

4. 数据处理

（1）标准曲线的绘制：以利血平标准溶液的浓度为横坐标，峰面积为纵坐标绘制标准曲线（用 Excel 或 Origin 软件绘制），得回归方程及相关系数。

（2）根据供试品溶液的峰面积，计算其中利血平的含量（单位为 mg·mL^{-1}）。

五、注意事项

1. 实验中所使用的有机流动相必须为色谱级及以上级别，水相使用超纯水。流动相中添加的挥发性酸或胺类物质必须为色谱纯，其中水相现配现用以保持新鲜，配好的流动相必须经过过滤、脱气处理。

2. 所有样品在进入质谱前都必须经过 $0.45\ \mu m$ 的微孔滤膜过滤，以防仪器管路堵塞。

六、思考题

1. 液相色谱质谱联用仪一般由哪几个部分组成？

2. LC-MS 有什么优点？

3. 请分析利血平子离子形成的裂解途径。

附：安捷伦 1200SL/6410B 型液相色谱-串联三重四极杆质谱仪操作步骤

1. 准备工作

（1）准备流动相：有机流动相必须为色谱级及以上级别；水相可使用超纯水或者娃哈哈纯净水。流动相中添加的挥发性酸或胺类物质必须为色谱纯，其中水相需要每天更换以保持新鲜，配好的流动相必须经过过滤、脱气处理。

（2）标准品和样品在使用前必须用 $0.45\ \mu m$ 的微孔滤膜过滤。

2. 开机

（1）打开液氮罐或 N_2 发生器自增压阀门，调节液氮罐或 N_2 发生器的输出压力稳定在仪器允许的范围内；调节高纯氮气钢瓶减压表输出压力在仪器允许范围内，确认前级泵的气镇阀处于关闭状态。

（2）依次打开液相色谱仪各电源开关，打开质谱仪的电源开关，等待仪器完成初始化过程。

（3）打开仪器采集工作站，确认工作站与仪器连接正常。

3. 样品检测

（1）进入采集工作站界面相应的模块，根据样品特点以及测试目的，进行仪器采集参数的设置和优化，待所有参数设置优化好后，保存方法文件。

（2）将准备好的标准品和样品放入样品盘的相应位置，点击"进样"，进行样品测试。

（3）对所测得的图谱进行数据的处理与分析。

4. 关机

确认前级泵的气镇阀处于关闭状态；按照质谱泄真空要求进行泄真空，等待涡轮泵转速完全降下来，质谱各指标达到关机要求后，关闭工作站软件，再关闭 MS 和 LC 各模块电源开关；关闭计算机；关闭高纯氮气和液氮罐（或 N_2 发生器）开关阀。

参考文献

邸欣. 分析化学实验指导 [M]. 5 版. 北京：人民卫生出版社，2023.

（黄长高，魏芳弟）

实验三十三

电导法测定弱电解质的电离常数

一、实验目的

1. 熟悉电解质溶液导体的导电原理。
2. 掌握电导法测定弱电解质的电离度和电离常数的原理和方法。
3. 熟悉电导率仪的使用，掌握测定溶液电导率的方法。

二、实验原理

电解质溶液属于第二类导体，它通过正、负离子的迁移来传递电流，导电能力直接与离子的运动速度有关。电导是电解质溶液导电能力的大小的度量，与电流流经溶液的长度成反比，与面积成正比，即

$$G=\kappa \cdot \left(\frac{A}{l}\right)=\frac{\kappa}{Q} \tag{33-1}$$

式中，G 为电导，S；A 为面积，m^2；l 为长度，m；κ 为电导率，$S \cdot m^{-1}$，电导率的意义是单位面积、单位长度所构成的导体单元的电导；Q 为电导池常数，m^{-1}。

摩尔电导率 Λ_m 与电导率 κ 之间的关系为：

$$\Lambda_m=\frac{\kappa}{c} \tag{33-2}$$

式中，Λ_m 为摩尔电导率，$S \cdot m^2 \cdot mol^{-1}$；$c$ 为物质的量浓度，$mol \cdot m^{-3}$。Λ_m 随浓度而变，但其变化规律对强电解质和弱电解质是不同的，对于强电解质的稀溶液为：

$$\Lambda_m=\Lambda_m^{\infty}-A\sqrt{c} \tag{33-3}$$

式中，A 为常数，Λ_m^{∞} 为无限稀释溶液的摩尔电导率，可以从 Λ_m 与 $\sqrt{c}$ 的直线关系外推而得。弱电解质的 Λ_m 与 $\sqrt{c}$ 没有直线关系，其 Λ_m^{∞} 可以利用离子独立运动规律计算而来。根据 Kohlrausch 离子独立运动规律 $\Lambda_m^{\infty}=\lambda_{m,+}^{\infty}+\lambda_{m,-}^{\infty}$。$\lambda_{m,+}^{\infty}$、$\lambda_{m,-}^{\infty}$ 分别表示无限稀释时正、负离子的摩尔电导率。例如弱电解质醋酸 HAc 的 Λ_m^{∞}（HAc）可按下式计算：

$$\Lambda_m^{\infty}(HAc)=\Lambda_m^{\infty}(HCl)+\Lambda_m^{\infty}(NaAc)-\Lambda_m^{\infty}(NaCl) \tag{33-4}$$

弱电解质的电离度 α 与摩尔电导率的关系为：

$$\alpha = \frac{\Lambda_m}{\Lambda_m^\infty} \tag{33-5}$$

对于 AB 型弱酸（如 HAc），若 c 为起始浓度，则电离常数 K_c 为：

$$K_c = \frac{\alpha^2 c}{1-\alpha} \tag{33-6}$$

在一定温度下 K_c 是常数，因此可以通过测定 AB 型弱电解质在不同浓度时的电离度 α，代入式(33-6) 求出 K_c。

三、仪器与试剂

1. 仪器

DDS-307 型电导率仪及电导电极；超级恒温水浴槽；容量瓶（50 mL）；移液管。

2. 试剂

KCl 溶液（0.0100 mol·L^{-1}）；HAc 溶液（0.1000 mol·L^{-1}）；电导水。

四、实验内容

1. 用 50 mL 容量瓶将原始 KCl 溶液（0.01000 mol·L^{-1}）进行 2 倍、4 倍、8 倍稀释，得到 4 种不同浓度的 KCl 溶液。

2. 用 50 mL 容量瓶将原始醋酸溶液（0.1000 mol·L^{-1}）进行 2 倍、4 倍、8 倍稀释，得到 4 种不同浓度的醋酸溶液。

3. 调节恒温槽到（25.0±0.1）℃。

4. 将电导池和铂电极用少量 0.1000 mol·L^{-1}KCl 溶液洗涤 3 次后，装入 0.1000 mol·L^{-1}KCl 溶液，恒温后，用电导率仪测其电导率，重复测定三次。

5. 用同样方法测定醋酸溶液的电导率。

6. 数据记录和处理。

(1) 测量不同浓度 KCl 溶液的电导率

c/mol·m^{-3}	κ/S·m^{-1}	$\Lambda_m = \dfrac{10^3 \kappa}{c}$/S·m^2·mol^{-1}	$\sqrt{c}$/(mol·m^{-3})$^{1/2}$	Λ_m^∞/S·m^2·mol^{-1}

将 KCl 溶液的摩尔电导率 Λ_m 对 $\sqrt{c}$ 作图，外推至 $\sqrt{c}$ 为 0，求出 KCl 的 Λ_m^∞。求出 KCl 溶液的摩尔电导率与浓度的关系式：$\Lambda_m = \Lambda_m^\infty - A\sqrt{c}$。

(2) 测量不同浓度 HAc 溶液的电导率　测量不同浓度 HAc 溶液在所测浓度下的电离度和电离常数，并求电离常数的平均值。

已知 $\lambda_m^\infty(\text{H}^+) = [349.82 + 0.0139(t-25)]$ S·cm^2·mol^{-1}

$\lambda_m^\infty(\text{Ac}^-) = [40.9 + 0.02(t-25)]$ S·cm^2·mol^{-1}

$c/\text{mol}\cdot\text{m}^{-3}$	$\kappa/\text{S}\cdot\text{m}^{-1}$	$\Lambda_m/\text{S}\cdot\text{m}^2\cdot\text{mol}^{-1}$	$\Lambda_m^\infty/\text{S}\cdot\text{m}^2\cdot\text{mol}^{-1}$	$\alpha=\dfrac{\Lambda_m}{\Lambda_m^\infty}$	K_c	$\bar{K}_c$

五、注意事项

1. 电导电极使用前要先用稀硝酸活化。
2. 待测液体加入电导池中，要没过电极。

六、思考题

1. 电导池常数是怎样测定的？如果两电极不平行，则电导池常数不易测准，这话对吗？
2. 测电导率要用交流电，为什么？
3. 强、弱电解质的摩尔电导率与浓度关系有什么不同？各服从什么规律？

附：DDS-307 型电导率仪（图 33-1）的操作注意事项

图 33-1　DDS-307 型电导率仪

一、屏幕标识

此仪器采用段码式液晶显示屏显示（LCD），整体设计如下：左边为主功能区，包括测量功能、标定功能、设置功能、查阅功能；上方为状态提示区；中间为测量结果区，包括电导率、温度；右下角为电极常数（或者存贮号），如图 33-2 所示。

二、功能设置

此仪器支持多种功能，包括设置读数方式、电极常数、温度，查阅存贮结果，设置自动关机时间，恢复默认数据。按"设置"键，仪器将显示设置标志、SEL 以及序号，可按上下键调节，按"确认"键选择，如图 33-3 所示。

1. 设置读数方式

仪器支持两种读数方式：连续读数和平衡读数。连续读数方式为仪器始终连续测量、计算、显示结果；平衡读数方式是仪器在 6 秒内所有测量的电导率值波动差值不超过 0.4%，

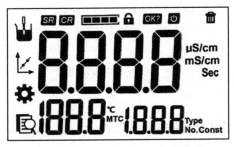

图 33-2 段码式 LCD 显示示意图

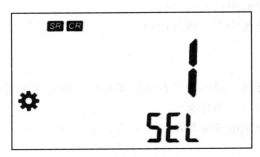

图 33-3 设置功能显示示意图

即本次测试结束,并自动锁定测量结果,如需再次测量,按"测量"键即可。

2. 设置电极常数

设置电极常数有两种方式:一种是手动设置,一种是用标准电导溶液重新标定。

仪器配套电导电极,具体的电极常数会标记在每支电极上,如 0.998,即表示当前电极类型为 1.0 的铂黑电极,电极常数值为 0.998,可在仪器上设置为 0.998。

具体设置步骤如下:

(1) 在测量状态下,按"设置"键选择电极常数设置功能,按"确认"键进入电极常数设置状态;仪器界面中间显示当前电极常数,右下角显示电极类型(图 33-4、图 33-5);

(2) 确认电极类型;

(3) 调整电极常数:按上下键调节到所需要的数值;

(4) 调节完成后,按"确认"键保存设置。

图 33-4 电极类型为 1.0、电极常数为 1.000 的显示示意图

3. 设置温度值

按"设置"键选择温度设置功能,按"确认"键后,通过上下键调节到指定温度值,按

图 33-5   电极类型为 1.0、电极常数为 0.998 的显示示意图

"确认"键即可。

三、电极的使用和维护

1. 电导电极在第一次使用或者长时间未使用时，必须放入蒸馏水中浸泡数小时，以除去电极片上面的杂质；

2. 为确保测量精度，测量前，建议用去离子水冲洗多次，然后用被测溶液冲洗；

3. 使用完毕，将电极清洗干净，套上电极保护瓶后放入电极包装盒；

4. 只能用化学方法清洗铂黑电极，禁止用软刷子机械方式清洗。

参考文献

冯鸣，梅来宝，郭会明. 物理化学实验 ［M］. 北京：化学工业出版社，2008.

（蔡政）

实验三十四

恒压量热法测定弱酸中和热和电离热

一、实验目的

1. 熟悉数字温度温差仪的使用。
2. 掌握弱酸中和热和电离热的测定方法。

二、实验原理

热力学上定义，在一定的温度、压力和浓度下，1 摩尔酸和 1 摩尔碱中和时放出的热量叫作中和热。强酸和强碱在水溶液中几乎完全电离，所以不同种类的强酸和强碱在足够稀释的情况下中和热几乎是相同的，本质上都是氢离子和氢氧根离子的中和反应，即 25℃时：

$$H^+ + OH^- \longrightarrow H_2O \qquad \Delta_{中和} H_{强酸} = -57.1 \ kJ \cdot mol^{-1} \qquad (34\text{-}1)$$

对于弱酸（或弱碱）来说，因为它们在水溶液中只是部分电离，当其和强碱（或强酸）发生中和反应时，其反应的总热效应还包含弱酸（或弱碱）的电离热。例如醋酸和氢氧化钠的反应：

$$HAc \longrightarrow H^+ + Ac^- \qquad\qquad \Delta_{电离} H_{弱酸}$$
$$H^+ + OH^- \longrightarrow H_2O \qquad\qquad \Delta_{中和} H_{强酸}$$
$$\overline{\qquad\qquad\qquad\qquad\qquad\qquad\qquad\qquad\qquad\qquad\qquad}$$
$$HAc + OH^- \longrightarrow H_2O + Ac^- \qquad \Delta_{中和} H_{弱酸}$$

根据赫斯定律，有 $\Delta_{中和} H_{弱酸} = \Delta_{电离} H_{弱酸} + \Delta_{中和} H_{强酸}$，所以

$$\Delta_{电离} H_{弱酸} = \Delta_{中和} H_{弱酸} - \Delta_{中和} H_{强酸}$$

本实验，采用化学反应标定法，即先用已知热效应的反应标定量热计的热容量，将盐酸和氢氧化钠水溶液在绝热良好的杜瓦瓶中反应，使酸和碱的起始温度相同，测定时碱稍过量，以使酸完全中和，则中和放出的热量可以认为全部为溶液和量热计所吸收，可用式(34-2)表示：

$$n_{酸} \Delta H_m + C_p \Delta T = 0 \qquad\qquad (34\text{-}2)$$

式中，$n_{酸}$ 为酸的物质的量，mol；ΔH_m 为摩尔中和热，$J \cdot mol^{-1}$；C_p 为整个量热计（含溶液）的比热容，$J \cdot K^{-1}$；ΔT 为温度变化值，K。利用已知的强酸中和反应热和测得的该反应前后系统的温差 ΔT，由式(34-3)计算量热计的热容量（包括量热计和溶液）。

$$C_p = -\frac{n_{酸}\ \Delta H_m}{\Delta T} \tag{34-3}$$

在相同的条件下，将待测弱酸的中和反应在此量热计中进行，利用它的热容量和反应测得的温差，即可求出弱酸的中和热，进而求出弱酸的电离热。

三、仪器与试剂

1. 仪器

杜瓦瓶量热计；内管；数字温度温差仪；容量瓶（250 mL×2）；移液管（50 mL×3）。

2. 试剂

NaOH 溶液（1.5 mol·L^{-1}）；HCl 标准溶液（1.0 mol·L^{-1}）；HAc 标准溶液（1.0 mol·L^{-1}）。

四、实验内容

1. 调节数字温度温差仪的使用（见附注）。

2. 用 50 mL 移液管移取 1.0 mol·L^{-1} HCl 加入 250 mL 容量瓶中，定容。将 250 mL 溶液全部加入杜瓦瓶中，向内管（图 34-1）加入 50 mL 1.5 mol·L^{-1} NaOH 溶液，装配到杜瓦瓶内。

3. 将传感器插入杜瓦瓶中，稳定后读数，用洗耳球将内管中的 NaOH 溶液吹入杜瓦瓶中（可以有剩余），摇匀杜瓦瓶中的溶液，观察温度上升，直到温度上升到最高点，记下读数。重复两次，取平均值 ΔT。

4. HAc 溶液按同样的操作测量两次，记下平均值 $\Delta T'$。

5. 数据处理。

（1）利用下列经验式，计算在实验浓度范围内强酸强碱在实验温度 t（℃）时的中和反应热效应 $\Delta_{中和} H_{强酸}$。

$$\Delta_{中和} H_{强酸} = -57111.6 + 209.2\times(t-25)\ \text{J·mol}^{-1} \tag{34-4}$$

根据中和反应放热和体系吸热的平衡关系，得：

$$c_{酸}\ V_{酸}\ \Delta_{中和} H_{强酸} = -C_p\ \Delta T' \tag{34-5}$$

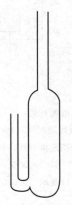

图 34-1　内管

计算量热计（含溶液）热容量 C_p。式中 $c_{酸}$、$V_{酸}$ 分别为强酸溶液的物质的量浓度和体积。

（2）根据上面得到的热容量计算醋酸的中和热，并利用赫斯定律求出醋酸的电离热。

五、注意事项

1. 用内管加样的方法的目的是使酸和碱液在反应前都处于同一温度，消除温度不同而带来的误差。

2. 用洗耳球吹内管中的液体时，要注意吸的次数和每次的力度应差不多，尽量使残留在内管中的液体量相似，否则误差会很大。

3. 中和热和电离热都与浓度和测定的温度有关，因此在阐明中和过程和电离过程的热效应时，必须注意记录酸和碱的浓度以及测量的温度。

4. 在测定量热计（含溶液）的热容和测定弱酸强碱的中和热时，都要使酸被中和完全，两次测定所用的溶液应该相等，两次中和后溶液的热容量因含盐不同会稍有差别，但本实验可以忽略不计，当然，也可以用别的方法来测定量热计的热容量。

六、思考题

1. 弱酸的电离是吸热还是放热？

2. 中和热除与温度、压力有关外，还与浓度有关，如何测量在一定温度下，无限稀释时的中和热？

附：精密数字温度温差仪的使用

数字温度温差仪是通过传感器直接测试温度与温差并双显示的仪器，其面板如图 34-2、图 34-3 所示。

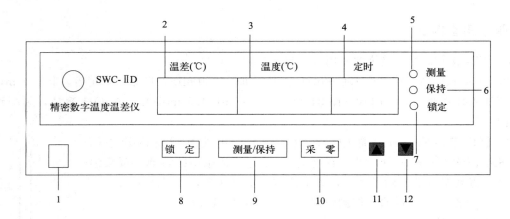

图 34-2　数字温度温差仪面板示意图

1—电源开关；2—温差显示窗口，显示温差值；3—温度显示窗口，显示所测物的温度值；4—定时窗口，显示设定的读数间隔时间；5—测量指示灯，灯亮表明仪表处于测量工作状态；6—保持指示灯，灯亮表明仪表处于读数保持状态；7—锁定指示灯，灯亮表明仪表处于基温锁定状态；8—锁定键，锁定选择的基温，按下此键，基温自动选择和采零都不起作用；9—测量/保持键，测量功能和保持功能之间的转换；10—采零键，用以消除仪表当时的温差值，使温差显示窗口显示"0.000"；11—增时键，按下此键时，时间由 0～99 递增；12—减时键，按下此键时，时间由 99～0 递减

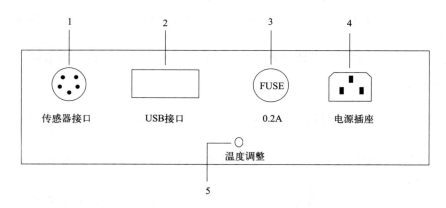

图 34-3　数字温度温差仪后面板示意图

1—传感器接口，将传感器插入此插座；2—USB接口，为计算机接口（可选配）；3—保险丝，0.2 A；4—电源插座，接～220 V电源；5—温度调整，生产厂家进行仪表校验时用，用户勿调节此处，以免影响仪表的准确度

使用步骤如下：

1. 将传感器插头插入后面板的传感器接口（槽口对准），注意：为了安全起见，请在接通电源以前进行上述操作。

2. 将～220 V电源接入后面板上的电源插座。

3. 将传感器插入被测物中（插入深度应大于50 mm）。

4. 按下电源开关，此时温度显示仪表初始状态（实时温度），温差显示基温20℃时的温度值。

5. 当温度温差显示稳定后，按"采零"键，温差显示窗口显示"0.000"，再按"锁定"键，锁定仪器自动选择基温，稍后显示的温差值即为温差的相对变化值。

6. 要记录读数时，可按"测量/保持"键，使仪器处于保持状态（此时，"保持"指示灯亮）。

7. 读数完毕，再按下"测量/保持"键，即可转换到"测量"状态，进行跟踪测量。

参考文献

周益明. 物理化学实验［M］. 南京：南京师范大学出版社，2004.

（蔡政）

实验三十五

异丙醇-环己烷体系的气-液平衡相图

一、实验目的

1. 掌握常压下测定完全互溶双液系在不同组成时沸点的方法，绘制沸点-组成相图。
2. 熟悉沸点的测定方法。
3. 了解液体折射率的测定原理，熟悉用阿贝折光仪测量液相和气相组成的操作方法。

二、实验原理

液体的沸点是指液体的蒸气压和外压相等时的温度。在一定的外压下，纯液体的沸点有确定的值。但对双液系，沸点不仅与外压有关，而且还和双液系的组成有关，即与双液系中两种液体的相对含量有关。

两种在常温时为液体的物质混合而成的二组分体系称为双液系，两液体若能按任意比例互相溶解，称完全互溶双液系，例如异丙醇-环己烷双液系；丙酮-氯仿双液系；乙醇-水双液系都是完全互溶双液系。若只能在一定比例范围内互溶，则称为部分互溶双液系。例如苯-水双液系是部分互溶双液系。

由两种挥发性液体所构成的溶液的液相与气相呈平衡时，气相组成与液相组成经常不同，亦即在恒压下将该溶液蒸馏，馏出液和母液组成不同。

对理想溶液，在一定温度下，任一组分在全部浓度范围内都遵守拉乌尔定律，即组分 B 在气相中的蒸气压 $p_B = p_B^* x_B$。如果液态混合物的蒸气压和浓度之间不符合拉乌尔定律，称为非理想的液态混合物。大多数实际溶液由于两种液体分子的相互影响，对拉乌尔定律发生很大的偏差，因为在两种组分之间存在着化学反应的趋势或者发生缔合，致使溶液的挥发性变小，还有些物质组成溶液后使缔合度变小，溶液的挥发度增大。这些实际溶液的沸点-组成曲线上便出现了最高或最低点，其液相曲线与气相曲线相交于一点（图 35-1），即两相组分

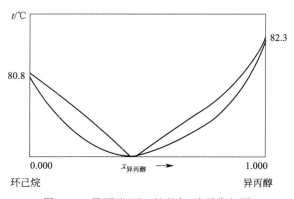

图 35-1　异丙醇-环己烷的气-液平衡相图

相同，再继续蒸馏，只是使气相的总量增加而溶液的组成及沸点均不改变，这种溶液称为恒沸混合物。

本实验研究由异丙醇-环己烷按不同比例组成的溶液，在蒸馏过程中，当达到一定沸点时，分别取出馏出液和母液试样，用物理方法，测其折射率分析其组成，绘制 t-x 相图。

折射率是一个物质的特征数值，溶液的折射率与组成有关，因此在一定温度下测定一系列已知浓度溶液的折射率，作出该溶液折射率-组成工作曲线，就可按内插法得到这种未知溶液的组成。

物质的折射率与温度有关，大多数液态有机化合物折射率的温度系数约为 -0.0004，因此在测定时应将温度控制在指定的 $\pm 0.20\,℃$ 范围内，方能将这些液体样品的折射率测准到小数点后 4 位。对挥发性溶液或易吸水样品，加样时动作要迅速，以防止挥发或吸水，影响折射率的测定结果。

三、仪器与试剂

1. 仪器

沸点仪；棕色瓶（125 mL×12）；阿贝折光仪；电加热套；超级恒温槽；精密温度计（0.01℃分度）；滴管（10 支）；试管（5 mL×25）。

2. 试剂

异丙醇（A. R.）；环己烷（A. R.）；丙酮（A. R.）。

四、实验内容

1. 用冷凝管夹夹住沸点仪（如图 35-2 所示）将其固定在铁架上，配上测量温度计。

2. 预先由教师准备好 12 个样品，分别储存在 125 mL 的棕色瓶内，其中 1 号为纯异丙醇，12 号为纯环己烷，其他 10 个样品为不同组成的异丙醇-环己烷混合液。

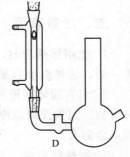

沸点仪装置的搭建

3. 将约 50 mL 样品加于沸点仪的蒸馏瓶中。加热样品，使混合液沸腾，蒸出液不断流入沸点仪的凹槽 D 中，经过数分钟后，凹槽中收集到一定量的气相回流液，溶液浓度已不再变化，温度计指示着较稳定的温度，记录下温度，切断电源。冷却一段时间，从凹槽 D 中取出约 0.5 mL 溶液，测定其折射率，得到气相组成；从蒸馏瓶中取出溶液，测定折射率，得到液相组成。

图 35-2　沸点仪

按照上法再进行 1～12 号样品的测定。

4. 测定折射率。调节通过阿贝折光仪的恒温水温为 25℃（或 35℃）±0.20℃，然后分别测定平衡时的气相样品的折射率，每个样品要加样两次，每次加样要测读两次折射率值。若测得的四个数值很接近，则取其平均值，即为所测样品在该温度时的折射率。每次加样测量以前，必须先将阿贝折光仪的棱镜镜面洗净，可用数滴挥发性溶液（如丙酮）淋洗，再用棉花球轻轻吸去残留在镜面上的溶液，阿贝折光仪在使用完毕后也必须将镜面处理干净。

5. 数据记录与处理。

(1) 数据记录

室温：   气压：

实验	沸点	馏出液（气相）		母液（液相）	
样品号	$t/℃$	折射率	蒸气组成 $y_{异丙醇}$	折射率	液相组成 $x_{异丙醇}$
1					
2					
3					
4					
5					
6					
7					
8					
9					
10					
11					
12					

(2) 数据处理

根据下表数据作异丙醇-环己烷溶液的 n-x 工作曲线。

$x_{异丙醇}$	0.000	0.200	0.400	0.600	0.800	1.000
n(25℃)	1.4236	1.4140	1.4052	1.3958	1.3856	1.3752
n(35℃)	1.4183	1.4090	1.4000	1.3910	1.3815	1.3711

按气相和液相样品的折射率，从 n-x 工作曲线上查得相应组成。

以沸点 $t/℃$ 为纵坐标，$x_{异丙醇}$ 为横坐标，作各混合物的组成对沸点的图。分别将馏出液和母液组成点标记到图上，用光滑曲线将点连成线，这些曲线应在恒沸混合物处相切，由图上找出恒沸点及恒沸物组成，并在图上标出。

五、注意事项

1. 使用加热套时，注意不要让有机液体滴漏进去。沸点仪离加热套远一些，加热速度慢一些，这样温度容易观察。

2. 当有液体回流到凹槽 D 时，就要注意观察温度，此时温度变化缓慢，几乎不变，尽快读数。因为此时温度还是一直在上升，不是一直停留在一个点，如果不及时读数，测出的沸点会偏大。

3. 加热结束后，要等沸点仪中液体自然冷却下来再取液体。

六、思考题

1. 按所得相图，讨论此溶液的蒸馏情况并考虑若要在常压下用简单蒸馏方法由异丙醇-环己烷溶液制取纯异丙醇，溶液的组成应在怎样一个范围？为什么？

2. 在做 1～12 号样品实验过程中，若发现温度计温度不稳定，请说明原因。

3. 若某混合液其摩尔分数组成位于最低恒沸混合物与纯异丙醇之间，气液达平衡时的温度为 76℃，请问如何提高和降低混合液的气液平衡温度？

参考文献

周益明. 物理化学实验［M］. 南京：南京师范大学出版社，2004.

（蔡政）

实验三十六

苯-醋酸-水三元相图

一、实验目的

1. 熟悉相律和用三角坐标表示三组分相图的方法。
2. 掌握用浓度法绘制具有一对共轭溶液的苯-醋酸-水三元相图（溶解度曲线及连结线）。

二、实验原理

在进行萃取时，具有一对共轭溶液的三元相图能确定合理的萃取条件，因此如何作出三元体系的相图是有实际意义的。

三组分体系 $K=3$，根据相律 $f=3-\Phi+2$。体系最多可能有四个自由度（即温度、压力和两个浓度项），用三度空间的立体模型已不足以表示这种相图。若维持压力和温度同时不变，条件自由度 $f^{**}=2$，就可以用平面图形来表示。通常在平面图上是用等边三角形来表示各组分的浓度，称之为三元相图（图 36-1）。等边三角形的三个顶点各代表一种纯组分，三角形三条边 AB、BC、CA 各分别代表 A 和 B、B 和 C、C 和 A 所组成的二组分的组成，而三角形内任何一点表示三组分的组成。

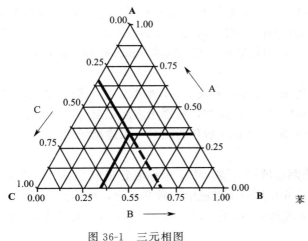

图 36-1 三元相图

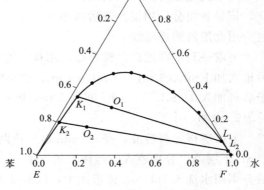

图 36-2 苯-醋酸-水三元相图

本实验研讨生成一对共轭溶液的三组分体系，即三组分中二对液体 A 与 B、A 与 C 完全互溶，而另一对 B 与 C 则不溶或部分互溶的相图。

水和苯的互溶度极小，而醋酸与水和苯都互溶。在水和苯组成的二相混合物中加入醋酸，能增大水和苯之间的互溶度，醋酸增多，互溶度增大。当加入醋酸达到某一定数量时，水和苯就能完全互溶，这时原来的二相组成混合体系由浑变清。在温度恒定的条件下，使二相体系变成均相所需要的醋酸量，决定于原来混合物中的水和苯的比例。同时把水加到苯和醋酸组成的均相混合物中时，当达到一定的数量，原来均相体系要分成水相和苯相的二相混合物，体系由清变浑。使体系变成二相所加水量，由苯和醋酸混合物的起始比例决定。因此利用体系在相变化时的浑浊和清亮现象的出现，可以判断体系和各组分间互溶度的大小。一般由清变到浊，肉眼较易分辨，所以本实验采用由均相样品加入第三种物质而变成二相的方法，测定二相之间的相互溶解度。如图 36-2 所示，曲线 E、K_2、K_1、L_1、L_2、F 下为二相区，之上为单相区，实验中用滴定的方法，根据清变浊判断相转变，作出这条曲线。

为了测定连结线，在两相区配制混合液，达平衡时两相的组成一定，只需分析每相中的一个组分含量，在溶解度曲线上就可找出每相的组成点，其连线即为连结线。

三、仪器与试剂

1. 仪器

具塞锥形瓶（100 mL，25 mL）；锥形瓶（150 mL）；移液管（10 mL，1 mL）；吸量管（10 mL）；碱式滴定管（50 mL）。

2. 试剂

无水苯（A. R.）；冰醋酸（A. R.）；酚酞指示剂；NaOH 溶液（0.5 mol·L^{-1}）。

四、实验内容

1. 相变点的测定

两支碱式滴定管装水及 NaOH 溶液。用移液管移取 10 mL 苯，吸量管移取 4 mL 醋酸于干净的 100 mL 具塞锥形瓶中，然后从装水的碱式滴定管中慢慢地滴入水，同时不停振荡，滴至终点（由清变浊），记下水的体积。再向此瓶中加入 5 mL 醋酸，体系又成均相，继续用水滴定至终点。以后用同法加入 8 mL 醋酸，用水滴定；再加入 8 mL 醋酸，用水滴定，记录各组分的用量。最后再加入 10 mL 苯加塞摇动，并每间隔 5 min 摇动一次，30 min 之后用此溶液测连结线。

另取一只干净的广口锥形瓶，用移液管加入 1 mL 苯及 2 mL 醋酸，用水滴至终点，以后依次加 1 mL、1 mL、1 mL、1 mL、2 mL、10 mL 醋酸，分别用水滴定至终点，并记录，最后再加入 15 mL 苯，同法间隔 5 min 摇一次，30 min 后作为测另一根连结线用。

2. 分析

上面所得之两溶液，经 30 min 后，待两层液体分清，用干净移液管吸取 2 mL 上层液，1 mL 下层液，分别放入已经称重的 4 个 25 mL 具塞锥形瓶中，做好标记，再称其重量，然后分别用水洗入 150 mL 锥形瓶中，以酚酞为指示剂，用 0.5 mol·L^{-1} NaOH 溶液滴定醋酸的含量。

3. 数据记录和处理

(1) 溶解度曲线的绘制 根据每点苯、醋酸及水所用实际体积，及由手册查出实验温度时三种液体的密度（填入表 36-1），算出各点组分的含量，填入表 36-2 中。

表 36-1　实验温度时三种液体的密度

室温/℃	大气压/mmHg	密度/g·mL^{-1}		
		苯	醋酸	水

表 36-2　实验结果及数据处理

序号	醋酸		苯		水		总质量/g	含量/%		
	体积 V/mL	质量 m/g	体积 V/mL	质量 m/g	体积 V/mL	质量 m/g		醋酸	苯	水
1	4		10							
2	9		10							
3	17		10							
4	25		10							
5	25		20							
6	2		1							
7	3		1							
8	4		1							
9	5		1							
10	6		1							
11	8		1							
12	18		1							
13	18		16							
14										
15										

其中表 36-2 中序号 14、15 为图 36-2 中 E、F 两点，是苯与水在实验温度时的相互溶解度，这些数据可从参考资料中查出，将表 36-2 组成数据在三角形坐标纸上作图，即得溶解度曲线，并延长至序号 14 和 15 对应的点。

（2）画出连结线

① 计算二碘瓶中最后醋酸、苯、水的含量，算出三角形坐标纸上相应的 O_1、O_2 点。

② 将所取各相中醋酸含量算出，并将点画在溶解度曲线上，上层内醋酸含量在含苯较多的一边，下层画在含水较多的一边，则可作出 K_1L_1、K_2L_2 两根连结线，它们应分别通过点 O_1 和 O_2。

五、注意事项

1. 锥形瓶要干净，振荡后不能挂液珠。

2. 用水滴定如超过终点，则可再滴醋酸至刚由浑浊变清为终点，记下实际各溶液的用量。在做最后几点时（苯含量较少）终点也是逐渐变化的，需滴至出现明显浑浊，才停止滴加水。

3. 在室温低于 16℃ 时，冰醋酸可恒温后用刻度移液管量取。

4. 用移液管吸取二相平衡的下层溶液时，可在吹气条件下插入移液管，这样可以避免上层溶液的沾污。

六、思考题

1. 连结线 K_1L_1 和 K_2L_2 如不能通过物系点 O_1、O_2 其原因是什么？

2. 若是被水饱和的苯或含水的醋酸是否可做此实验？

附：常用物质密度表

温度 t/℃	ρ(水)/g·cm^{-3}	ρ(乙醇)/g·cm^{-3}	ρ(苯)/g·cm^{-3}	ρ(醋酸)/g·cm^{-3}
10	0.9997	0.798	0.887	
15	0.9992	0.794	0.883	1.0543
16	0.9990	0.793	0.882	
17	0.9988	0.792	0.882	
18	0.9986	0.791	0.881	
19	0.9984	0.790	0.880	
20	0.9983	0.789	0.879	1.0498
21	0.9980	0.788	0.879	
22	0.9978	0.786	0.877	
23	0.9976	0.786	0.877	
24	0.9973	0.786	0.876	
25	0.9971	0.785	0.875	1.0440
30	0.9958	0.781	0.871	1.0380

参考文献

周益明 . 物理化学实验 [M] . 南京：南京师范大学出版社，2004.

（蔡政）

实验三十七

电导法测定难溶强电解质的溶解度

一、实验目的

1. 掌握测定电解质溶液电导的原理和方法。
2. 掌握电导法测定难溶强电解质饱和溶液的电导率进而求出其溶解度的原理和方法。

二、实验原理

电解质溶液的导电能力可用电导 G 表示，定义为电阻 R 的倒数，单位为 S（西门子）。导体具有均匀截面时，其电导与导体截面积 A 成正比，与长度 l 成反比，即：

$$G = \kappa \frac{A}{l} \tag{37-1}$$

式中，κ 称为电导率，为单位面积和单位长度导体的电导，单位为 $S \cdot m^{-1}$。

电解质溶液的电导率是指相距 1 m、截面积均为 1 m^2 的两个平行电极间放置 1 m^3 电解质溶液时具有的电导。电解质溶液的电导率大小受电解质种类和溶液浓度影响，常用摩尔电导率来表示电解质溶液的导电能力。摩尔电导率是指在相距为 1 m 的两平行电极间放置含有 1 mol 电解质的溶液时具有的电导，用 Λ_m 表示。由于电解质的物质的量为 1 mol，则溶液的体积 V_m 即为 $V_m = 1/c$。摩尔电导率 Λ_m 与电导率 κ 的关系为：

$$\Lambda_m = \kappa V_m = \frac{\kappa}{c} \tag{37-2}$$

式中，c 的单位为 $mol \cdot m^{-3}$；Λ_m 的单位为 $S \cdot m^2 \cdot mol^{-1}$。电解质溶液的摩尔电导率随溶液浓度的降低而增加，溶液无限稀释时的摩尔电导率用 Λ_m^∞ 表示，也称为极限摩尔电导率。

电导法可以方便地测定难溶强电解质在水中的溶解度。例如，$AgCl$、$BaSO_4$ 等难溶强电解质在水中溶解度极低，其饱和溶液可视作无限稀释，因此其溶液的摩尔电导率可以用其极限摩尔电导率代替，即 $\Lambda_m = \Lambda_m^\infty$。又由于溶液极稀，水对溶液电导率的贡献不可忽略，必须将其减去才是难溶强电解质的电导率，即

$$\kappa_{溶液} = \kappa_{电解质} + \kappa_{H_2O} \tag{37-3}$$

以测定 $AgCl$ 在水中的溶解度为例，根据式（37-3）可得：

$$\kappa_{AgCl} = \kappa_{溶液} - \kappa_{H_2O} \tag{37-4}$$

AgCl 饱和水溶液的摩尔电导率可以用无限稀释摩尔电导率代替，即：

$$\Lambda_{m,AgCl} = \Lambda_{m,AgCl}^{\infty} = \lambda_{m,Ag^+}^{\infty} + \lambda_{m,Cl^-}^{\infty} \tag{37-5}$$

由式（37-2）即可计算出饱和 AgCl 溶液的浓度，即 AgCl 在水中的溶解度：

$$c_{饱和} = \frac{\kappa_{AgCl}}{\Lambda_{m,AgCl}} = \frac{\kappa_{AgCl}}{\Lambda_{m,AgCl}^{\infty}} = \frac{\kappa_{溶液} - \kappa_{H_2O}}{\lambda_{m,Ag^+}^{\infty} + \lambda_{m,Cl^-}^{\infty}} \tag{37-6}$$

三、仪器与试剂

1. 仪器

DDS-307 型电导率仪；电导电极；超级恒温水浴槽；烧杯（50 mL）。

2. 试剂

AgCl 饱和溶液；电导水。

四、实验内容

1. 学习使用 DDS-307 型电导率仪的操作

电导率仪的操作流程详见实验三十三附注。

2. AgCl 在水中溶解度的测定

将 50 mL 烧杯与电导电极依次用蒸馏水和待测 AgCl 饱和溶液润洗 2～3 次，然后向其中加入 20 mL 待测 AgCl 饱和溶液，插入电导电极。将其置于 25℃ 恒温水浴中恒温 10 min 后，用电导率仪测定 AgCl 饱和溶液的电导率，重复测定 3 次。用同样的方法测定蒸馏水的电导率。再由相关手册查出 $\lambda_{m,Ag^+}^{\infty}$ 和 $\lambda_{m,Cl^-}^{\infty}$ 的数值，最后根据式（37-6）求出 AgCl 在水中的溶解度。

3. 实验结束

测定完毕，洗净电导电极和烧杯，仪器还原，关闭仪器电源。

五、注意事项

1. 电极电线不能潮湿，否则测定数据误差较大。
2. 盛放待测溶液的烧杯必须清洁，不能有离子沾污。
3. 擦拭电导电极时，不能触及铂黑，以免铂黑脱落，引起电极常数的改变。

六、思考题

1. 电导率测定时对溶剂水有什么要求？
2. 影响溶液电导率测定的因素有哪些？

参考文献

[1] 崔黎丽. 物理化学 [M]. 9 版. 北京：人民卫生出版社，2022.
[2] 冯鸣. 物理化学实验 [M]. 北京：化学工业出版社，2008.

（蔡政，周萍）

实验三十八

旋光法测定蔗糖水解反应的速率常数

一、实验目的

1. 掌握旋光法测定蔗糖转化的反应速率常数、半衰期和活化能。
2. 了解该反应的反应物浓度与旋光度之间的关系。
3. 了解旋光仪的基本原理，掌握旋光仪的操作技术和使用方法。

二、实验原理

蔗糖水解反应的方程式为：

$$C_{12}H_{22}O_{11}(蔗糖) + H_2O \xrightarrow{H^+} C_6H_{12}O_6(葡萄糖) + C_6H_{12}O_6(果糖)$$

在纯水中，此反应的速度极慢，通常需在氢离子的催化作用下进行，该反应本质上是一个二级反应，但由于水作为溶剂大量存在，尽管有少量水参与反应，仍可认为反应过程中水的浓度基本不变，因此，蔗糖的水解反应可看作准一级反应，按照一级反应的速率方程进行处理，其微分速率方程表示式如下：

$$-\frac{dc_A}{dt} = kc_A \tag{38-1}$$

式中，k 为反应速率常数，c_A 为反应时间 t 时刻蔗糖的浓度。

式(38-1) 积分得积分速率方程：

$$\ln \frac{c_A^0}{c_A} = kt \tag{38-2}$$

式中，c_A^0 为反应初始阶段蔗糖的浓度，当 $c_A = 1/2c_A^0$ 时，t 可用 $t_{1/2}$ 表示，即为反应的半衰期：

$$t_{1/2} = \frac{\ln 2}{k} = \frac{0.693}{k} \tag{38-3}$$

通常研究一个反应的动力学需要测量反应在不同时刻反应物的浓度，但是直接测量反应物的浓度是不易的。根据上述反应的特点：蔗糖、葡萄糖和果糖都含有手性碳原子而具有旋光性，且各个物质的旋光能力不同，故可以利用体系在反应过程中旋光度的变化来度量反应的进程。

物质的旋光能力用比旋光度来度量。比旋光度可用下式表示：

$$[\alpha]_\lambda^t = \frac{\alpha \times 100}{lc} \tag{38-4}$$

式中，t 为实验温度；λ 为所用光源波长，一般用钠光灯源 D 线，其波长为 589 nm；α 为物质的旋光度，以度为单位；c 为浓度，以 $g \cdot (100\ mL)^{-1}$ 为单位，即在 100 mL 溶液里所含物质的质量（g）；l 为样品管的长度，以 dm 为单位。

作为反应物的蔗糖是右旋性物质，其比旋光度 $[\alpha]_D^{20} = 66.6°$，产物中葡萄糖也是右旋性物质，其比旋光度 $[\alpha]_D^{20} = 52.5°$，但果糖是左旋性物质，其比旋光度 $[\alpha]_D^{20} = -91.9°$。

测量旋光度所用的仪器称为旋光仪，从式（38-4）可看出溶液的旋光度与溶液中所含旋光物质的旋光能力、溶剂性质、溶液的浓度、样品管长度、光源波长及温度等均有关系，当其他条件均固定时，旋光度 α 与反应物浓度 c 呈线性关系，即

$$\alpha = \rho c \tag{38-5}$$

式中，ρ 是与物质的旋光能力、溶剂性质、样品管长度、光源波长及温度等有关的常数。

在本实验中，设反应开始时系统的旋光度为 α_0，反应过程中系统的旋光度为 α_t，反应结束时系统的旋光度为 α_∞。

$$C_{12}H_{22}O_{11}(蔗糖) + H_2O \xrightarrow{H^+} C_6H_{12}O_6(葡萄糖) + C_6H_{12}O_6(果糖) \qquad 旋光度$$

$t = 0$	c_A^0	0	0	α_0
$t = t$	c_A	$c_A^0 - c_A$	$c_A^0 - c_A$	α_t
$t = \infty$	0	c_A^0	c_A^0	α_∞

根据旋光度的加和性，可得：

$$\alpha_0 = \rho_蔗\, c_A^0 \tag{38-6}$$

$$\alpha_t = \rho_蔗\, c_A + (\rho_葡 + \rho_果)(c_A^0 - c_A) \tag{38-7}$$

$$\alpha_\infty = (\rho_葡 + \rho_果) c_A^0 \tag{38-8}$$

由式（38-6）-式（38-8）得：

$$c_A^0 = \frac{\alpha_0 - \alpha_\infty}{\rho_蔗 - (\rho_葡 + \rho_果)} = \rho'(\alpha_0 - \alpha_\infty) \tag{38-9}$$

由式（38-7）-式（38-8）得：

$$c_A = \frac{\alpha_t - \alpha_\infty}{\rho_蔗 - (\rho_葡 + \rho_果)} = \rho'(\alpha_t - \alpha_\infty) \tag{38-10}$$

将式（38-9）和式（38-10）代入式（38-2）得：

$$\ln \frac{\alpha_0 - \alpha_\infty}{\alpha_t - \alpha_\infty} = kt \tag{38-11}$$

将式（38-11）改为

$$\ln(\alpha_t - \alpha_\infty) = -kt + \ln(\alpha_0 - \alpha_\infty) \tag{38-12}$$

从式（38-12）可以看出，若以 $\ln(\alpha_t - \alpha_\infty)$ 对 t 作图得一直线，从直线的斜率可求得反应速率常数 k，测定不同温度下的反应速率常数，可利用阿伦尼乌斯公式计算该温度范围内的平均活化能。

$$\ln \frac{k_2}{k_1} = \frac{E_a}{R}\left(\frac{T_2 - T_1}{T_2 T_1}\right) \tag{38-13}$$

$$E_a = \frac{R T_2 T_1}{T_2 - T_1} \ln \frac{k_2}{k_1} \tag{38-14}$$

三、仪器与试剂

1. 仪器

电子天平（十分之一），旋光仪，旋光管（带恒温外管），锥形瓶（150 mL×2），移液管（25 mL×2），移液管（10 mL×2），恒温槽，Y 形管，烧杯（500 mL），秒表，量筒（100 mL）。

2. 试剂

蔗糖（C. P.），HCl 溶液（4 mol·L^{-1}），蒸馏水。

四、实验内容

1. 调节恒温槽温度

调节恒温槽温度至（25.0±0.1）℃，并将旋光管的恒温外管接上恒温水。

2. 旋光仪零点校正

了解和熟悉旋光仪的构造和原理，接通旋光仪电源，预热 5 min，用非旋光性物质蒸馏水校正仪器零点。打开旋光管两端的螺帽，把玻璃片用擦镜纸擦净，将旋光管内管洗净，一端的玻璃片和螺帽都装上（注意螺帽不能拧太紧，容易将玻璃片压碎，只要不漏水即可），往内管中注满蒸馏水并在管口形成凸液面，将玻璃片迅速平移推上（此过程需反复练习，否则很容易在内管中形成气泡），再拧上螺帽。装蒸馏水时尽量不要在内管中形成气泡，如果有很小的气泡应将其赶到旋光管的凸肚处。用吸水纸将管外水擦干（特别是两端玻璃片处），将旋光管放入旋光仪的光路中，凸肚一端应朝上。调节目镜聚焦，使视野清楚，然后，旋转旋光仪的检偏镜至三分视野暗度相等为止，记下检偏镜之旋角，重复测量三次，取其平均值，即为仪器零点。

3. 配制溶液

在天平上称取 20 g 蔗糖，放到干燥的烧杯中，并加入 100 mL 蒸馏水使之完全溶解，若溶液混浊则过滤后再使用。用移液管分别吸取 35 mL 已配制的蔗糖溶液和 4 mol·L^{-1} HCl 溶液各至 Y 形管的两支管中，在 25℃恒温槽中恒温 10 min。

4. 蔗糖水解过程旋光度的测量

(1) α_t 的测量　将上述恒温好的 Y 形管取出，将 HCl 溶液全部倒入蔗糖溶液中，并来回晃动 Y 形管使反应液充分混合，当 HCl 加入至一半时用秒表开始计时。迅速用少许反应液将旋光管漂洗两次后，依上述零点校正的方法，将反应液注入旋光管内管并装好玻璃片和螺帽，擦净后放入旋光仪的光路中，测定不同时间的旋光度。注意将剩余反应液放到 55℃水浴中恒温 30 min。

第一个数据要求反应开始后 2～3 分钟开始记录，每次测量要准确快速，在快到测定时间时就要大致调好旋光仪的三分视野，一到时间马上调好，先记录时间，再读取旋光度。第一个数据获得后，每隔一分钟读取一次旋光度；获得五个数据后，每三分钟读取一个数据；获得三个数据后，每五分钟读取一次；获得三个数据后，每十分钟读取一次，直到反应 1.5 h 为止。

(2) α_∞ 的测定　将 Y 形管中剩余溶液放到 55℃水浴中恒温 30 min 后，取出冷却到实验温度，装入旋光管内管中测定 α_∞。

5. 测定 35℃时反应的旋光度

将恒温槽调节至（35±0.1)℃，按步骤 4 测定 35℃时蔗糖转化反应的旋光度 α_t 和 α_∞。此样品只需做 35 min。

反应结束后将废液回收，旋光管洗净，两头的螺帽要松开，Y 形管和烧杯洗净后放入烘箱烘干。

6. 数据记录和处理

（1）实验数据记录于下表：

蔗糖浓度/mol·L^{-1} _____ ，HCl/mol·L^{-1} _____

室温/℃ _____ ，大气压/mmHg _____

仪器零点/(°) _____

名称	
t/min	
α_t/(°)	
$(\alpha_t - \alpha_\infty)$/(°)	
$\ln(\alpha_t - \alpha_\infty)$	

（2）用 $\ln(\alpha_t - \alpha_\infty)$ 对 t 作图求出斜率，计算 25℃和 35℃时反应速率常数 k，并计算半衰期和活化能。

五、注意事项

1. 测量过程中由于旋光管中装了强腐蚀性药品，因此，外管一定要擦净后放入旋光仪。测量结束后，旋光管一定要洗净，两端的螺帽要拧松，否则高浓度的盐酸若没洗干净对螺帽的腐蚀作用特别强，长时间不用会生锈，导致下次使用时拧不开，即使拧开也会漏液。

2. 若测定 α_∞ 时 Y 形管中的溶液不够，则须待 α_t 测定完毕后将旋光管内的溶液与 Y 形管内溶液合并，放到 55℃水浴中恒温 30 min 后，冷却到实验温度并测定其 α_∞。

3. 测定 α_∞ 时 Y 形管中剩余溶液放到 55℃水浴中恒温 30 min，这时可认为蔗糖已完全转化，此步骤中水浴的温度不宜超过 60℃，否则溶液会变黄，使测量产生误差。

4. 温度对反应速率常数的影响较大，须严格控制反应温度，建议反应开始时溶液的混合操作在恒温槽中进行。

5. 旋光仪一定要调节三分暗视野，而不是三分亮视野。

六、思考题

1. 实验中用蒸馏水来校正旋光仪的零点，蔗糖转化过程中的旋光度 α_t 是否需要零点校正？

2. 蔗糖水解反应速率与哪些因素有关？反应速率常数与哪些因素有关？

3. 在混合蔗糖溶液和 HCl 时，将 HCl 溶液加入蔗糖溶液中，为什么？

4. 为什么配制蔗糖溶液可用粗天平称量？蔗糖称不准对实验测定结果有影响吗？

参考文献

[1] 蔡邦宏. 物理化学实验教程 [M]. 南京：南京大学出版社，2010.

[2] 周益明. 物理化学实验 [M]. 南京：南京师范大学出版社，2004.

（史丽英）

实验三十九

丙酮碘化——复杂反应

方法一 孤立法

一、实验目的

1. 掌握测定丙酮碘化反应速率常数的方法。
2. 掌握用孤立法确定反应级数的方法。

二、实验原理

$$CH_3-\underset{O}{\overset{\parallel}{C}}-CH_3 + I_2 \xrightarrow{H^+} CH_3-\underset{O}{\overset{\parallel}{C}}-CH_2I + I^- + H^+ \tag{39-1}$$

上式是丙酮碘化反应的总反应，其中 H^+ 是催化剂，反应过程中又产生 H^+，因此是一个自催化反应，实验证明丙酮碘化是一个复杂反应，一般认为分两步进行，即：

$$CH_3-\underset{O}{\overset{\parallel}{C}}-CH_3 \xrightarrow{H^+} CH_3-\underset{OH}{\overset{\mid}{C}}=CH_2 \tag{39-2}$$

$$CH_3-\underset{OH}{\overset{\mid}{C}}=CH_2 + I_2 \longrightarrow CH_3-\underset{O}{\overset{\parallel}{C}}-CH_2I + I^- + H^+ \tag{39-3}$$

反应(39-2)是丙酮的烯醇化，该反应很慢，反应(39-3)是丙酮的碘化反应，该反应很快且能进行到底，丙酮碘化的总反应速率取决于慢反应(39-2)，根据质量作用定律即可写出丙酮碘化反应的速率方程：$r = kc_{丙酮} c_{H^+}$，k 为反应速率常数，丙酮和 H^+ 的反应级数都为 1，I_2 的反应级数为 0，总反应级数为 2。

上述机理是否正确，可通过实验进行验证（孤立法确定反应级数）。

假设丙酮碘化反应的总反应速率方程式为：

$$r = kc_{丙}^{m} c_{H^+}^{n} c_{I_2}^{p} \tag{39-4}$$

式中，r 表示反应的瞬时速率，k 为速率常数，指数 m、n 和 p 分别表示丙酮、H^+ 和 I_2 的反应级数，$m+n+p$ 为总反应级数。

设计四组实验，在前两组实验中，保持 H^+ 和 I_2 的浓度不变，第二组实验中丙酮的浓度为第一组实验的两倍，第三组实验中丙酮和 I_2 的浓度与第一组保持一致，H^+ 的浓度是第一组的两倍，第四组实验丙酮和H^+的浓度与第一组相同，I_2的浓度是第一组的两倍，分别测定四组实验的反应速率，再代入公式(39-4)可得：

$$r_1 = kc_{丙}^m c_{H^+}^n c_{I_2}^p$$
$$r_2 = k(2c_{丙})^m c_{H^+}^n c_{I_2}^p$$
$$r_3 = kc_{丙}^m (2c_{H^+})^n c_{I_2}^p$$
$$r_4 = kc_{丙}^m c_{H^+}^n (2c_{I_2})^p$$

联立上述各式得到：$\dfrac{r_2}{r_1} = 2^m$，$\dfrac{r_3}{r_1} = 2^n$，$\dfrac{r_4}{r_1} = 2^p$，将m、n和p代入总速率方程式即可到反应速率常数k。

本实验关键是如何测定反应速率，瞬时速率很难测定，而平均速率较易测得，因此本实验通过方法设计，可以应用平均速率来代替瞬时速率而不引起测定结果的太大误差。由于在反应过程中使I_2的浓度（5.00×10^{-4} mol·L^{-1}）远远小于HCl（1.00 mol·L^{-1}）和丙酮的浓度（4.00 mol·L^{-1}），根据反应速率方程$r = kc_{丙} c_{H^+}$，那么在整个反应中丙酮和盐酸的浓度可基本保持不变，可看出反应速率也能看作基本不变，此时即可用平均速率来代替瞬时速率。

三、仪器与试剂

1. 仪器

锥形瓶；量筒（20 mL×4）；温度计；秒表。

2. 试剂

丙酮（4.00 mol·L^{-1}）；HCl（1.00 mol·L^{-1}）；I_2（5.00×10^{-4} mol·L^{-1}），蒸馏水。

四、实验内容

取洁净锥形瓶1只，按表39-1中试剂的用量，用干燥洁净的量筒依次加入丙酮、盐酸和蒸馏水，最后倒入I_2液并按下秒表开始记录时间，摇匀后静置于桌面上，仔细观察溶液颜色的变化，当黄色完全消失时再按下秒表记录时间t。重复实验一次，得反应时间t'（两次测得的反应所需时间相差不得超过5 s），求出$t_{平均}$。

表 39-1　试剂用量（1）　　　　测定温度_____ ℃

实验编号	V(丙酮, 4.00 mol·L^{-1}) /mL	V(HCl, 1.00 mol·L^{-1}) /mL	V(H_2O) /mL	V(I_2, 5.00×10^{-4} mol·L^{-1})/mL	反应时间/s t	t'	$t_{平均}$
1	10.0	10.0	20.0	10.0			
2	20.0	10.0	10.0	10.0			
3	10.0	20.0	10.0	10.0			
4	10.0	10.0	10.0	20.0			

由测得的数据，计算丙酮、H^+和I_2的反应级数m、n和p，而后算出各组反应的速率常数k，进而求出$\bar{k}$。

五、注意事项

1. 碘液不可久置，且应避免光照，否则浓度会变小而影响反应时间。

2. 反应温度对实验影响较大,因此本实验应在恒温条件下进行。

3. 肉眼观察颜色误差较大,可用盛有 50 mL 蒸馏水的锥形瓶作对照,并用白纸衬在锥形瓶后方来观察颜色的变化。

4. 实验进行过程中切勿晃动锥形瓶,否则也会影响反应进行的时间。

六、思考题

1. 反应体系中蒸馏水的作用是什么?
2. 影响实验精确度的因素有哪些?

方法二　分光光度法

一、实验目的

1. 掌握利用分光光度法测定丙酮碘化反应速率常数的方法。
2. 掌握 722 型分光光度计的使用方法。

二、实验原理

根据质量作用定律即可写出丙酮碘化反应的速率方程:

$$r=-\frac{dc_{I_2}}{dt}=kc_{丙}c_{H^+} \tag{39-5}$$

式中,k 是反应速率常数。若使 I_2 的浓度远远小于丙酮和盐酸的浓度,反应过程中消耗掉的丙酮和 HCl 很少,因此丙酮和 HCl 的浓度可看作基本不变,则式(39-5)积分可得:

$$c_{I_2}=-kc_{丙}c_{H^+}t+c_{I_2}^0 \tag{39-6}$$

上式中 $kc_{丙}c_{H^+}$ 是常数,只要测定不同时刻 I_2 的浓度数值,即可用 c_{I_2} 对 t 作图,得到直线的斜率即可计算出反应速率常数 k。

本实验通过分光光度法测定 I_2 的浓度,首先测定一系列不同浓度 I_2 的吸光度,用 I_2 的吸光度对浓度作图得标准曲线。只要测定未知碘液的吸光度即可从标准曲线上得到 I_2 的浓度。

三、仪器与试剂

1. 仪器

722 型分光光度计,碘瓶(50 mL×6,100 mL×1),移液管(5 mL×3,10 mL×4,20 mL×2,25 mL×1,30 mL×1),容量瓶(50 mL×6),超级恒温槽。

2. 试剂

I_2 溶液(0.005 mol·L^{-1}),HCl 溶液(1 mol·L^{-1}),CH_3COCH_3(2 mol·L^{-1}),蒸馏水。

四、实验内容

1. 调节恒温槽温度

将恒温槽温度调节至(25.0±0.1)℃,并将分光光度计比色皿的恒温夹套接上恒温水,波长调至 460 nm，开机预热 30 min。在每次测量开始前反复用蒸馏水校正透光率"0"和"100%"。

2. 制作标准曲线

取 1 mL、2 mL、3 mL、4 mL、5 mL 0.005 mol·L⁻¹ 的 I_2 溶液放至 50 mL 容量瓶内定容至刻度线，在 25℃恒温槽中恒温 15 min，然后测定各溶液的吸光度。并用 I_2 的吸光度对浓度绘制标准曲线。

3. 测定丙酮碘化反应速率常数

取洗净烘干的 50 mL 碘瓶六只（编好号），用移液管分别在六只碘瓶中加入一定量的蒸馏水、0.005 mol·L⁻¹ I_2 与 1 mol·L⁻¹ HCl（具体数量见表 39-2），另取 100 mL 碘瓶加入 100 mL 2 mol·L⁻¹ 丙酮，塞上瓶塞放至超级恒温槽内恒温 15 min。

用移液管吸取 10 mL 丙酮加入 1 号碘瓶内（此操作在恒温槽内进行），当丙酮加入一半时开始计时，加完丙酮后碘瓶从恒温槽内取出，迅速摇匀，用溶液洗涤比色皿两次，然后将此溶液注入比色皿，用吸水纸擦干比色皿外表面，将其放回暗箱（上述操作在 1 min 内完成），在第一分钟时进行读数，以后每隔一分钟读一次数，直到反应完毕（透光率数值不再变动）。其他溶液按相同的方法进行测量，3、4、5、6 号溶液需半分钟读数一次，测量时记录透光率，在处理数据时，应换算成吸光度（$A = -\lg T$，T 为透光率）。

反应物数量参照下表。

表 39-2 试剂用量（2）

编号	$V(I_2)$/ mL	$V(HCl)$/ mL	$V(H_2O)$/ mL	$V(CH_3COCH_3)$/ mL
1	10	5	25	10
2	10	10	25	5
3	5	5	30	10
4	10	10	20	10
5	10	20	10	10
6	5	10	25	10

实验完毕后，废液回收，关掉仪器电源，碘瓶、容量瓶洗干净，碘瓶放回烘箱内，比色皿洗净放在比色皿盒内。

4. 数据记录与处理

实验温度 _____；I_2 的浓度 _____；
盐酸浓度 _____；丙酮浓度 _____。

（1）制作工作曲线

编号	1	2	3	4	5
I_2 的浓度/mol·L⁻¹					
吸光度 A					

用吸光度对碘的浓度制作工作曲线。

（2）测定反应速率常数

时间 t/min		
吸光度 A	1	
	2	
	3	
	4	
	5	
	6	

① 测得的透光率都换算成吸光度。

② 从标准曲线上求得不同吸光度时碘的浓度。

③ 以碘的浓度对时间作图得到一条直线，直线的斜率为 $-kc_{丙}c_{H^+}$，计算得到反应速率常数 k。

五、注意事项

1. 碘见光会分解，因此配溶液和测定时动作要迅速，避免浓度的改变。

2. 预热或不测量时，需打开分光光度计样品室的盖子，盖样品室盖子时翻盖动作要轻。

3. 比色皿需成套使用，洗净，手拿毛玻璃面，尽量避免测量误差。

六、思考题

1. 实验中漏测一个数据对实验结果有影响吗？

2. 实验过程中透光率会超过 100%，试分析其原因。

参考文献

[1] 周益明. 物理化学实验［M］. 南京：南京师范大学出版社，2004.

[2] 祁嘉义. 基础化学实验［M］. 北京：高等教育出版社，2008.

（史丽英）

实验四十

黏度法测定高聚物分子量

一、实验目的

1. 掌握测定聚乙二醇的黏均分子量的原理。
2. 掌握乌氏黏度计测定黏度的原理和方法。
3. 熟悉高聚物溶液几种黏度的表示方法。

二、实验原理

高聚物一般都是不同聚合度的同系物的混合物，每种高聚物具有一定的摩尔质量分布，因此，常采用高聚物的平均摩尔质量来反映高聚物的某些特性。但平均摩尔质量的大小与测定方法有关，常用的表示方法（测定方法）有：数均摩尔质量 M_n（依数性测定法和端基分析法）；质均摩尔质量 M_m（光散射法）；z 均摩尔质量 M_z（超离心沉降法）；黏均摩尔质量 M_η（黏度法）。其中黏度法测定的平均摩尔质量范围广（$10^4 \sim 10^7$），方法简便，精度较高，因而最为普遍使用。

黏度就是流体流动时内摩擦力的量度。测定黏度的方法主要有毛细管法、转筒法和落球法，在测定高聚物溶液的黏度时，以毛细管法最为简便，当液体自垂直的毛细管中因重力作用流出达到稳态时，遵守泊肃叶（Poiseuille）定律：

$$\frac{\eta}{\rho} = \frac{\pi h g r^4}{8lV}t - \frac{mV}{8\pi l} \cdot \frac{1}{t} \tag{40-1}$$

式中，ρ 为液体的密度；l 为毛细管的长度；r 为毛细管半径；t 为流出时间；h 为流经毛细管液体的平均液柱高度；g 为重力加速度；V 为流经毛细管液体的体积；m 为与仪器的几何形状有关的常数，在 $r \ll l$ 时，可取 $m=1$。对于某一指定的黏度计，令

$$A = \frac{\pi h g r^4}{8lV} \qquad B = \frac{mV}{8\pi l}$$

则式(40-1) 可写为：

$$\frac{\eta}{\rho} = At - B \cdot \frac{1}{t} \tag{40-2}$$

式中，$B<1$，当 $t>100$ s 时，等式右边第二项可以忽略。则式(40-2) 可以写为：

$$\eta = A\rho t \tag{40-3}$$

高聚物稀溶液的黏度主要反映了溶液流动时存在的内摩擦力，高聚物稀溶液黏度的名称、定义及物理意义如表 40-1 所示。

在本实验中，高聚物稀溶液的相对黏度 $\eta_r = \dfrac{\eta}{\eta_0}$，用式（40-3）代入，且由于溶液非常稀，溶液的密度 ρ 和纯溶剂的密度 ρ_0 可视为相等，因此可得：

$$\eta_r = \frac{\eta}{\eta_0} = \frac{A\rho t}{A\rho_0 t_0} \approx \frac{t}{t_0} \tag{40-4}$$

因此只要测定溶液的流出时间 t 和纯溶剂的流出时间 t_0，即可得到 η_r，再代入表中各公式即可到 η_{sp}、η_{sp}/c、$\ln\eta_r/c$。

表 40-1　高聚物稀溶液黏度的名称、定义及物理意义

名称	定义	物理意义
纯溶剂黏度	η_0	溶剂分子与溶剂分子之间的内摩擦效应
溶液黏度	η	溶剂分子与溶剂分子、高分子与高分子以及高分子与溶剂分子内摩擦的综合表现,代表整个溶液的黏度行为
相对黏度	$\eta_r = \eta/\eta_0$	代表整个溶液的黏度行为
增比黏度	$\eta_{sp} = (\eta - \eta_0)/\eta_0 = \eta_r - 1$	反映了高分子与高分子、高分子与纯溶剂之间的内摩擦效应
比浓黏度	η_{sp}/c	单位浓度下所显示出的增比黏度
特性黏度	$[\eta] = \lim\limits_{c \to 0} \dfrac{\ln\eta_r}{c} = \lim\limits_{c \to 0} \dfrac{\eta_{sp}}{c}$	反映了高分子与溶剂之间的内摩擦效应

根据在稀溶液中的两个经验方程式：

$$\frac{\eta_{sp}}{c} = [\eta] + k'[\eta]^2 c \tag{40-5}$$

$$\frac{\ln\eta_r}{c} = [\eta] + \beta[\eta]^2 c \tag{40-6}$$

这是两条直线方程，以 $\dfrac{\eta_{sp}}{c}$ 或 $\dfrac{\ln\eta_r}{c}$ 对 c（见图 40-1）得两条直线，外推至 $c = 0$ 时，两条直线交纵坐标轴于一点，即可求得 $[\eta]$ 数值。

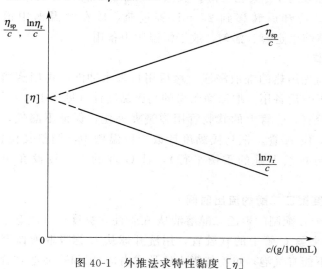

图 40-1　外推法求特性黏度 $[\eta]$

特性黏度 $[\eta]$ 与高聚物的平均摩尔质量之间存在如下经验公式：

$$[\eta] = K M_\eta^\alpha \tag{40-7}$$

得到特性黏度后，代入式（40-7）即可得黏均分子量 M_η，上式中的 K 和 α 都是经验常数，要由其他方法测定。表 40-2 为常用的几种高聚物的经验数值。

表 40-2　几种高聚物的 K 和 α

高聚物	溶剂	温度	K	α
聚苯乙烯	苯	20℃	1.23×10^{-2}	0.72
	甲苯	25℃	3.70×10^{-2}	0.62
聚乙烯醇	水	25℃	2.0×10^{-2}	0.76
聚乙二醇	水	25℃	1.56×10^{-2}	0.5

三、仪器与试剂

1. 仪器

乌氏黏度计；恒温槽；秒表；洗耳球；移液管（10 mL×2）；移液管（5 mL）；容量瓶（25 mL）；具塞锥形瓶（100 mL）；两小段软胶管；弹簧夹 2 只；重锤 1 只；铁架台 2 套；小滴管 1 只。

2. 试剂

聚乙二醇（$\overline{M}=10000$），蒸馏水。

四、实验内容

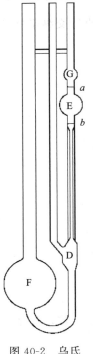

乌氏黏度计的使用

1. 调节恒温槽温度

将恒温槽温度调节到 (25.0 ± 0.1)℃，在具塞锥形瓶中加入约 80 mL 蒸馏水放入恒温槽（使用铁架台）备用。

2. 配置聚乙二醇溶液

在电子天平上称取约 1 g 聚乙二醇，放入 50 mL 小烧杯中，加入少量蒸馏水，加热溶解，冷却后转移到 25 mL 容量瓶，放在恒温槽中恒温 10 min，再用恒温蒸馏水定容、摇匀，放于恒温槽中备用。

3. 黏度计的安装

黏度计在使用前先用热的洗液浸泡，然后用自来水冲洗，再用蒸馏水润洗，放于烘箱中干燥后备用。取洁净干燥的乌氏黏度计（见图 40-2），在 B 管和 C 管套上软胶管，C 管上的软胶管用弹簧夹夹住，保证不漏气，用铁架台上的铁夹固定住 A 管，把乌氏黏度计放于恒温槽中，调整其位置，使其与桌面垂直（与自然下垂的重锤平行），且 G 球的 1/2 浸没在恒温槽中。

4. 测定不同浓度聚乙二醇的流出时间 t

用移液管将 10 mL 配制的聚乙二醇溶液从 A 管注入黏度计（注意不要加在 A 管壁上！），夹紧 C 管上的软胶管，用洗耳球从 B 管吸取液体至 G 球的 1/2 处（注意不能有气泡，也不能吸入洗耳球内），用弹簧夹把 B 管上的软胶管夹住，然后打开 C 管的弹簧夹，让空气进入使 D 球中的液体和毛细管液体断开，此时毛细管中的液体悬空，稍停 1～2 min，再打开 B 管，当液面流经刻度 a 时，立刻按下秒表开始记录时间，到液面降到 b 刻度时，再按秒表，此即溶液的流出时间 t，每个溶液测 3 次，时间误差不能超过

图 40-2　乌氏黏度计

0.3 s。然后依次用移液管加入 5 mL、5 mL、10 mL、10 mL 恒温的蒸馏水于黏度计中分别配成不同浓度的溶液。每加一次溶剂，把 C 管的软胶管夹紧，用洗耳球从 B 管鼓气搅拌使溶液混合均匀，并将溶液抽上流下 2～3 次润洗毛细管，然后静置 2～3 min，用同法测定不同浓度的溶液流经毛细管的时间，每个浓度测 3 次。

5. 溶剂的流出时间 t_0

取出黏度计，溶液倒入回收瓶，用自来水将其洗净，再用蒸馏水润洗。加入 10 mL 纯溶剂，同上述方法测定其流经时间 t_0，也测 3 次。

实验完毕，黏度计应用洁净蒸馏水浸泡或倒置使其晾干。在倒置干燥之前，黏度计内壁必须彻底洗净，以免所剩高聚物在毛细管壁内形成薄膜。

6. 数据记录与处理

（1）实验数据记于下表。

实验温度/℃ _____ ；大气压/mmHg _____ ；

溶液起始浓度 c_0/(g/100 mL) _____ 。

检测溶液		流出时间 t/s				$\eta_r = t/t_0$	$\ln\eta_r$	$\ln\eta_r/c$	η_{sp}	η_{sp}/c
		t_1	t_2	t_3	$\bar{t}$					
溶液	1	$V_{液}=10$ mL $V_{剂}=0$								
	2	$V_{液}=10$ mL $V_{剂}=5$ mL								
	3	$V_{液}=10$ mL $V_{剂}=10$ mL								
	4	$V_{液}=10$ mL $V_{剂}=20$ mL								
	5	$V_{液}=10$ mL $V_{剂}=30$ mL								
纯溶剂(10 mL)										

（2）作 $\dfrac{\ln\eta_r}{c}$-c 及 $\dfrac{\eta_{sp}}{c}$-c 的直线图，线性外推求出截距即特性黏度 $[\eta]$。

（3）用修正公式 $[\eta]=0.02+1.56\times10^{-4}\overline{M}_\eta^{0.78}$ 计算黏均分子量。

五、注意事项

1. 恒温槽的搅拌速度不易过快，否则水流太大，在放入和取出乌氏黏度计时容易打碎乌氏黏度计。

2. 配制聚乙二醇溶液时，不宜剧烈摇晃，否则容易有气泡导致定容不准确。

3. 乌氏黏度计一定要洁净干燥，在选择黏度计时里面的毛细管不宜太细也不宜太粗，要尽量保证纯溶剂的流出时间在 100 s 以上。

4. B 管中不能有气泡，否则会影响实验结果，实验中 C 管要夹紧，否则将溶液吸到 B 管中时会有气泡产生。

5. 测量时尽量避免将溶液溅到 A 管中，因此在 B 管鼓气泡时用力要缓和。

六、思考题

1. 本实验中哪些因素会影响实验结果？

2. 乌氏黏度计 C 管有什么作用，如将 C 管去除实验能否进行？此时测量与乌氏黏度计测量有什么区别？

3. 乌氏黏度计的毛细管太粗或太细，有什么缺点？

参考文献

周益明 . 物理化学实验［M］. 南京：南京师范大学，2004.

（史丽英）

实验四十一

溶液吸附法测定硅胶比表面

一、实验目的

1. 了解溶液吸附法测定固体比表面的基本原理。
2. 掌握次甲基蓝溶液吸附法测量硅胶比表面的方法。

二、实验原理

比表面是指单位质量（或单位体积）的物质所具有的表面积，其数值与分散粒子大小有关。测定固体物质比表面的方法很多，其中溶液吸附法仪器简单，操作方便，还可以同时测定许多个样品，因此常被采用，但溶液吸附法测定结果有一定误差。

水溶性染料的吸附已应用于测定固体的比表面。在所有染料中，次甲基蓝具有较大的被吸附倾向。研究表明，在一定浓度范围内大多数固体对次甲基蓝的吸附是单分子层吸附，即符合 Langmuir 型吸附等温线。但当原始的浓度较高时，会出现多分子层吸附；而如果平衡浓度过低，吸附又不能达到饱和，因此，原始溶液的浓度以及平衡后的浓度应选择在适合的范围。设吸附剂（硅胶）达到单层饱和吸附时所吸附的吸附质（次甲基蓝）的质量为 Δm（mg），被吸附的次甲基蓝在硅胶表面的投影面积为 $A_{投}$（m^2/分子），M 表示次甲基蓝分子量（其分子式为 $C_{16}H_{18}ClN_3S \cdot 3H_2O$，分子量为 373.9），$N$ 为阿伏伽德罗常数。则吸附剂的比表面积 S 可用下式表示：

$$S = \frac{\Delta m N A_{投}}{mM} \tag{41-1}$$

Δm 的测定是本实验的关键。

$$\Delta m = (c_0 - c)V \tag{41-2}$$

式中，c_0 为吸附前次甲基蓝原始溶液的浓度，$mg \cdot mL^{-1}$；c 为吸附达到平衡时溶液的浓度，$mg \cdot mL^{-1}$；V 为所取次甲基蓝原始溶液的体积，mL；$A_{投}$ 为次甲基蓝在硅胶表面上的投影面积。

$A_{投}$ 值决定于吸附质（次甲基蓝）分子在吸附剂（硅胶）表面上单层饱和吸附时的排列方式。$A_{投}$ 值是用已知硅胶的比表面（S）带入式（41-1）求得。本实验中的 $A_{投}$ 值为 752.53×10^{-20} m^2/分子。平衡浓度 c 的求得采用比色法。根据朗伯-比尔定律，当入射光为一定波长的单色光时，其溶液的吸光度与溶液中有色物质的浓度及溶液的厚度成正比。

$$A_{吸光} = \lg \frac{I_0}{I} = \varepsilon lc \qquad (41\text{-}3)$$

式中，$A_{吸光}$ 为吸光度，I_0 为入射光强度；I 为透射光强度；ε 为消光系数；c 为溶液浓度；l 为液层厚度。

三、仪器与试剂

1. 仪器

721 型分光光度计；康氏振荡器；容量瓶（50 mL×8）；移液管（10 mL，50 mL）；碘量瓶（100 mL×10）。

2. 试剂

次甲基蓝溶液（0.05 mg·mL^{-1}）；80 目色谱用硅胶（色谱级）。

四、实验内容

1. 溶液吸附

取 100 mL 干燥、洁净碘量瓶 10 个，分别正确称取 100.0 mg 在 105℃下烘 3～4 h 的硅胶置于碘量瓶中，然后用移液管准确移取 50 mL 0.05 mg·mL^{-1} 次甲基蓝溶液加入瓶内，放在振荡器上振荡。

2. 配制次甲基蓝标准溶液

用 10 mL 吸量管分别移取 2 mL、4 mL、6 mL、8 mL、10 mL、12 mL 0.05 mg·mL^{-1} 次甲基蓝溶液于 6 个 50 mL 的容量瓶中，用蒸馏水定容，摇匀。

3. 选择工作波长

对于次甲基蓝溶液，工作波长选用 570 nm。由于各台分光光度计波长刻度有误差，故实验时，可以用配制的标准溶液在 500～700 nm 范围内测吸光度，以最大值时对应的波长为工作波长。

4. 平衡处理

每隔 15 min 从振荡器上取下一个碘量瓶，静置后，移取 12 mL（不要吸到硅胶）上清液加入洗净的 50 mL 容量瓶中，用蒸馏水定容。

5. 测量吸光度

用 721 型分光光度计，以 H_2O 为空白，在选定的工作波长下测标准液的吸光度，以及吸附后的 10 份上清液的吸光度。

6. 数据记录与处理

（1）绘制次甲基蓝溶液浓度对吸光度的工作曲线。

（2）记录 10 份次甲基蓝上清液的吸光度，从工作曲线上查得对应的浓度。

（3）以时间为横坐标，浓度为纵坐标，作出随时间变化的吸附曲线，找到平衡浓度 c。

（4）根据公式 $S = \dfrac{\Delta m N A_{投}}{mM}$ 计算比表面积 S。

五、注意事项

从振荡器中取出的样品要及时地取出上清液定容，因为时间和吸附量是相关的。

六、思考题

1. 原始次甲基蓝溶液的浓度高低对于测定结果有没有影响？
2. 如果在吸取的上清液中有硅胶，测得的比表面是偏大还是偏低？
3. 如何判断吸附已达平衡？

参考文献

王爱莱. 物理化学实验［M］. 南京：南京师范大学出版社，2008.

（蔡政）

实验四十二

NaCl 的精制

一、实验目的

1. 通过沉淀反应，了解提纯氯化钠的原理。
2. 练习电子天平和酒精灯的使用方法。
3. 掌握溶解、减压过滤、蒸发浓缩、结晶、干燥等基本操作。

二、实验原理

粗食盐中含有不溶性杂质（如泥沙等）和可溶性杂质（主要是 Ca^{2+}、Mg^{2+}、K^+ 和 SO_4^{2-}）。不溶性杂质可用溶解和过滤的方法除去。可溶性杂质可用适当的试剂使其生成难溶沉淀而除去。

首先在粗食盐溶液中加入稍微过量的 $BaCl_2$ 溶液，即可将 SO_4^{2-} 转化为难溶解的 $BaSO_4$ 沉淀而除去。

$$Ba^{2+} + SO_4^{2-} =\!=\!=\!= BaSO_4 \downarrow$$

将溶液过滤，除去 $BaSO_4$ 沉淀，再加入 NaOH 和 Na_2CO_3 溶液，由于发生下列反应：

$$Mg^{2+} + 2OH^- =\!=\!=\!= Mg(OH)_2 \downarrow$$
$$Ca^{2+} + CO_3^{2-} =\!=\!=\!= CaCO_3 \downarrow$$
$$Ba^{2+} + CO_3^{2-} =\!=\!=\!= BaCO_3 \downarrow$$

食盐溶液中杂质 Mg^{2+}、Ca^{2+} 以及沉淀 SO_4^{2-} 时加入的过量 Ba^{2+} 便相应转化为难溶的 $Mg(OH)_2$、$CaCO_3$、$BaCO_3$ 沉淀而通过过滤的方法除去。

过量的 NaOH 和 Na_2CO_3 可以用盐酸中和除去。

少量可溶性杂质（如 KCl）由于含量很少，在蒸发浓缩和结晶过程中仍留在溶液中，不会和 NaCl 同时结晶出来。

三、仪器与试剂

1. 仪器

电子天平（十分之一）；烧杯（100 mL）；锥形瓶；玻璃棒；量筒；布氏漏斗；吸滤瓶；真空泵；蒸发皿；试管。

2. 试剂

NaOH(2 mol·L⁻¹)；BaCl₂(1 mol·L⁻¹)；Na₂CO₃(1 mol·L⁻¹)；(NH₄)₂C₂O₄(0.5 mol·L⁻¹)；HAc(6 mol·L⁻¹)；粗食盐（s）；镁试剂；pH 试纸；滤纸。

四、实验内容

1. 粗食盐的提纯

(1) 称量和溶解 取适量粗食盐于研钵中研细，然后在天平上称取 5.0 g 研细的粗食盐，转移至小烧杯中，加约 20 mL 蒸馏水，用玻璃棒搅动，并加热使其溶解。

(2) 除去 SO_4^{2-} 将粗食盐溶液加热至沸，在搅动下逐滴加入 1 mol·L⁻¹ BaCl₂ 溶液至沉淀完全（为了试验沉淀是否完全，可将烧杯从热源上取下，待沉淀沉降后，用滴管吸取上层清液于一支试管中，加入 2 滴 2 mol·L⁻¹ HCl，再加 1～2 滴 BaCl₂ 溶液，观察是否还有浑浊现象；如果无浑浊现象，说明 SO_4^{2-} 已完全沉淀，如果仍有浑浊现象，则需继续滴加 BaCl₂，直至上层清液在加入一滴 BaCl₂ 后，不再产生浑浊现象为止）。沉淀完全后，继续加热一段时间，使 BaSO₄ 颗粒长大而易于沉淀和过滤。稍冷，减压抽滤，滤液移至干净烧杯中。

(3) 除去 Ca^{2+}、Mg^{2+} 和过量的 Ba^{2+} 向滤液中加入 0.5 mL 2 mol·L⁻¹ NaOH 和 3 mL 1 mol·L⁻¹ Na₂CO₃，加热至沸，静置，待沉淀沉降后，在上层清液中滴加 1 mol·L⁻¹ Na₂CO₃ 溶液至不再产生沉淀为止。沉淀完全后，继续加热一段时间，使沉淀颗粒长大而易于过滤。稍冷，减压抽滤，滤液移至干净的蒸发皿中。

(4) 除去剩余的 OH^-、CO_3^{2-} 向滤液中逐滴加入 2 mol·L⁻¹ HCl，并用玻璃棒蘸取滤液在 pH 试纸上试验，直至溶液呈微酸性为止（pH＝5～6）。为什么？

(5) 除去 K^+ 等 用水浴加热蒸发皿进行蒸发，浓缩至稀粥状的稠液为止，但切不可将溶液蒸发至干（注意防止蒸发皿破裂）。冷却后，减压抽滤，弃去滤液。

(6) 蒸发干燥 将结晶转移到干燥的蒸发皿中，在石棉网上用小火加热干燥（注意加热过程中需用玻璃棒不断搅拌以防晶体进溅）。冷至室温，称重，并计算其产率。

2. 产品纯度的检验

分别取少量（约 0.5 g）提纯前和提纯后的食盐，用 5 mL 蒸馏水加热溶解，然后各盛于三支试管中，组成三组，对照检验它们的纯度。

(1) SO_4^{2-} 的检验 在第一组溶液中分别加入 2 滴 1 mol·L⁻¹ BaCl₂ 溶液，检查沉淀产生的情况。若有白色沉淀产生，再加 2 mol·L⁻¹ HCl 至溶液呈酸性，沉淀若不溶解则证明有 SO_4^{2-} 存在。记录对照实验结果。

(2) Ca^{2+} 的检验 在第二组溶液中，各加入 6 mol·L⁻¹ HAc 至溶液呈酸性，再分别加入 2 滴 0.5 mol·L⁻¹ (NH₄)₂C₂O₄ 溶液，观察是否有白色难溶的草酸钙（CaC₂O₄）沉淀产生。记录对照实验结果。

(3) Mg^{2+} 的检验 在第三组溶液中，各加入 2～3 滴 1 mol·L⁻¹ NaOH 溶液，使溶液呈碱性（用 pH 试纸试验），再各加入 2～3 滴"镁试剂"，观察是否有天蓝色沉淀产生。

镁试剂是一种有机染料，它在酸性溶液中呈黄色，在碱性溶液中呈红色或紫色，但被 Mg(OH)₂ 沉淀吸附后，则呈天蓝色，因此可以用来检验 Mg^{2+} 的存在。记录对照实验结果。

五、注意事项

1. $(NH_4)_2C_2O_4$ 检查 Ca^{2+} 时，Mg^{2+} 对此有干扰，也产生白色的 MgC_2O_4 沉淀，但 MgC_2O_4 溶于 HAc，所以加入 HAc 酸化可排除 Mg^{2+} 的干扰。

2. 对硝基偶氮间苯二酚俗称"镁试剂"，它在酸性溶液中呈黄色，在碱性溶液中呈紫色，被 $Mg(OH)_2$ 吸附后显天蓝色。

3. 镁试剂的配制：称取 0.01 g 镁试剂溶于 1000 mL 2 $mol \cdot L^{-1}$ NaOH 溶液中，摇匀即可。

六、思考题

1. 试述除去粗食盐中杂质 Mg^{2+}、Ca^{2+}、K^+ 和 SO_4^{2-} 等离子的方法，并写出有关反应方程式。

2. 在除去粗食盐中杂质 Mg^{2+}、Ca^{2+} 和 SO_4^{2-} 等离子时，为什么要先加 $BaCl_2$ 溶液，然后再加入 NaOH 和 Na_2CO_3 溶液？

3. 为什么用毒性较大的 $BaCl_2$ 溶液除去 SO_4^{2-} 而不用无毒的 $CaCl_2$？

4. 在除去过量的沉淀剂 NaOH、Na_2CO_3 时，需用 HCl 调节溶液呈微酸性（$pH \approx 6$）为什么？若酸度或碱度过大，有何影响？

5. 在浓缩过程中，能否把溶液蒸干？为什么？

6. 在检查产品纯度时，能否用自来水溶解食盐，为什么？

7. 产率可能超过 100% 吗？如果可能，试述原因。

参考文献

[1] 庞茂林 . 基础化学实验 [M] . 北京：人民卫生出版社，2002.
[2] 张利民 . 无机化学实验 [M] . 北京：人民卫生出版社，2003.

（程宝荣）

实验四十三

硫酸亚铁铵的制备

一、实验目的

1. 掌握制备复盐的原理与方法。
2. 掌握水浴加热、蒸发、结晶和减压过滤等基本操作。
3. 熟悉目视比色法检验产品中微量杂质的分析方法。

二、实验原理

硫酸亚铁铵又称摩尔盐，是浅蓝绿色单斜晶体，它能溶于水，但难溶于乙醇。在空气中它不易被氧化，比硫酸亚铁稳定，所以在化学分析中可作为基准物质，用来直接配制标准溶液或标定未知溶液浓度。

由硫酸铵、硫酸亚铁和硫酸亚铁铵在水中的溶解度数据（见表 43-1）可知，在一定温度范围内，硫酸亚铁铵的溶解度比组成它的每一组分的溶解度都小。因此，很容易从浓的 $FeSO_4$ 和 $(NH_4)_2SO_4$ 混合溶液中制得结晶状的摩尔盐 $FeSO_4 \cdot (NH_4)_2SO_4 \cdot 6H_2O$。

表 43-1　几种物质的溶解度（g/100 g H_2O）

温度	0℃	10℃	20℃	30℃	40℃
$FeSO_4 \cdot 7H_2O$	28.8	40.0	48.0	60.0	73.3
$(NH_4)_2SO_4$	70.6	73	75.4	78.0	81
$FeSO_4 \cdot (NH_4)_2SO_4$	12.5	17.2	26.4	33	46

本实验先将金属铁屑溶于稀硫酸制得硫酸亚铁溶液：

$$Fe + H_2SO_4 = FeSO_4 + H_2 \uparrow$$

然后加入等物质的量的硫酸铵制得混合溶液，加热浓缩，冷至室温，便析出硫酸亚铁铵晶体。

$$FeSO_4 + (NH_4)_2SO_4 + 6H_2O = FeSO_4 \cdot (NH_4)_2SO_4 \cdot 6H_2O$$

目视比色法是确定杂质含量的一种常用方法，在确定杂质含量后便能定出产品的级别。由于 Fe^{3+} 能与 SCN^- 生成红色的物质 $[Fe(SCN)_n]^{3-n}$，当红色较深时，表明产品中含杂质 Fe^{3+} 较多；当红色较浅时，表明产品中含 Fe^{3+} 较少。所以，将产品与 KSCN 在比色管中配成待测溶液，将它所呈现的红色与含一定 Fe^{3+} 量所配制的系列标准溶液进行比色，如果产品溶液的颜色与某一标准溶液的颜色相仿，就可确定待测溶液中杂质 Fe^{3+} 的含量，从而确定产品和等级。本实验仅做摩尔盐中 Fe^{3+} 的目视比色分析。

三、仪器与试剂

1. 仪器

电子天平（十分之一）；锥形瓶（150 mL）；烧杯；量筒（10 mL，50 mL）；蒸发皿；布氏漏斗；吸滤瓶；酒精灯；表面皿；水浴（可用大烧杯代替）；比色管（25 mL）。

2. 试剂

H_2SO_4（3 mol·L^{-1}）；KSCN（0.1 mol·L^{-1}）；$(NH_4)_2SO_4$(s)；铁屑；乙醇；Na_2CO_3（1 mol·L^{-1}）；pH 试纸。

四、实验内容

1. 铁屑的净化（除去油污）

用台式天平称取 2.0 g 铁屑，放入锥形瓶中，加入 20 mL 1 mol·L^{-1} Na_2CO_3 溶液。缓缓加热约 10 min 后，倾倒去 Na_2CO_3 碱性溶液（回收），用自来水洗涤两次后，再用 20 mL 去离子水把铁屑冲洗洁净（如果用纯净的铁屑，可省去这一步）。

2. 硫酸亚铁的制备

往盛有 2.0 g 洁净铁屑的锥形瓶中加入 15 mL 3 mol·L^{-1} H_2SO_4 溶液，水浴加热，轻轻振摇（在通风橱中进行）。在加热过程中应不时加入少量去离子水，以补充被蒸发的水分，防止 $FeSO_4$ 结晶析出；同时要控制溶液的 pH 值不大于 1（为什么？如何测量和控制？），使铁屑与稀硫酸反应至不再冒出气泡为止。趁热减压过滤，用少量热的蒸馏水洗涤锥形瓶及布氏漏斗上的残渣，抽干，滤液转移到洁净的蒸发皿中。将锥形瓶中及滤纸上的残渣取出，用滤纸片吸干后称量。根据已作用的铁屑质量，算出溶液中 $FeSO_4$ 的理论产量。

3. 硫酸亚铁铵的制备

根据 $FeSO_4$ 的理论产量，按物质的量 1∶1 计算并称取所需固体 $(NH_4)_2SO_4$，配成饱和溶液，加入上面所制得的 $FeSO_4$ 溶液中，混合均匀，用 3 mol·L^{-1} H_2SO_4 调节 pH 值为 1~2，在水浴上加热搅拌，蒸发浓缩至溶液表面刚出现薄层的结晶时为止。放置缓慢冷却后即有硫酸亚铁铵晶体析出。减压过滤，抽干，用少量无水乙醇洗去晶体表面所附着的水分。将晶体取出，置于两张洁净的滤纸之间，并轻压以吸干母液。称重并计算产率。

4. 产品检验——Fe^{3+} 的限量分析

（1）标准溶液的配制（由实验室配制） 称取 0.8634 g $NH_4Fe(SO_4)_2·12H_2O$ 溶于少量蒸馏水中，加 2.5 mL 浓硫酸，移入 1000 mL 容量瓶中，定容。此溶液含 Fe^{3+} 为 0.1000 g·L^{-1}。

（2）标准色阶的配制 分别取 0.50 mL、1.00 mL、2.00 mL Fe^{3+} 标准溶液于三个 25 mL 比色管中，依次各加入 1.0 mL 3 mol·L^{-1} H_2SO_4 和 0.1 mL 1 mol·L^{-1} KSCN，最后用不含氧的蒸馏水（将蒸馏水用小火煮沸 5 min 以除去所溶解的氧，盖好表面皿，冷却后即可取用）稀释至刻度，摇匀，配成如表 43-2 所示的不同等级的标准溶液。

表 43-2 不同等级标准溶液 Fe^{3+} 含量

规格	I	II	III
Fe^{3+} 含量/mg	0.050	0.10	0.20

（3）产品检验　称取 $1.0\,g$ 产品，放入 $25\,mL$ 比色管中，用 $15\,mL$ 不含氧的蒸馏水溶解，加入 $1.0\,mL$ $3\,mol\cdot L^{-1}$ H_2SO_4 和 $0.1\,mL$ $1\,mol\cdot L^{-1}$ KSCN，再加不含氧的蒸馏水至 $25\,mL$，摇匀。用目测法与 Fe^{3+} 标准溶液进行比较，确定产品中 Fe^{3+} 含量所对应的等级。

五、注意事项

1. 在制备 $FeSO_4$ 时，应用试纸测试溶液 pH，保持 $pH \leqslant 1$，以使铁屑与硫酸溶液的反应能不断进行。

2. 若所用铁屑不纯，与酸反应时可能产生有毒的氢化物，最好在通风橱中进行。

3. 在检验产品中 Fe^{3+} 含量时，为防止 Fe^{2+} 被溶解在水中的氧气氧化，应该将蒸馏水加热至沸腾，以赶出水中溶入的氧气。

六、思考题

1. 为什么制备 $FeSO_4$ 时要保持铁的剩余？

2. 为什么要保持硫酸亚铁溶液和硫酸亚铁铵溶液有较强的酸性？

3. 在反应过程中，铁和硫酸哪一种应过量，为什么？

4. 限量分析时，为什么要用不含氧的水？写出限量分析的反应式。

5. 怎样才能得到较大的晶体？

参考文献

[1]　陈烨璞 . 无机及分析化学实验［M］. 北京：化学工业出版社，1998.

[2]　张利民 . 无机化学实验［M］. 北京：人民卫生出版社，2003.

[3]　孟凡德 . 医用基础化学实验［M］. 北京：科学出版社，2001.

（程宝荣）

实验四十四

三草酸合铁(Ⅲ)酸钾的合成和组成测定

一、实验目的

1. 掌握三草酸合铁(Ⅲ) 酸钾的合成方法。
2. 掌握确定化合物组成的基本原理及方法。
3. 巩固天平称量、减压过滤、滴定分析以及重量分析的基本操作。
4. 熟悉高锰酸钾标准溶液的配制、标定及读数方法。

二、实验原理

1. 配合物的合成

三草酸合铁(Ⅲ) 酸钾 ($K_3[Fe(C_2O_4)_3] \cdot 3H_2O$) 是绿色单斜晶体，易溶于水，难溶于乙醇、丙酮等有机溶剂。受热至110℃时可失去结晶水，230℃时即发生分解。

$K_3[Fe(C_2O_4)_3] \cdot 3H_2O$ 是一些有机反应良好的催化剂，也是制备负载型活性铁催化剂的主要原料，具有工业生产价值。

合成 $K_3[Fe(C_2O_4)_3] \cdot 3H_2O$ 的方法一般为：先用硫酸亚铁铵与草酸反应制备草酸亚铁晶体，然后在草酸根过量存在下，用过氧化氢氧化草酸亚铁即可制得 $K_3[Fe(C_2O_4)_3] \cdot 3H_2O$。在氧化过程中会有 $Fe(OH)_3$ 生成，此时可加入适量草酸除之。反应如下：

$$(NH_4)_2Fe(SO_4)_2 + H_2C_2O_4 \Longrightarrow FeC_2O_4 \downarrow + (NH_4)_2SO_4 + H_2SO_4$$

$$6FeC_2O_4 + 3H_2O_2 + 6K_2C_2O_4 \Longrightarrow 4K_3[Fe(C_2O_4)_3] + 2Fe(OH)_3$$

$$2Fe(OH)_3 + 3H_2C_2O_4 + 3K_2C_2O_4 \Longrightarrow 2K_3[Fe(C_2O_4)_3] + 6H_2O$$

$K_3[Fe(C_2O_4)_3] \cdot 3H_2O$ 晶体受光照易分解，是光敏物质。在日光或强化照射下易发生分解反应，生成草酸亚铁而呈黄色，光化学反应如下：

$$2[Fe(C_2O_4)_3]^{3-} \xrightarrow{h\nu} 2FeC_2O_4 + 3C_2O_4^{2-} + 2CO_2 \uparrow$$

分解生成的 FeC_2O_4 和 $K_3[Fe(CN)_6]$ 反应生成滕氏蓝，反应如下：

$$3FeC_2O_4 + 2K_3[Fe(CN)_6] \Longrightarrow Fe_3[Fe(CN)_6]_2 + 3K_2C_2O_4$$

因此在实验室可用 $K_3[Fe(C_2O_4)_3]$ 制成感光纸，进行感光实验。此外，利用 $K_3[Fe(CN)_6]$ 活性，可定量进行光化学反应的特性，常将其作为化学光量计。

2. 配合物的组成分析

(1) 重量分析法测定结晶水 结晶水是水合结晶物质结构内部的水，加热至一定温度后即可失去。$K_3[Fe(C_2O_4)_3]\cdot3H_2O$ 晶体受热至 110℃ 时可失去全部结晶水。实验时称取一定质量已干燥的 $K_3[Fe(C_2O_4)_3]\cdot3H_2O$ 晶体，在 110℃ 下加热一段时间，至体系质量不再改变为止，此时试样减少的质量就是所含结晶水的质量。

（2）草酸根含量的测定　草酸根在酸性介质中可被高锰酸钾定量氧化。

$$2MnO_4^- + 5C_2O_4^{2-} + 16H^+ \xrightarrow{} 2Mn^{2+} + 10CO_2\uparrow + 8H_2O$$

由滴定时所消耗高锰酸钾标准溶液的量，可求算出溶液中草酸根离子的量。

（3）铁含量的测定　用还原剂将 Fe^{3+} 还原为 Fe^{2+} 后，用高锰酸钾标准溶液滴定 Fe^{2+}。

$$MnO_4^- + 5Fe^{2+} + 8H^+ \xrightarrow{} Mn^{2+} + 5Fe^{3+} + 4H_2O$$

根据滴定时高锰酸钾消耗的量，可计算出溶液中 Fe^{2+} 的量。

（4）钾含量的确定　根据草酸根、铁含量的测定结果，可以推知每克无水盐中所含铁离子和草酸根离子的物质的量 n_1 和 n_2，则可求得每克无水盐中所含钾离子的物质的量 n_3。

最后根据测定结果，求出每克无水盐中铁离子、草酸根离子、钾离子物质的量 n_1、n_2、n_3 三者的比值，从而确定所合成化合物的化学式。

三、仪器与试剂

1. 仪器

电子天平（十分之一）；电子分析天平（万分之一）；称量瓶；酸式滴定管（25 mL）；量筒（25 mL×4，100 mL）；称量瓶；坩埚；烧杯（200 mL，500 mL）；锥形瓶（250 mL×3）；表面皿；滴管；温度计；玻璃棒；石棉网；电炉或酒精灯；水浴锅；玻璃砂芯过滤器（3 号，P40）；定性滤纸；减压抽滤装置；电热恒温干燥箱。

2. 试剂

H_2SO_4（3 mol·L^{-1}）；$H_2C_2O_4$（饱和）；$K_2C_2O_4$（饱和）；$K_3[Fe(CN)_6]$（3.5%）；H_2O_2（3%）；乙醇（95%）；$(NH_4)_2Fe(SO_4)_2\cdot6H_2O$（s）；$Na_2C_2O_4$（s）；$KMnO_4$（s）；$K_3[Fe(CN)_6]$（s）；锌粉；pH 试纸。

四、实验内容

1. $K_3[Fe(C_2O_4)_3]\cdot3H_2O$ 的制备

（1）草酸亚铁的制备　向 200 mL 烧杯内加入 5.0 g $(NH_4)_2Fe(SO_4)_2\cdot6H_2O$ 晶体、15 mL 蒸馏水和 10 滴左右 3 mol·L^{-1} H_2SO_4 溶液（防止 Fe^{2+} 水解），加热溶解后，边搅拌边加入 25 mL 饱和 $H_2C_2O_4$ 溶液，加热至沸，继续搅拌片刻后停止加热，静置。待黄色的 FeC_2O_4 沉淀完全沉降后，倾弃去上层清液。倾析法洗涤沉淀 2～3 次，每次用水约 15 mL。

（2）三草酸合铁（Ⅲ）酸钾的制备　在上述沉淀中加入 10 mL 饱和 $K_2C_2O_4$ 溶液，水浴加热至 40℃。用滴管慢慢加入 20 mL 3% H_2O_2 溶液，边加边搅拌溶液并维持温度为 40℃，此时溶液中有棕红色 $Fe(OH)_3$ 沉淀生成。加毕，将溶液加热至沸以驱除过量的 H_2O_2。接着在激烈搅拌下（有条件可用电磁搅拌器），趁热分两次向反应溶液中慢慢加入 8～10 mL 饱和 $H_2C_2O_4$ 溶液（先加入 5 mL，再慢慢滴加剩余的 $H_2C_2O_4$ 溶液），至反应体系成为绿色透明溶液，若溶液中仍含有难溶杂质，则趁热抽滤，滤液呈亮绿色。

向滤液中加入 10 mL 95% 乙醇，此时如果滤液出现浑浊可微热使其澄清，盖上表面皿，置于暗处自然冷却（必要时可避光静置过夜），晶体完全析出后（若晶体析出较少，可增加乙醇用量或者在冰水浴中冷却），抽滤，用少量 95% 乙醇洗涤晶体 2 次，抽干，在空气中干燥，称量，计算产率。产物避光保存，留作测定。

2. $K_3[Fe(C_2O_4)_3] \cdot 3H_2O$ 的组分分析

（1）结晶水的测定 将两个干净的坩埚放入烘箱中，在 110℃ 下干燥 1 h，然后置于干燥器中冷却至室温，称重。重复干燥、冷却、称重的操作，直至恒重。

用电子分析天平（万分之一）准确称取 0.5～0.6 g（准确至 0.0001 g）三草酸合铁（Ⅲ）酸钾晶体 2 份，分别置于上述已恒重的 2 个坩埚内，重复上述干燥坩埚的操作过程，直至恒重。

根据称量结果，计算出产物的结晶水含量。

（2）草酸根含量的测定

① $KMnO_4$ 标准溶液的配制与标定 在天平上称取 1.7 g $KMnO_4$，置于烧杯中，加入适量蒸馏水溶解后稀释至 500 mL，盖上表面皿，将溶液加热至沸并保持微沸 1 h，冷却后用玻璃砂芯过滤器过滤，滤液倒入洁净的棕色试剂瓶中，摇匀后即可标定和使用。

准确称取约 0.15～0.20 g 预先在 110℃ 干燥过的 $Na_2C_2O_4$ 三份，分别置于 250 mL 锥形瓶中，加入 50 mL 蒸馏水和 15 mL 3 mol·L^{-1} H_2SO_4 溶液使其溶解。将溶液慢慢加热直至有较多蒸气冒出（约 75～85℃），趁热用待标定的 $KMnO_4$ 溶液进行滴定。开始滴定时，速度要慢，加入第 1 滴 $KMnO_4$ 溶液后，不要搅动溶液，当紫红色褪去后再加入第 2 滴。随着溶液中 Mn^{2+} 浓度增加，反应速率也逐渐加快，此时滴加速度可以适当加快一些，但仍需逐滴加入。接近终点时，紫红色褪去很慢，应放慢滴定速度，同时充分摇匀溶液。直至溶液出现微红色并保持 30 s 不消失时，即为滴定终点。记录滴定时消耗的 $KMnO_4$ 溶液的体积，计算出 $KMnO_4$ 溶液的浓度。

② $C_2O_4^{2-}$ 含量的测定 将制得的 $K_3[Fe(C_2O_4)_3] \cdot 3H_2O$ 晶体在 110℃ 温度下干燥 1.5～2 h，然后置于干燥器中冷却备用。

减量法精确称取 0.18～0.22 g（准确至 0.0001 g）干燥过的 $K_3[Fe(C_2O_4)_3] \cdot 3H_2O$ 固体样品 3 份，分别放入 3 个 250 mL 锥形瓶中，分别加入 50 mL 蒸馏水和 15 mL 3 mol·L^{-1} H_2SO_4 溶液。将锥形瓶置于水浴中加热至 70～80℃，趁热用已标定的 $KMnO_4$ 标准溶液滴定，根据滴定消耗的 $KMnO_4$ 标准溶液的浓度和体积，计算出每克无水化合物所含 $C_2O_4^{2-}$ 的物质的量 n_1 值。

滴定完的 3 份溶液留待后用。

（3）Fe^{3+} 含量的测定 向上述保留的溶液中加入还原剂锌粉，直至黄色褪去。加热，使 Fe^{3+} 还原为 Fe^{2+}，过滤除去过量的锌粉。滤液转移至另一洁净的锥形瓶中，洗涤锌粉，将洗涤液也转移至上述锥形瓶中，合并滤液和洗涤液。再用 $KMnO_4$ 标准溶液滴定溶液至微红色，并计算出每克无水化合物所含 Fe^{3+} 的物质的量 n_2 值。

根据以上分析结果，推算出合成产物的化学式。

3. $K_3[Fe(C_2O_4)_3] \cdot 3H_2O$ 的性质

（1）感光性质 取少量产物置表面皿上，置于日光下观察晶体的颜色变化，与放在暗处的晶体颜色比较。

（2）制感光纸 分别称取 0.3 g $K_3[Fe(C_2O_4)_3] \cdot 3H_2O$ 晶体、0.4 g $K_3[Fe(CN)_6]$ 晶体置于小烧杯中，加入 5 mL 蒸馏水溶解，取溶液适量涂在滤纸上制成感光纸。于感光纸上覆上图案，在日光直射下放置数秒钟，可见曝光部分呈蓝色，被覆盖的部分即显影出图案。

（3）配感光液 称取 0.3～0.5 g $K_3[Fe(C_2O_4)_3]\cdot 3H_2O$ 晶体于小烧杯中，加入 5 mL 蒸馏水溶解，取适量溶液涂在滤纸上。在上述滤纸上覆上图案，置于阳光下直射放置数秒钟，曝光后拿去图案，用 3.5% $K_3[Fe(CN)_6]$ 溶液润湿或漂洗滤纸即可显影出图案。

五、注意事项

1. 实验中所用 3% H_2O_2 溶液须是新配制的。

2. H_2O_2 氧化 FeC_2O_4 时，反应温度不宜太高，应维持在 40℃，以免温度过高使 H_2O_2 发生分解，同时反应过程中应不断搅拌溶液，使 Fe^{2+} 充分被氧化。反应完成后加热驱除过量 H_2O_2 时，煮沸时间不宜过长（约 2～3 min），H_2O_2 基本分解完全即可停止加热，否则生成的 $Fe(OH)_3$ 沉淀颗粒较粗，将导致 $H_2C_2O_4$ 对其的酸溶速度较慢。

3. $H_2C_2O_4$ 对 $Fe(OH)_3$ 沉淀的酸溶过程中，若加入饱和 $H_2C_2O_4$ 溶液过多，pH 过低，导致生成 $K_2C_2O_4$ 等副反应严重；若加入饱和 $H_2C_2O_4$ 溶液过少，pH 过高，$Fe(OH)_3$ 溶解不充分，导致产量下降。因此草酸的加入量应以反应液最终达到 pH 值为 3～3.5 为宜。同时酸溶过程中一般不必加热，以减少副反应的发生。

4. 标定 $KMnO_4$ 标准溶液时，升温可以加快滴定反应速率，温度过低会影响反应速率，但温度不能超过 85℃，否则草酸易发生分解。滴定终点时，溶液的温度应高于 60℃。

5. $KMnO_4$ 溶液具有强氧化性，应装在酸式滴定管中。又因为 $KMnO_4$ 溶液颜色较深，滴定管读数时不易观察到溶液弯月面的最低点，因此体积读数应是使视线平视滴定管中液面两侧的最高点。

六、思考题

1. 制备产物时加完 H_2O_2 后，为何要煮沸溶液？反应过程中产生的红棕色沉淀是什么？

2. 在合成的最后向母液中加入 95% 乙醇后，产物会析出，请问能否用蒸发浓缩的方法来获取产物？为什么？

3. $K_3[Fe(C_2O_4)_3]\cdot 3H_2O$ 晶体见光易分解，应如何保存？

4. $K_3[Fe(C_2O_4)_3]\cdot 3H_2O$ 采用烘干脱水法测定其结晶水含量，那么，$FeCl_3\cdot 6H_2O$ 晶体能否用同样的方法来测定？为什么？

参考文献

[1] 钟国清. 无机及分析化学实验 [M]. 北京：科学出版社，2011.

[2] 南京大学大学化学实验教学组. 大学化学实验 [M]. 2 版. 北京：高等教育出版社，2010.

[3] 南京大学《无机及分析化学实验》编写组. 无机及分析化学实验 [M]. 4 版. 北京：高等教育出版社，2006.

[4] 孙尔康，张剑荣，李巧云，等. 无机及分析化学试验 [M]. 南京：南京大学出版社，2010.

[5] 柯以侃，王桂花. 大学化学实验 [M]. 2 版. 北京：化学工业出版社，2010.

[6] 张利民. 无机化学实验 [M]. 北京：人民卫生出版社，2003.

[7] 曹小霞，蒋晓瑜. 三草酸合铁（Ⅲ）酸钾的合成实验优化 [J]. 长春师范学院学报（自然科学版），2012，31（9）：42-45.

[8] 唐树和，顾云兰，张根成. 三草酸合铁（Ⅲ）酸钾制备实验的探究 [J]. 广州化工，2011，39（3）：168-170.

[9] 姜述琴，陈虹锦，梁竹梅，等. 三草酸合铁（Ⅲ）酸钾制备实验探索 [J]. 实验室研究与探索，2006，25（10）：1194-1196.

（周萍）

实验四十五

硫酸四氨合铜（Ⅱ）的制备及配离子组成分析

一、实验目的

1. 掌握由氧化铜制备硫酸四氨合铜（Ⅱ）的方法。
2. 掌握水浴蒸发、结晶、减压抽滤、蒸馏等基本操作。
3. 掌握氧化还原滴定、酸碱滴定的基本原理和操作。

二、实验原理

硫酸四氨合铜（Ⅱ）（$[Cu(NH_3)_4]SO_4 \cdot H_2O$）为深蓝色晶体，主要用于印染、纤维、杀虫剂及制备某些含铜的化合物。常温下在空气中易与水和二氧化碳反应生成铜的碱式盐，使晶体变成绿色的粉末。本实验利用粗氧化铜溶于适当浓度的硫酸溶液中制得硫酸铜溶液，再加入过量的氨水反应来制取$[Cu(NH_3)_4]SO_4 \cdot H_2O$。反应如下：

$$CuO + H_2SO_4 \Longrightarrow CuSO_4 + H_2O$$
$$CuSO_4 + 4NH_3 + H_2O \Longrightarrow [Cu(NH_3)_4]SO_4 \cdot H_2O$$

由于原料不纯，因此所得的 $CuSO_4$ 溶液中常含有不溶性物质和可溶性的 $FeSO_4$ 和 $Fe_2(SO_4)_3$。用 H_2O_2 将其中的 Fe^{2+} 氧化成 Fe^{3+}，再利用 NaOH 调节溶液 pH 至 3~4，加热煮沸，使 Fe^{3+} 水解为 $Fe(OH)_3$ 沉淀，在过滤时和其他不溶性杂质一起被除去。反应如下：

$$2Fe^{2+} + 2H^+ + H_2O_2 \Longrightarrow 2Fe^{3+} + 2H_2O$$
$$Fe^{3+} + H_2O \Longrightarrow Fe(OH)_3 + 3H^+$$

可用 KSCN 检验溶液中的 Fe^{3+} 是否除净，反应式为：

$$Fe^{3+} + nSCN^- \Longrightarrow [Fe(SCN)_n]^{3-n} \quad (n=1\sim6, 深红色)$$

硫酸四氨合铜（Ⅱ）在加热时易失氨，并且在乙醇中的溶解度远小于在水中的溶解度，所以其晶体的制备不宜选用蒸发浓缩等常规的方法，而是向硫酸铜溶液中加入浓氨水之后，再加入乙醇溶液，即可析出$[Cu(NH_3)_4]SO_4 \cdot H_2O$晶体。

硫酸四氨合铜（Ⅱ）晶体中 Cu^{2+} 的含量可利用碘量法进行测定。在 pH 值为 3~4 的条件下，先使 Cu^{2+} 与过量的 I^- 反应，生成难溶的 CuI 沉淀和 I_2，反应式如下：

$$2Cu^{2+} + 4I^- \rightleftharpoons 2CuI\downarrow + I_2$$

生成的 I_2 再用 $Na_2S_2O_3$ 标准溶液滴定，以淀粉溶液为指示剂，滴定至溶液的蓝色刚好消失即为终点。滴定反应如下：

$$I_2 + 2S_2O_3^{2-} \rightleftharpoons 2I^- + S_4O_6^{2-}$$

由于反应生成的 CuI 沉淀表面会吸附 I_2 从而导致分析结果偏低，因此可在溶液中大部分 I_2 被 $Na_2S_2O_3$ 溶液滴定后，加入 KSCN 溶液，使 CuI 沉淀转化为溶解度更小的 CuSCN 沉淀，将被吸附的 I_2 释放出来，进而提高测定结果的准确度。根据滴定所消耗的 $Na_2S_2O_3$ 标准溶液的浓度及其体积，即可计算出产物中铜的含量。

产物中 NH_3 含量的测定一般采用酸碱滴定法。可先将 NH_3 蒸馏出并用过量的 HCl 溶液吸收，剩余的 HCl 则用 NaOH 标准溶液进行滴定，根据滴定所消耗 NaOH 标准溶液的浓度、体积以及 HCl 溶液的用量，即可求算出产物 NH_3 的含量。

$$[Cu(NH_3)_4]SO_4 + 2NaOH \rightleftharpoons CuO\downarrow + 4NH_3\uparrow + Na_2SO_4 + H_2O$$

三、仪器与试剂

1. 仪器

电子天平（十分之一）；电子分析天平（万分之一）；小烧杯（100 mL，500 mL）；量筒（10 mL，20 mL）；酸式滴定管（25 mL）；碱式滴定管（25 mL）；容量瓶（100 mL）；锥形瓶（250 mL）；碘量瓶（250 mL）；移液管（20 mL）；吸量管（5 mL）；滴管；玻璃棒；电炉；石棉网；点滴板；表面皿；蒸发皿；定性滤纸；减压抽滤装置；三脚架。

2. 试剂

CuO 粉末；H_2SO_4（3 mol·L^{-1}）；HCl 标准溶液（0.1 mol·L^{-1}）；NaOH 标准溶液（0.05 mol·L^{-1}）；NaOH（10%）；氨水（体积比 1:1）；$Na_2S_2O_3$ 标准溶液（0.05 mol·L^{-1}）；Cu^{2+} 标准溶液（0.05 mol·L^{-1}）KI（5%）；KSCN（5%）；淀粉溶液（5%）；甲基红指示剂（0.1%水溶液）；95%乙醇；$K_2Cr_2O_7$（A. R.）；精密 pH 试纸；广泛 pH 试纸。

四、实验内容

1. $[Cu(NH_3)_4]SO_4 \cdot H_2O$ 晶体的制备

(1) $CuSO_4$ 溶液的制备　称取 2.0 g CuO 置于 100 mL 烧杯中，加入 10 mL 3 mol·L^{-1} H_2SO_4 溶液，微热使黑色 CuO 溶解，加入 15 mL 蒸馏水，溶液呈蓝色。

(2) $CuSO_4$ 溶液的精制　在上述制备的 $CuSO_4$ 溶液中滴加 1 mL 3 mol·L^{-1} H_2SO_4 溶液，将溶液加热至沸腾，搅拌 2~3 min，边搅拌边逐滴加入 10% NaOH 到 pH＝3.5（用精密 pH 试纸检验），使 Fe^{3+} 生成沉淀。用吸管吸取少量溶液于点滴板上，加入 1 滴 5% KSCN 溶液，如溶液出现红色，说明 Fe^{3+} 未沉淀完全，则需继续往烧杯中滴加 NaOH 溶液。待 Fe^{3+} 沉淀完全后，继续加热溶液片刻，趁热减压过滤，滤液转移至干净的蒸发皿中。

(3) $[Cu(NH_3)_4]SO_4 \cdot H_2O$ 晶体的制备　将蒸发皿置于水浴上加热，使滤液蒸发浓缩至 10~15 mL，冷却至室温。用 1:1 氨水调 $CuSO_4$ 溶液 pH 至 6~8，然后加 15 mL 1:1 氨水，溶液呈深蓝色。缓慢加入 10 mL 95%乙醇，即有深蓝色晶体析出。盖上表面皿，静置约 15 min，抽滤，用 20 mL 95%乙醇和 1:1 氨水混合溶液（两溶液各取 10 mL 混合得到）洗涤 $[Cu(NH_3)_4]SO_4 \cdot H_2O$ 晶体 4 次，产品抽干后称重，计算产率。

2. [Cu(NH₃)₄]²⁺ 配离子中铜含量的测定

(1) 氧化还原滴定法 准确称取 $0.8 \sim 0.9$ g 制备的 $[Cu(NH_3)_4]SO_4 \cdot H_2O$ 晶体试样 (准确至 0.0001 g)，置于 100 mL 小烧杯中，加入 6 mL 3 mol·L⁻¹ H_2SO_4 溶液和 20 mL 蒸馏水，搅拌使之溶解，定容至 100 mL。

移液管移取 20.00 mL 上述试液，转移至 250 mL 碘量瓶中，加入 10 mL 5% KI 溶液，用 0.05 mol·L⁻¹ $Na_2S_2O_3$ 标准溶液滴定至溶液呈淡黄色后，加入 2 mL 0.5% 淀粉溶液，继续滴定至溶液呈蓝紫色，再加入 10 mL 5% KSCN 溶液，继续用 $Na_2S_2O_3$ 标准溶液滴定至蓝色刚好消失，停止滴定。平行滴定 3 次，根据滴定消耗的 $Na_2S_2O_3$ 标准溶液的体积，即可计算出 $[Cu(NH_3)_4]^{2+}$ 配离子中铜的含量，计算公式如下：

$$w(\mathrm{Cu}) = \frac{c(\mathrm{Na_2S_2O_3}) \times V(\mathrm{Na_2S_2O_3}) \times M(\mathrm{Cu})}{1000 \times m(试样) \times \dfrac{20.00}{100.0}} \times 100\% \tag{45-1}$$

(2) 可见分光光度法

① 绘制标准曲线 按表 45-1 所示的用量，分别用吸量管移取 0.05 mol·L⁻¹ Cu^{2+} 标准溶液、2.0 mol·L⁻¹氨水溶液，置于六个已编号的 50 mL 容量瓶中，用去离子水稀释至刻度，摇匀。

表 45-1 Cu²⁺ 标准溶液配制表

编号	空白	1	2	3	4	5
Cu²⁺ 标准溶液/ mL	0.00	1.00	2.00	3.00	4.00	5.00
氨水溶液/ mL				10.00		
H₂O				稀释至 50.00 mL		

以空白溶液为参比溶液，用 2 cm 比色皿，最大吸收波长 610 nm 处，在分光光度计上分别测定上述溶液的吸光度 A。以吸光度 A 为纵坐标，相应的 Cu^{2+} 浓度为横坐标，绘制标准曲线。

② Cu²⁺ 含量测定 准确称取 $0.90 \sim 1.0$ g 硫酸四氨合铜（Ⅱ）试样于小烧杯中，加入约 10 mL 水使其溶解，滴加数滴 6 mol·L⁻¹ H_2SO_4 溶液，至溶液由深蓝色变为蓝色。将溶液定量转移至 250 mL 容量瓶中，并用去离子水稀释至刻度，摇匀。

准确吸取 10 mL 上述溶液，置于 50 mL 容量瓶中，加入 10.00 mL 2 mol·L⁻¹氨水溶液，用去离子水稀释至刻度并摇匀。以空白溶液为参比，用 2 cm 比色皿，在 610 nm 处测定其吸光度 A。从标准曲线上求出 Cu^{2+} 浓度，并计算样品中铜的含量。

3. [Cu(NH₃)₄]²⁺ 中 NH₃ 含量的测定

准确称取 0.1 g 上述合成的 $[Cu(NH_3)_4]SO_4 \cdot H_2O$ 晶体试样，置于 250 mL 锥形瓶中，加 80 mL 蒸馏水溶解，再加入 10 mL 10% NaOH 溶液。于另一锥形瓶中，准确加入 25 mL 0.1 mol·L⁻¹ HCl 标准溶液，放入冰浴中冷却。装置如图 45-1 所示。从漏斗中加入 $3 \sim 5$ mL 10% NaOH 溶液于小试管中，漏斗下端插入液面下 $2 \sim 3$ cm。先大火加热，至溶液接近沸腾时改用小火，保持微沸，蒸馏 1 h 左右，产物中氨即可蒸馏出来。取出插入 HCl 溶液的导管，用蒸馏水冲洗导管内外，洗涤液全部收集在氨吸收瓶中，从冰浴中取出吸收瓶，加 2 滴 0.1% 的甲基红溶液，用 0.05 mol·L⁻¹ NaOH 标准溶液滴定过量的 HCl 溶液。根据加入标准 HCl 溶液的体积和浓度以及滴定所消耗 NaOH 标准溶液的体积和浓度即可计算出产物中氨的含量。

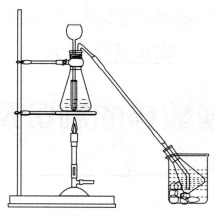

图 45-1　测定氨的装置示意图

$$w(NH_3) = \frac{[c(HCl)V(HCl) - c(NaOH)V(NaOH)] \times M(NH_3)}{m(试样)} \times 100\% \quad (45\text{-}2)$$

五、注意事项

1. 在制备的 $CuSO_4$ 溶液中加入 NaOH 溶液以除去溶液中的 Fe^{3+} 时，应调节 pH 值为 3～4，注意不要使溶液的 pH＞4，否则溶液中将析出碱式硫酸铜沉淀而影响产品的质量和产量。

2. 碘量法测定配离子中铜含量时，滴定反应一般应在弱酸介质中进行（pH 约为 3～4）。若滴定反应在强酸性溶液中进行，空气中的氧易将 I^- 氧化为 I_2（Cu^{2+} 有催化作用），从而影响测定结果的准确性；若滴定反应在碱性溶液中进行，Cu^{2+} 易发生水解，且反应生成的 I_2 易被碱分解，也会影响测定结果的准确性。

3. 淀粉溶液必须在接近终点时加入，否则会吸附 I_2 分子，影响测定。

六、思考题

1. 制备 $CuSO_4$ 溶液时，为何要加入 NaOH 溶液？为何溶液 pH 值要调节在 3.5 左右？

2. 碘量法测定铜含量时，为何要加入 KSCN 溶液？指示剂淀粉溶液应在何时加入？

3. 碘量法测定铜含量时，溶液的 pH 值应控制在什么范围？为什么？

参考文献

[1] 钟国清. 无机及分析化学实验 [M]. 北京：科学出版社，2011.

[2] 南京大学《无机及分析化学实验》编写组. 无机及分析化学实验 [M]. 4 版. 北京：高等教育出版社，2006.

[3] 孙尔康，张剑荣，李巧云，等. 无机及分析化学试验 [M]. 南京：南京大学出版社，2010.

[4] 石莉萍，刘纯，王丽君. 硫酸四氨合铜的制备及组成测定的实验研究 [J]. 沈阳教育学院学报，2002，4（4）：113-114.

[5] 陈玲. 硫酸四氨合铜的制备及成分测定 [J]. 广东化工，2011，38（11）：124.

[6] 王方阔，周贤亚，聂丽，等. 硫酸四氨合铜组成测定的方法改进 [J]. 广东化工，2013，40（1）：103，106.

（周萍）

实验四十六

葡萄糖酸锌的制备及表征

一、实验目的

1. 熟悉葡萄糖酸锌的制备方法。
2. 掌握蒸发、浓缩、重结晶、减压抽滤、滴定等基本操作。
3. 学习葡萄糖酸锌的质量分析方法。
4. 熟悉压片法测定物质的红外光谱。

二、实验原理

锌是生物体内所必需的微量元素之一。目前，从生物体内分离出来的含锌酶已超过 200 种，如碳酸酐酶、乳酸脱氢酶、超氧化物歧化酶、碱性磷酸酶、DNA 和 RNA 聚合酶等，生物体内许多重要代谢物的合成和降解，都需要含锌酶的参与。缺锌后，各种含锌酶的活性降低，将会导致胱氨酸、蛋氨酸、亮氨酸和赖氨酸的代谢紊乱，体内谷胱氨肽、DNA、RNA 的合成含量减少；使人生长停滞、智力发育低下、生殖无能、虚弱、脱毛；使体内味觉素合成困难，造成味觉异常及味觉障碍、食欲下降、异食癖等。适量服用补锌剂可以改善由于缺锌所引起的症状。

葡萄糖酸锌具有见效快、吸收率高、毒副作用小、使用方便等优点，是目前治疗锌缺乏首选的补锌药物和营养强化剂，主要用于儿童、老年人和妊娠妇女因缺锌所引起的生长发育迟滞、营养不良、厌食、复发性口腔溃疡、皮肤痤疮等，还可应用于儿童食品、糖果、乳制品等的添加剂，应用日渐广泛。

在 80～90℃ 恒温下，葡萄糖酸钙可直接与硫酸锌反应制得葡萄糖酸锌，反应如下：

$$[CH_2OH(CHOH)_4COO]_2Ca + ZnSO_4 \Longrightarrow [CH_2OH(CHOH)_4COO]_2Zn + CaSO_4\downarrow$$

葡萄糖酸锌为白色晶体或颗粒状粉末，熔点 172℃，分子量为 455.68，易溶于水，难溶于乙醇、三氯甲烷和乙醚。

葡萄糖酸锌中的 Zn^{2+} 可与 EDTA 发生配位反应，因此可用 EDTA 配位滴定法测定制备产物中锌的含量。《中国药典》中规定葡萄糖酸锌片含葡萄糖酸锌应为标示量的 93%～107%。此外，本次实验还应用比浊法来检测产物中的 SO_4^{2-}。

三、仪器与试剂

1. 仪器

电子天平（十分之一）；电子分析天平（万分之一）；烧杯(200 mL)；锥形瓶(250 mL)；

蒸发皿；布氏漏斗；抽滤瓶；真空泵；量筒（10 mL，50 mL）；酸式滴定管（25 mL）；吸量管（5 mL）；比色管（25 mL）；滴管；玻璃棒；石棉网。

2. 试剂

葡萄糖酸钙（s，A. R.）；$ZnSO_4 \cdot 7H_2O$（s，A. R.）；活性炭；HCl（3 mol·L^{-1}）；NH_3-NH_4Cl 缓冲溶液（pH＝10）；EDTA 标准溶液（0.01 mol·L^{-1}）；K_2SO_4 标准溶液（SO_4^{2-} 含量 100 mg·L^{-1}）；$BaCl_2$ 溶液（25%）；铬黑 T 指示剂；95%乙醇；pH 试纸。

四、实验内容

1. 葡萄糖酸锌的制备

量取 40 mL 蒸馏水倒入烧杯中，加热至 80～90℃，加入 6.7 g $ZnSO_4 \cdot 7H_2O$，搅拌使其完全溶解。将上述烧杯置于 90℃ 恒温水浴中，逐渐加入 10 g 葡萄糖酸钙，边加边不断搅拌。加完后在 90℃ 水浴中保温静置 20 min，趁热过滤（白色滤渣为 $CaSO_4$，弃去），滤液转移至蒸发皿中，在沸水浴上蒸发浓缩至黏稠状（体积约为 20 mL，若浓缩液中有沉淀，需过滤）。滤液冷却至室温，缓慢加入 20 mL 95%乙醇，并不断搅拌，此时可见大量胶状葡萄糖酸锌析出。充分搅拌后，用倾析法去除乙醇溶液。再于胶状沉淀中加入 20 mL 95%乙醇，充分搅拌后冷却结晶（必要时可冰水浴），可见胶状沉淀慢慢转变为晶体状，抽滤至干，即可粗品（母液回收）。

向上述粗品中加入 20 mL 蒸馏水，90℃ 水浴中加热，晶体全部溶解后，趁热抽滤，滤液冷却至室温，慢慢加入 20 mL 95%乙醇，充分搅拌，置于冰水浴中冷却，待晶体析出后，抽滤，即得精品。产物于 50℃ 烘干后，称量并计算产率。

2. 葡萄糖酸锌中锌含量的测定

准确称取 0.1 g 制得的葡萄糖酸锌样品（准确至 0.0001 g），置于 250 mL 锥形瓶中，加入 30 mL 蒸馏水溶解后，分别加入 10 mL pH＝10 的 NH_3-NH_4Cl 缓冲溶液，铬黑 T 指示剂少许，用已标定的 0.01 mol·L^{-1}EDTA 标准溶液进行滴定，溶液由紫红色变为纯蓝色时，即达终点。记录所消耗 EDTA 标准溶液的体积，平行滴定 3 次，计算样品中葡萄糖酸锌的质量分数。

3. 硫酸盐的检查

称取 0.5 g 制得样品，加蒸馏水使其溶解，溶液体积约为 20 mL（溶液如显碱性，可滴加 HCl 使其呈中性）。若溶液不澄清，应先过滤。将溶液置于 25 mL 比色管中，加入 2 mL 3 mol·L^{-1} HCl 溶液，即得待测溶液。另取 2.5 mL K_2SO_4 标准溶液，置于 25 mL 比色管中，加入蒸馏水至溶液体积约为 20 mL，再加入 2 mL 3 mol·L^{-1} HCl 溶液，摇匀，即得对照溶液。向待测溶液和对照溶液中，分别加入 2.0 mL 25% $BaCl_2$ 溶液，用蒸馏水稀释至 25 mL，充分摇匀，放置 10 min，同置于黑色背景上，从比色管上方向下观察、比较，若待测溶液中出现浑浊，与 K_2SO_4 标准溶液制成的对照溶液相比，不得更浓。

4. 红外光谱表征

用 KBr 压片法在 400～4000 cm^{-1} 测定所制得的葡萄糖酸锌样品的红外吸收光谱，并对其主要吸收峰进行指认。

五、注意事项

1. 制备葡萄糖酸锌时，反应温度要控制在 90℃，若温度太高，葡萄糖酸锌会分解；反之，温度太低，葡萄糖酸锌的溶解度会下降。

2. 硫酸锌和葡萄糖酸钙的反应时间不能过短，以保证充分生成硫酸钙沉淀，因此需在90℃水浴中静置 20 min。

3. 反应结束抽滤除去硫酸钙后，滤液如果无色，则无须进行脱色处理。若滤液需做脱色处理，一定要趁热过滤，否则产物会因为过早冷却而析出，从而降低产量。

六、思考题

1. 制备葡萄糖酸锌的反应温度为何要控制在 90℃？

2. 影响葡萄糖酸锌产物含量的因素有哪些？

3. 查阅相关文献，了解葡萄糖酸锌的不同合成方法，并比较它们的优缺点。

参考文献

[1] 钟国清．无机及分析化学实验［M］．北京：科学出版社，2011．

[2] 南京大学《无机及分析化学实验》编写组．无机及分析化学实验［M］．4 版．北京：高等教育出版社，2006．

[3] 张坤，王志才，胡文丽，等．直接复分解法合成葡萄糖酸锌及其表征［J］．阜阳师范学院学报（自然科学版），2008，25（2）：70-72．

（周萍）

Experiment 47

Basic Operation Practice on Titration

Objectives

1. To master laboratory techniques for using volumetric glassware, including volumetric pipette and buret.

2. To master the principles and operation of acid-base titration analysis.

Principles

Titration is a type of quantitative analysis and its most common forms are acid-base, precipitation complexometric, and redox titrations. Because titration aims to find the concentration of an unknown solution, it is very important that accurate measurements are taken to determine the volume of the known solution added to bring a reaction to an endpoint.

The titrant is the solution with a known concentration, which is placed in the buret. The analyte is the solution of unknown concentration that is being measured. The analyte is usually placed in an Erlenmeyer flask with an indicator (Fig. 47-1). The equivalence point is the exact point where the moles of the titrant solution and the analyte solution are equivalent. The endpoint is when the indicator in the solution shows a color change. This usually occurs close to and just after the equivalence point is reached.

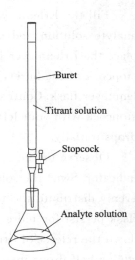

Fig. 47-1　A schematic diagram of titration

1. Carrying out a titration

1. 1　Use of PTFE burets

A buret is primarily used for titration to determine the concentration of an unknown solution by adding a solution of known concentration. There are different structures in acids, bases, and polytetrafluoroethylene (PTFE). Nowadays, PTFE burets are widely used since polytetrafluoroethylene plastic plunger stopcock for resistance to chemicals, moisture, and high temperatures. The common capacity is 25 mL and 50 mL with 0.10 mL graduation.

Use PTFE burets as follows:

(1) Inspect the glassware and the tip of the buret. As long as the bore of the buret tip is intact, the buret is functional.

(2) Check a buret for leakage. If you notice any leaks in the stopcock area, tighten the stopcock or obtain a different buret.

(3) Check for air bubbles in the tip of the buret. If the bubble escapes during titration, air bubbles trapped in the tip will produce an inaccurate volume reading. The quickest way to eliminate the bubble is by filling the buret with a solution near the 0.00 graduation mark and opening the valve quickly. The pressure of the titrant in a full buret is often enough to force all bubbles out. Vertically shaking the buret up and down in one quick motion can also help eliminate the bubble.

(4) Fill the buret with the solution going above the 0.00 graduation mark. Stand at eye level to the 0.00 graduation mark and turn the stopcock slightly to release some of the solution into the waste beaker. Try to get the bottom of the meniscus to reach the 0.00 line as the initial measurement. It is okay if you go past the 0.00 line. Just make sure to record the initial measurement accurately for what it is. Attach the buret to a stand using the buret clamp upright.

1.2　Performing the Titration

Fill the Erlenmeyer flask with the required amount of the analyte solution and add an indicator. As shown in Fig. 47-2, place the Erlenmeyer flask under the tip of the buret. Turn the stopcock of the buret, releasing the titrant solution into the Erlenmeyer flask. Control the flow of the titrant by adjusting the stopcock with your left hand. The rate of delivery is about 3~4 drops initially.

Fig. 47-2　Operation of titration

Observe the analyte solution for changes in color from the indicator. Swirl the solution in the flask with your right hand to evenly distribute the titrant. If the small bursts of color in the flask persist for more than a few seconds, it means that it is close to the endpoint. Slow down the release of titrant into the flask by turning the stopcock as you near this point. Begin adding half drops instead of total drops if necessary. Titration is complete once the analyte solution reaches a uniform color.

1.3　Adding titrant by half-drops

If you think you are nearing the endpoint, half-drops can be created instead of allowing the buret to release total drops one at a time. To do this, close the stopcock until the buret is no longer releasing the titrant. Carefully open the stopcock slightly so that a droplet suspends at the tip of the buret, but not enough to fall. Turn the stopcock off and knock off the droplet by the inner wall of the Erlenmeyer flask and rinse the droplet with a small portion of distilled water. This is considered a half-drop.

1. 4　Reporting the measurements by burets

Estimate the final 0. 01 mL reading between the tenths of a milliliter mark by splitting it into halves. As shown in Fig. 47-3, mentally draw a line ½ way between the two marks. This will be the 0. 05 mL between the two tenth milliliter marks. Repeat this process to split the distance between the 0. 05 mL mark and the inscribed marks. This will be a 0. 025 mL increment. Evaluate where the meniscus is now relative to your estimates and round either up or down to the final reading.

2. Use of volumetric pipettes

A volumetric pipette (also known as a bulb pipette) is a long glass tube with a bulge in the middle. The pipette has a filling line that precisely gives the volume at that point. It is used to measure the precise volume of liquid. Typical volumes are 1 mL, 2 mL, 5 mL, 10 mL, and 20 mL.

Hold the volumetric pipette in your "dominant hand" (if you are right-handed, hold it in your right hand, or the left if you are left-handed) and the rubber bulb in the other hand. It should be held between the thumb and middle finger, with the index finger placed on the top.

As shown in Fig. 47-4(a), squeeze the rubber bulb and insert the pipette into the liquid to be used under the solution surface of 1. 5~2 cm. Slowly releasing the rubber bulb, some liquid is drawn into the pipette. Remove the bulb from the pipette, capping the pipette with your index finger at the same time.

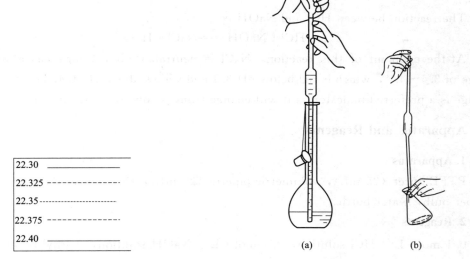

22.30	————————
22.325	---------------
22.35	---------------
22.375	---------------
22.40	————————

(a)　　　　　(b)

Fig. 47-3　The method used to estimate the final 0. 01 mL reading

Fig. 47-4　Operation of a volumetric pipette

Rinsed a pipette before use. Draw the liquid to be measured to the half of the bulge of a clean volumetric pipette. Then, tilt and rotate the pipette slowly to moisten the inside surface with the liquid and drain the liquid. Use the pipette immediately after repeating the operation 3 times.

Draw liquid into the pipette and let it come an inch or two above the calibration mark. Remove the bulb from the pipette, capping the pipette with your finger at the same time quickly. Release the pressure of your finger to allow the meniscus to approach the calibration mark. When the bottom of the meniscus is precisely even with the calibration mark, apply the pressure again to stop the liquid flow. Remove any hanging droplet of liquid by touching the tip to the side of the container.

As shown in Fig. 47-4(b), drain the liquid into the container, holding the pipette almost vertically and its tip touching the side of the container. Do not blow out the liquid remaining within the tip if there is no Chinese character "吹" on the bulge of the pipette. The liquid remaining in the tip is included in the factory calibration of any pipette. After you finish, rinse the pipette with distilled water. Never allow solutions to dry inside a pipette.

3. Practice of Titrating NaOH solution with HCl solution

During the acid-base titration, the point at which there is a stoichiometric equal amount of acid and base in a solution, is called the equivalence point. Most acids and bases are colorless, with no visible reaction occurring at the equivalence point. A pH indicator is added to observe when the equivalence point has been reached. The endpoint is not the equivalence point but a point at which the pH indicator changes color. It is important to select an appropriate pH indicator so that the endpoint is as close to the titration equivalence point as possible. When performing the experiment, it is best to keep the concentration of pH indicator low because pH indicators themselves are usually weak acids/bases that react with base/acid.

The reaction between HCl and NaOH is

$$HCl + NaOH \Longrightarrow NaCl + H_2O$$

At the endpoint of this reaction, NaCl is neutral. Methyl orange has a working pH range of 3.1~4.4, which is red below pH 3.1 and yellow above pH 4.4. Therefore, methyl orange is a preferred indicator as it will change from yellow to orange in this condition.

Apparatus and Reagents

1. Apparatus
PTFE buret (25 mL), volumetric pipette (20 mL), Erlenmeyer flask (150 mL×2), rubber bulb, water bottle.

2. Reagents
0.1 mol·L^{-1} HCl solution, 0.1 mol·L^{-1} NaOH solution, methyl orange, distilled water.

Procedures

Take a clean PTFE buret, and check liquid-tightness with tap water first. If not, rinse the buret with distilled water and rinse it again with about 5~6 mL 0.1 mol·L^{-1} HCl solution for 3 times. Remove the air bubbles in the buret tip, adjust the liquid level, and then read the buret at the eye level as the initial reading, such as $V_{initial} = 0.00$.

Transfer 20.00 mL of NaOH solution with a volumetric pipette into an Erlenmeyer flask. Add 2 drops of methyl orange as an indicator, and titrate with 0.1 mol $\cdot$ L^{-1} HCl until the color changes to orange. Record the reading of the buret as the final reading (V_{final}) in Table 47-1. Calculate the amount of titrant consumed ΔV_{HCl}. The endpoint is reached when the indicator color is orange.

Repeat the titration at least twice until three concordant values within 0.2 mL of one another are obtained. Record the corresponding data in Table 47-1, calculate the volume ratio of HCl solution to NaOH solution and the relative average deviation.

Data and Results

Temperature: _____   Relative Humidity: _____

Table 47-1   Titrate HCl solution with NaOH solution

Experiment No.	1	2	3
V_{NaOH}/mL			
Indicator			
The color at the end of the titration			
$V_{initial(HCl)}$/mL			
$V_{final(HCl)}$/mL			
ΔV_{HCl}/mL			
V_{HCl}/V_{NaOH}			
$\overline{V_{HCl}/V_{NaOH}}$			
$\overline{d_r}^{①}$/%			

① $\overline{d_r} = \dfrac{\overline{d}}{\overline{x}} \times 100\%$, $\overline{d_r}$ stands for relative mean deviation, $\overline{d}$ stands for the mean absolute deviation, $\overline{x} = \overline{V_{HCl}/V_{NaOH}}$。

Questions

1. Why must burets and volumetric pipettes be rinsed with the solution to be transferred before titration?

2. How to choose a suitable indicator for a titration?

(Jing Yang, Jingjing Ding)

Experiment 48

Weighing Practice with an Electronic Analytical Balance and Preparing Solution

Objectives

1. To understand the basic operations of electronic analytical balance and standard weighing methods.

2. To grasp how to prepare a solution with accurate concentration.

Principles

1. Use of an electronic analytical balance

As shown in Fig. 48-1, an electronic analytical balance is a class of a balance with a readability of 0.1 mg or better. The balance is so sensitive that air currents can affect the measurement. Hence, the draft shield prevents drafts from influencing the weighing results. Samples are placed inside of the draft shield and put on the weighing pan. You weigh the samples only after closing the weighing chamber doors.

There are two weighing methods: direct weighing and indirect weighing.

Direct weighing (weighing by addition) is proper for samples stable in air and non-hygroscopic. Tare your balance before use, making sure the reading is 0.0000 g. Place a piece of weighing paper, a beaker, or a vial on balance and tare the balance again. Use a clean

Fig. 48-1　An electronic analytical balance

spatula to slowly transfer the sample into the container, until you reach the desired mass. Subtract the weight of the "empty" weighing container from that of the weighing container plus the sample and you get the mass of the chemical.

Indirect weighing (weighing by difference) is especially useful when weighing hygroscopic or volatile substances. To use this method to weigh, first tare the empty balance, then use a folded piece of paper (clean, dry, and lint-free) to handle the weighing bottle [Fig. 48-2(a)], and place the weighing bottle with cap gently on the center of the pan and weighed to ±0.0001 g. Record the reading as W_1 directly on your notebook.

Remove the weighing bottle with a folded piece of paper and transfer a quantity of the solid reagent to the beaker or flask where you will perform the determination. As shown in Fig. 48-2(b), the weighing bottle is tipped above the container to receive the sample, and a small amount is allowed to fall out of the weighing bottle. The weighing bottle is tipped back up and tapped gently to ensure all of the substance falls back in the bottle and doesn't remain on the bottle rim. The cap is replaced and the bottle is weighed once again. Record the new reading as W_2. The difference in the two masses represents the mass of solid reagent transferred to the vessel.

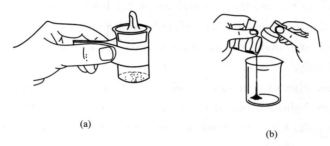

(a)

(b)

Fig. 48-2 Taking a weighing bottle (a) and the use of a weighing bottle (b)

2. Use a volumetric flask to prepare a solution

A volumetric flask is a type of laboratory glassware used to prepare solutions. It sets the volume at a mark on the neck. The mark on the flask neck indicates the volume contained. It should be noted that volumetric flasks are calibrated for a particular temperature (usually 20℃), which is shown on the label. Volumetric flasks are of various sizes, containing from 5 mL, 10 mL, 25 mL, 50 mL, 100 mL, 250 mL, 500 mL to 1 000 mL of liquid.

2.1 Check liquid-tightness

Fill the flask with water to two-thirds of the volume. Keep the stopper on securely by using the index finger, and hold the flask body with another hand, invert the flask and swirl or shake it vigorously. If there is no leakage, turn the bottle upright and then turn the stopper 180°, invert the flask and check it to ensure it is liquid-tight.

2.2 Transfer and prepare a solution

When preparing a solution from a solid substance, accurately weigh a certain amount of the solid substance, place it in a beaker, and add about 20% of the solvent to dissolve it (if it is difficult to dissolve, heat it to dissolve, but it must be cooled before transfer), quantitatively transferred into the volumetric flask. The method of transferring the solution into a flask is shown in Fig. 48-3. When trans-

Fig. 48-3 Transferring the solution to a volumetric flask

ferring, extend the glass rod into the volumetric flask so that the lower end is against the inner wall of the bottleneck, and the upper end does not touch the mouth of the bottle. The mouth of the beaker is close to the glass rod so that the solution flows along the glass rod and the inner wall.

The lower part of the glass rod extends into the flask neck and rests under the graduation mark, and other parts of the glass rod should not touch the flask to avoid flowing to the outer. The beaker mouth is close to the upper part of the glass rod, and the beaker is tilted. Then the solution flows into the beaker along the glass rod. The beaker is gently lifted along the glass rod and slowly stood upright so that the droplets attached between the glass rod and the beaker's mouth flow back to the beaker.

After all the solution is transferred, lift the glass rod slightly upwards while making the beaker upright, and put the glass rod back into the beaker. Blow the glass rod and the inner wall of the beaker with bottle-washing distilled water, and transfer the washing liquid to the volumetric flask. Repeat the washing several times (at least 3 times).

After the quantitative transfer is completed, add water to about 3/4 of the volume of the volumetric flask, and shake the volumetric flask for a few seconds (do not invert) to mix the solution initially.

Top up the flask with solvent to just below the ring mark. Using a pipette, top up the remaining volume until the bottom of the meniscus is precisely at the ring mark. Meniscus must be read at eye level. Close the flask and shake upside down to mix the contents.

Apparatus and Reagents

1. Apparatus

Electronic analytical balance (0.1 mg), weighing bottle, beaker (100 mL), volumetric flask (100 mL), desiccator, glass rod.

2. Reagents

Borax (the molar mass of $Na_2B_4O_7 \cdot 10H_2O$ is 381.37 g $\cdot$ mol^{-1}).

Procedures

1. Check the balance

Check that the balance is at a level before using it. Each balance is equipped with a horizontal-level indicator. If it is not level, ask an instructor to adjust it. Refrain from changing it by yourself.

2. Practice direct weighing

Weigh about 0.50 g of borax by direct weighing as mentioned in the "Use of an electronic analytical balance" section. Record the readings in Table 48-1.

3. Practice indirect weighing

(1) Take a 100 mL beaker into the weighing room, along with your lab notebook.

(2) Each student will be assigned a balance.

(3) Weigh approximately 0.18 g to 0.22 g of borax using the indirect weighing method as described in the "Use of an electronic analytical balance" section. Record the readings in Table 48-1.

(4) Replace the weighing bottle in the desiccator. Clean your balance station, power it

off and cover the balance cover.

4. Prepare borax aqueous solution

Completely dissolve the weighed borax with about $20 \sim 30$ mL of distilled water by stirring (slightly heating if necessary), and then quantitatively transfer the solution to a 100 mL-volumetric flask, dilute to the volume with distilled water, and mix. Calculate the molarity of the prepared solution.

Data and Results

Temperature: _____   Relative humidity: _____

The style of the balance: _____   The maximum capacity: _____

Table 48-1   Weighing practice on direct weighing and indirect weighing

Experiment	No.	1	2
Direct weighing	W_1/g		
	W_2/g		
	$W(=W_2-W_1)/g$		
Indirect weighing	W_1/g		
	W_2/g		
	$W(=W_1-W_2)/g$		

The molarity of the borax solution = _____.

Notes

1. A balance limits how much weight it can read. A maximum capacity is usually displayed on the front of the balance. Do not go over this range—exceeding the capacity of the balance may cause damage.

2. Avoid moving the electronic analytical balance during weighing in order to preserve its reading accuracy. Clean up any spills around the balance with a soft brush immediately.

3. Make sure the sample is wholly cooled when weighing. If a sample is still warm, it will weigh less because of buoyancy due to the upward circulation of hot air.

4. During the indirect weighing method, the amount of material to transfer must always be an estimation, particularly for the first weighing. Transferring the reagent several times may be necessary until you obtain the proper amount.

Questions

1. How to transfer solid samples from the weighing bottle when using the indirect weighing method?

2. What factors may affect the reading stability of an electronic analytical balance?

(Jing Yang, Jingjing Ding)

Experiment 49

Determination of Molar Mass of Glucose by Freezing Point Depression

Objectives

1. To understand the colligative property of diluted solution.

2. To grasp the principle and method for determining the molar mass of a solute by freezing point depression.

Principles

A physical property of a dilute solution that depends on the concentration of solute particles, without regard to the nature of the solute, is termed as a colligative property.

When a solute is dissolved in a solvent, the freezing temperature is lowered in proportion to the number of moles of solute added. This property, known as freezing-point depression, is one of the colligative properties of the solution. For a nonvolatile non-electrolyte dilute solution, ΔT_f is found to be proportional to the molality of the solution, which is expressed as follows:

$$\Delta T_f = T_f^0 - T_f = K_f b_B \qquad (49\text{-}1)$$

Where T_f^0 is the freezing point of pure solvent, T_f is the freezing point of solution, K_f is the molar freezing point depression constant of a particular solvent (in $K \cdot kg \cdot mol^{-1}$), and b_B is the molality of the solution (in mol solute/kg solvent).

According to the definition of molality, we have equation (49-2):

$$b_B = \frac{m_B/M_B}{m_A} \times 1000 \qquad (49\text{-}2)$$

Combined with equation 49-1, the molar mass of the solute can be determined via equation (49-3):

$$M_B = \frac{K_f m_B}{m_A \Delta T_f} \times 1000 \qquad (49\text{-}3)$$

Where M_B is the molar mass of solute B in g $\cdot$ mol^{-1}, m_B is the mass of solute in g which can be accurately weighed with an analytical balance, and m_A is the mass of pure solvent in kg which can be calculated by multiplying its accurately-measured volume by its density. In the experiment, the molar mass of solute B will be determined if ΔT_f is measured. The key to this experiment is determining the freezing points of the solution and pure solvent.

Fig. 49-1 shows the cooling curves of pure solvent and solution. Curve (a) is the ideal cooling curve of pure solvent. The temperature of the pure solvent remains constant from the start of solidification to the complete solidification, and this temperature is the freezing point of the pure solvent. Curve (c) is the ideal cooling curve of the solution. Unlike curve (a), due to the crystallization of the solvent with the decrease in temperature, the concentration of the solution is gradually increasing. Thus, the freezing point of the solution is further decreasing. Therefore, only a temperature inflection point occurs on the curve (c), which is regarded as the freezing point of the solution.

During the experiment, the supercooling method determines the freezing points of solution and solvent. Supercooling is the process of lowering the temperature of a liquid below its freezing point without becoming a solid, which is inevitable in the experiment. As shown in Fig. 49-1, proper supercooling, such as curve (b) and curve (d), helps record the freezing point of the solution. Decreasing to a certain degree, the temperature increases quickly until it reaches a certain point, namely the freezing point. However, supercooling method, such as curve (e), will lead to the experimental error. To prevent the excessive supercooling phenomenon, the temperature of the ice-water-salt bath and the speed of stirring need to be controlled during the experiment.

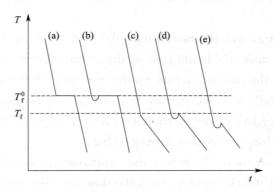

Fig. 49-1　Cooling curves of pure solvent and solution

(a) the ideal cooling curve of pure solvent; (b) the experimental cooling curve of pure solvent;

(c) the ideal cooling curve of solution; (d) the experimental cooling curve of solution with proper supercooling;

(e) the experimental cooling curve of solution with exorbitant supercooling

Apparatus and Reagents

1. Apparatus

Mercury thermometer (0.01℃), thermometer (1℃), volumetric pipet (25 mL), analytical balance, determining tube, thin iron wire stirring rod, rubber plug, thick glass stirring rod (stir ice water containing salts), thick wall beaker (500 mL).

2. Reagents

Distilled water, glucose (A. R.), coarse salt, ice.

Procedures

1. Determine the freezing point of the glucose solution

(1) Preparation of ice-salt-water bath: Fill some pieces of ice and a small quantity of water into a thick-walled beaker. Then add a certain amount of coarse salt to make the temperature of the ice-salt water mixture reach $-8 \sim -7°C$. The volume of the freezing mixture is about 3/4 of the whole beaker. During the experiment, pay attention to removing excess water with a glass dropper and add ice cubes and ice at any time and stir the ice cubes up and down with a thick glass rod to keep the temperature at $-8 \sim -7°C$.

(2) Weigh about 5.0 g glucose (weighing range 4.9~5.1 g), accurately weighted with an analytical balance. Pack the solid carefully to avoid dispersing outside. Record the data in Table 49-1.

(3) Transfer the weighted glucose into a dried measuring tube, and then accurately pipet 25.00 mL of distilled water to the tube along its inner wall. Stir with a thin iron wire stirring rod up and down until the glucose is completely dissolved (Be careful not to splash the solution out). Then, cover the rubber plug with a thermometer, and clamp the thin iron wire stirring rod in the notch of the rubber plug. Adjust the height of the thermometer so that the whole mercury ball is immersed in the solution but it cannot touch the bottom of the measuring tube.

As shown in Fig. 49-2, put the measuring tube into the thick-walled beaker filled with the ice-salt-water bath, make the liquid level of the solution lower than the height of the ice-salt-water bath, and fix the measuring tube on the iron stand. Stir the glucose solution slowly (about once per second) with the stirring rod and try not to touch the inner wall of the test tube and the mercury ball of the thermometer during stirring. Otherwise, the heat generated by friction will affect the measurement results.

When the temperature is 0.3°C below the estimated freezing point of the solution[1], rapidly and continuously stir the solution with the thin iron wire stirring rod to prevent serious supercooling. Once a bit of ice develops in the measuring tube, the temperature will be observed to rise rapidly, and the highest temperature will be recorded when it no longer rises. Stop stirring and take out the measuring tube from the beaker, make the ice in it melt completely with running tap water, and repeat the determination of the freezing point of the

---

[1] Note:

Estimation of the freezing point of solution: According to the weight of glucose and the theoretical molar mass of glucose (180 g · mol^{-1}), the freezing point depression value ΔT_f can be calculated according to the equation (49-3), and then the freezing point of the solution can be estimated.

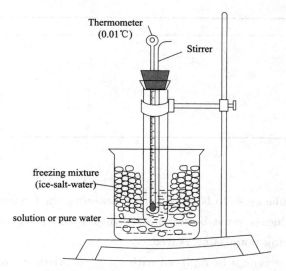

Fig. 49-2　Experimental setup for measuring the freezing point

Thermometer
(0.01℃)

Stirrer

freezing mixture
(ice-salt-water)

solution or pure water

solution. Take the average value of the two temperatures（the difference between the two measured values should not exceed 0. 02℃）to obtain the freezing point $\bar{T}_f$ of the glucose solution. Record the data in Table 49-1.

2. Determine the freezing point of distilled water

Pour the solution in the measuring tube into the sink after melting, and wash the measuring tube, thin iron wire stirring rod and the mercury thermometer with tap water first, then rinse them with distilled water for 3 times. Adjust the temperature of ice-salt-water bath to $-4 \sim -3$℃. Transfer 25. 00 mL of distilled water with a volumetric pipette into the measuring tube and measure T_f^0 according to the method described in step 1（3）. Record the data in Table 49-1.

3. Calculation

Calculate the molar mass of glucose by the equation（49-3）. The density of water is 1. 000 g $\cdot$ mL^{-1}, and the freezing point depression constant of water is 1. 86 K $\cdot$ kg $\cdot$ mol^{-1}.

4. Clean up

Wash the inner and outer surfaces of the measuring tube and the glassware used in the experiment, and tidy up the laboratory bench. Put the cleaned determining tube on an air-flow dryer to dry.

Data and Results

Table 49-1　Determination of the molar mass of glucose by freezing point depression

Experiment No.	1	2
$m_{glucose}$/ g		
V_{water}/mL		
m_{water}/g		
T_f/℃		

Experiment No.	1	2
$\bar{T}_f/℃$		
$T_f^0/℃$		
$\bar{T}_f^0/℃$		
$\Delta T_f/℃$		
$M_{glucose}/g \cdot mol^{-1}$		

Notes

1. The measuring tube needs to be dried before measuring the freezing point of the solution.

2. The weighted glucose must be transferred into a measuring tube and dissolved completely before the freezing point is measured.

3. The thermometer cannot be replaced with the glass stirring rod when preparing an ice-water-salt bath.

4. Before stirring continuously, ensure the mercury ball is in the middle of the iron wire loop.

5. When determining the freezing point of the pure water, the mercury thermometer may freeze with ice. Make ice melt before taking it out.

6. A Beckman thermometer can replace the mercury thermometer during the experiment.

Questions

1. If there are some insoluble impurities in the glucose to be tested, how does it affect the results of the experiment?

2. If some distilled water is lost during transferring to the measuring tube when dissolving glucose, how does it affect the results of the experiment?

（Jing Yang，Jingjing Ding）

Experiment 50

Preparation and Properties of Buffer Solution

Objectives

1. To understand the properties of buffer solutions.
2. To learn how to prepare buffer solution.
3. To learn how to use measuring pipets.

Principles

A buffer is a solution that will tend to maintain its pH when small amounts of either acid or base are added to it or when the solution is diluted. Generally, a buffer solution consists of a weak acid (HB) and its conjugate base (B^-) in sufficient amounts. Buffer solutions can be made to maintain almost any pH, depending on the acid-base pair used. A simple approximation of the buffer solution pH can be calculated by the Henderson-Hasselbalch equation:

$$pH = pK_a + lg \frac{c_{B^-}}{c_{HB}} \qquad (50-1)$$

where K_a is the acid ionization constant of the conjugate acid.

From equation (50-1), we can see that the pH of the buffer solution is determined by the K_a of the acid and by the ratio of concentrations of B^- to HB.

Buffer capacity (β) is a quantitative measure of the ability of the buffer solution to resist changes in pH upon the addition of H_3O^+ and OH^-. It depends on the concentrations of HB and B^- and the ratio of $[B^-]/[HB]$. For a given ratio of $[B^-]/[HB]$, the greater the concentrations, the greater its buffer capacity is. When the total concentration is fixed, the maximum buffer capacity is reached when the ratio of $[B^-]/[HB]$ is 1 : 1.

Apparatus and Reagents

1. Apparatus

Measuring pipet (1 mL, 5 mL, 10 mL), beaker (25 mL×2), small test tube (10 mL×

6), large test tube （20 mL×5）, rubber pipet bulb, glass stirring rod, wash bottle, universal pH test paper, and pH meter (resolution: ±0. 1 pH) .

2. Reagents

HAc (1. 0 mol · L^{-1}, 0. 1 mol · L^{-1}), NaAc (1. 0 mol · L^{-1}, 0. 1 mol · L^{-1}), Na$_2$HPO$_4$ (0. 1 mol · L^{-1}), NaH$_2$PO$_4$ (0. 1 mol · L^{-1}), NaOH (1. 0 mol · L^{-1}, 0. 1 mol · L^{-1}), HCl (1. 0 mol · L^{-1}), NaCl (9 g · L^{-1}), and methyl red.

Procedures

1. Preparation of buffer solutions

According to Table 50-1, pipette the corresponding volume of each solution to prepare buffer solutions. Buffer solution A and B are prepared in large test tubes, while buffer solution C and D are prepared in 25 mL-beakers. Mix the solutions thoroughly before use. And calculate the total concentration and the ratio of [B$^-$]/[HB] for each solution.

Table 50-1　Preparation of buffer solutions

Experiment No.	Reagents	Volume/mL	Total concentration /mol · L^{-1}	Ratio of [B$^-$]/[HB]
A	1. 0 mol · L^{-1} HAc	5. 00		
	1. 0 mol · L^{-1} NaAc	5. 00		
B	0. 1 mol · L^{-1} HAc	5. 00		
	0. 1 mol · L^{-1} NaAc	5. 00		
C	0. 1 mol · L^{-1} Na$_2$HPO$_4$	5. 00		
	0. 1 mol · L^{-1} NaH$_2$PO$_4$	5. 00		
D	0. 1 mol · L^{-1} Na$_2$HPO$_4$	9. 00		
	0. 1 mol · L^{-1} NaH$_2$PO$_4$	1. 00		

2. Properties of buffer solutions

To test the buffering abilities of the solutions, 1. 0 mol · L^{-1} HCl or 1. 0 mol · L^{-1} NaOH will be added. According to Table 50-2, add 2. 00 mL of solutions A, H$_2$O and NaCl to six small test tubes, respectively. Measure the pH values of each solution before and after adding 2 drops of HCl or NaOH with universal pH test paper. Record your data in Table 50-2.

Then add 2. 00 mL of solution A to a large test tube, add 5. 00 mL of H$_2$O and mix. Measure the pH value of the solution with universal pH test paper. Record your data in Table 50-2 and compare the pH of solution A before diluting.

Calculate the change in pH for each solution and come to a conclusion.

Table 50-2　Properties of buffer solutions

Experiment No.	1	2	3	4	5	6	7
Buffer solution A/mL	2. 00	2. 00	0. 00	0. 00	0. 00	0. 00	2. 00
NaCl/mL	0. 00	0. 00	0. 00	0. 00	2. 00	2. 00	0. 00
H$_2$O/mL	0. 00	0. 00	2. 00	2. 00	0. 00	0. 00	5. 00
pH							
1. 0 mol · L^{-1} HCl/ drop	2	0	2	0	2	0	0
1. 0 mol · L^{-1} NaOH/ drop	0	2	0	2	0	2	0

Experiment No.	1	2	3	4	5	6	7
pH							
|ΔpH|							
Conclusion							

3. Buffer capacity

(1) The relationship between buffer capacity and the total concentration of the buffer solution

According to Table 50-3, add 2.00 mL of solution A and B by measuring pipets to two large test tubes, respectively. And add 2 drops of methyl red as indicator to each solution. Observe the colors of these two solutions (For methyl red indicator: It is red when $pH<4.2$ and it is yellow when $pH>6.3$).

Add $1.0 \ mol \cdot L^{-1}$ NaOH solution to the solution A and B drop by drop, respectively, until their colors just change into yellow. Record the drops of the NaOH solution consumed. Explain why buffer solution A and B have different buffer capacity.

Table 50-3 The relationship between buffer capacity and the total concentration of the buffer solution

Experiment No.	1	2
Buffer solution A/mL	2.00	0.00
Buffer solution B/mL	0.00	2.00
Methyl red / drop	2	2
Color of the solution		
$1.0 mol \cdot L^{-1}$ NaOH / drop(Until the color just changes into yellow)		
Conclusion		

(2) The relationship between buffer capacity and the ratio of $[B^-]/[HB]$

According to Table 50-4, first measure the pH of the solution C with a pH meter (Fig. 50-1), and then add 0.90 mL of $0.1 \ mol \cdot L^{-1}$ NaOH to the solution, mix thoroughly, and measure the pH with the pH meter again.

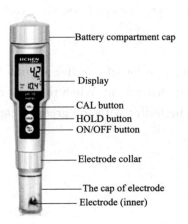

Fig. 50-1 The construction of pH meter

Similarly, measure the pH of solution D before and after adding 0. 90 mL of 0. 1 mol · L^{-1} NaOH with the pH meter.

Record data in Table 50-4, calculate the change in pH for each solution and come to a conclusion.

Table 50-4   The relationship between buffer capacity and the ratio of $[B^-]/[HB]$

Experiment No.	1	2
Buffer solution C/mL	10. 00	0. 00
Buffer solution D/mL	0. 00	10. 00
pH		
pH(after adding 0. 90 mL of 0. 1 mol · L^{-1} NaOH)		
ΔpH		
Conclusion		

Notes

1. When measuing the pH of a solution with the pH test paper, use the stirring rod to dab a small drop of the solution to be tested onto a piece of pH test paper, and compare the color with pH standards to determine the pH of the sample.

2. Universal pH test paper covers the whole pH range from 1 to 14 with increments to the nearest 1 pH. Do not reuse a pH paper to retest or test another chemical. Always use a new one.

3. The pH meter consists of a glass electrode and a reference electrode, which generate a voltage proportional to the pH of the solution. The glass electrode is a very thin glass membrane that is easily damaged. Do not contact it with hard objects.

4. When you take a sample to test, make sure you take enough to submerge the entire electrode and record your data until the reading on the display stabilizes. Rinse the electrode with distilled water before and after you use it.

5. To prevent dehydration of the glass electrode, be sure to fill the cap with storage solution and secure the cap tightly over the electrode after each use.

Questions

1. Which factors affect the pH value of a buffer solution?

2. What does buffer capacity depend on? When the total concentration of the buffer solution is fixed, how to prepare the buffer with the greatest capacity of being?

(Xushu Yang, Jing Yang)

Experiment 51

Determination of Reaction Order and Rate Constant for the Reaction Between Acetone and Iodine

Objectives

1. To understand the principle and method for the determination of reaction order between acetone and iodine, and testify the reaction is a second order reaction by experiment.

2. To understand the relationship between concentration and reaction rate.

3. To master how to determine the rate constant of the reaction between acetone and iodine.

Principles

In acidic aqueous solution, the overall reaction between acetone and iodine (I_2) is as follows:

$$CH_3COCH_3 + I_2 \xrightarrow{H^+} CH_3COCH_2I + H^+ + I^-$$

It is an autocatalyst reaction, and its reaction mechanism may be as follows:

(1) $CH_3COCH_3 + H^+ \rightleftharpoons [CH_3 \overset{\overset{\displaystyle OH}{|}}{C} CH_3]^+$ (Activated complex)

(2) $[CH_3 \overset{\overset{\displaystyle OH}{|}}{C} CH_3]^+ \rightleftharpoons CH_3 \overset{\overset{\displaystyle OH}{|}}{C}\!=\!CH_2 + H^+$

(Allyl alcohol)

(3) $CH_3 \overset{\overset{\displaystyle OH}{|}}{C}\!=\!CH_2 + H^+ + I_2 \longrightarrow CH_3COCH_2I + H^+ + I^-$

(1-iodo acetone)

The activated complex, formed through the reaction between acetone and hydrogen ion, either dissociates back into the original reactants or forms product molecules (allyl alcohol). When iodine is present in the aqueous solution, allyl alcohol and iodine immediately form 1-

iodo acetone. The first reaction (1) is the slowest, so the overall reaction rate is merely determined by the concentrations of acetone and hydrogen ions (H^+). In other words, the reaction is first order in acetone, first order in hydrogen ion, zero order in iodine and second order overall.

Whether the mechanism mentioned above is accurate or not, we can testify it by the following experiments.

Suppose the rate equation for this reaction is:

$$v = k\,c^m(CH_3COCH_3)c^n(H^+)c^p(I_2) \tag{51-1}$$

Where v is the instantaneous rate of the reaction, k is the rate constant, and m, n, and p are the orders of the reaction with respect to acetone, hydrogen ions, and iodine, respectively. Although orders of reaction can be any value, for this experiment we will be looking only for integer values for the orders of reaction (0, 1, 2 are acceptable but not 0.5, 1.3, etc.). The sum of concentration exponent ($m+n+p$) is the overall order of reaction.

The average rate of the reaction can be expressed as the change in the concentration of a reactant divided by the time interval expressed by the equation (51-2):

$$\bar{v} = -\frac{\Delta c_{I_2}}{\Delta t} \tag{51-2}$$

The instantaneous rate v is difficult to determine, while the average rate $\bar{v}$ is easier to do. Here, we need to design a method for determination of the reaction order and rate constant for this reaction using the average rate $\bar{v}$ in place of instantaneous rate v.

The iodination of acetone is easily investigated because iodine has a yellow color. As the acetone is iodinated and the iodine converted to the iodide anion, this color will disappear, allowing the rate of the reaction to be easily monitored.

We can study the rate of this reaction by simply making I_2 the limiting reactant in a large excess of acetone and H^+ ion, so the concentrations of acetone and hydrogen ion can be seen to keep almost constant during the reaction and the rate of reaction can be held almost constant. Therefore, by measuring the time required for the initial concentration of iodine (I_2) to be used up completely, the rate of the reaction can be determined by equation (51-3):

$$v = \bar{v} = \frac{c_{I_2}}{\Delta t} \tag{51-3}$$

To find the reaction orders, we can run a series of trials, each of which starts with a different set of reactant concentrations, and from each we obtain a rate of the reaction. As shown in Table 51-1, the trials are designed to change one reactant concentration while keeping others constant.

Table 51-1 Determination of reaction orders

Trial No.	Reactant concentration/mol · L^{-1}			Rate of the reaction
	Acetone	Hydrogen ion	Iodine	
1	A	B	E	v_1
2	2A	B	E	v_2

| Trial No. | Reactant concentration/mol $\cdot$ L^{-1} | | | Rate of the reaction |
	Acetone	Hydrogen ion	Iodine	
3	A	2B	E	v_3
4	A	B	2E	v_4

Notice that trial 2 has twice as much acetone as trial 1, so any changes to the rates of trials 2 and 1 will be the result of acetone only (concentrations of HCl and iodine are constant), and thus we will use these trials to calculate m, the reaction order for acetone. Similarly, trial 3 has twice as much HCl as trial 1 and we will use these trials to calculate n, the reaction order of HCl; Trial 4 has twice as much iodine as trial 1 and we will use these trials to calculate p, the reaction order for iodine.

According to the rate equation, we obtain:

$$v_1 = k_1 A^m B^n E^p \tag{51-4}$$

$$v_2 = k_2 (2A)^m B^n E^p \tag{51-5}$$

$$v_3 = k_3 A^m (2B)^n E^p \tag{51-6}$$

$$v_4 = k_4 A^m B^n (2E)^p \tag{51-7}$$

And we take the ratio of their rate equations and obtain equation (51-8) to equation (51-10):

$$\frac{v_2}{v_1} = 2^m, m = \frac{\lg \dfrac{v_2}{v_1}}{\lg 2} \tag{51-8}$$

$$\frac{v_3}{v_1} = 2^n, n = \frac{\lg \dfrac{v_3}{v_1}}{\lg 2} \tag{51-9}$$

$$\frac{v_4}{v_1} = 2^p, p = \frac{\lg \dfrac{v_4}{v_1}}{\lg 2} \tag{51-10}$$

Once the orders of reaction are known, we will be able to calculate the rate constant k. We can calculate k_1, k_2, k_3, k_4 for each trial, and their average rate constant $\bar{k}$.

Apparatus and Reagents

1. Apparatus

Erlenmeyer flask (150 mL $\times$ 2); graduated cylinder (10 mL $\times$ 3, 20 mL $\times$ 1); stopwatch; and thermometer.

2. Reagents

Acetone (4.00 mol $\cdot$ L^{-1}); HCl solution (1.00 mol $\cdot$ L^{-1}); iodine solution (5.00 $\times$ 10^{-4} mol $\cdot$ L^{-1}); distilled water.

Procedures

Table 51-2 summarizes the preparation of the test solutions. For each mixture listed below, measure out the appropriate quantities of $4.00\ mol \cdot L^{-1}$ acetone, $1.00\ mol \cdot L^{-1}$ HCl, and water and place them in a 150 mL Erlenmeyer flask. Measure out the appropriate amount of $5.00 \times 10^{-4}\ mol \cdot L^{-1}$ iodine in a 10 mL graduated cylinder. Add the iodine last, starting a stopwatch as you add the iodine to the flask with the other chemicals.

Place the flask on a white sheet of paper using distilled water as a blank so that the change of color is more easily detected. Once the yellow color of the solution disappears, halt the stopwatch. Record how long the reaction takes to turn the solution clear and time elapsed should be recorded in seconds. Repeat each reaction mixture until the difference of the reaction time is within 3 seconds of each other. Waste needs to be placed in the waste liquid tank.

Table 51-2 Preparation of reaction mixture

Trial No.	V(Acetone)/mL	V(HCl)/mL	V(H_2O)/mL	V(I_2)/mL	Reaction time/s		
					t_1	t_2	$\bar{t}$
1	10.0	10.0	20.0	10.0			
2	20.0	10.0	10.0	10.0			
3	10.0	20.0	10.0	10.0			
4	10.0	10.0	10.0	20.0			

Data and Results

Calculate the concentration of each reactant (acetone, HCl, and iodine) in Trial 1 to Trial 4 and fill in Table 51-3. Calculate the rate of each trial according to equation (51-3).

According to equation (51-8) to equation (51-10),calculate the reaction orders m, n, and p, respectively. Remember to round m, n, and p into integer values. Finally, using the specific concentration of acetone and HCl in each trial, calculate the rate constant k for each one and the average rate constant $\bar{k}$.

Table 51-3 Determination of reaction orders between acetone and iodine

Temperature _____ ℃

Trial No.	c(Acetone) /mol $\cdot L^{-1}$	c(HCl) /mol $\cdot L^{-1}$	c(I_2) /mol $\cdot L^{-1}$	$\bar{t}$/s	v /mol $\cdot L^{-1} \cdot s^{-1}$	k /L $\cdot mol^{-1} \cdot s^{-1}$	$\bar{k}$ /L $\cdot mol^{-1} \cdot s^{-1}$
1							
2							
3							
4							

Notes

1. The rate of a chemical reaction depends on several factors: the nature of the reaction, the concentrations of the reactants, the temperature, and the presence of a possible catalyst. The environmental temperature has an effect on the rate of the reaction. Therefore, it is suggested to carry out the experiment under constant temperature conditions.

2. The iodine solution should not be left for a long time as it will be volatilized and decomposed by light. Acetone is also volatile, so measure them out just before use.

3. Allow the flask to stand on the table to observe the change of color. Do not move or shake the flask during the experiment, otherwise the time of the reaction will be affected.

Questions

1. How to determine the total reaction order for the reaction acetone and iodine? Which reaction condition should be fixed during the experiment?

2. Why is distilled water added in trial 1 to trial 4?

(Jing Yang)

Experiment 52

Determination of Trace Iron in Water by Visible Spectrophotometry

Objectives

1. To understand the principle and method of spectrophotometric determination of trace iron.

2. To learn how to use the visible spectrophotometer.

3. To learn how to plot the absorption curve，and how to select the appropriate analytical wavelength.

4. To grasp how to determine the concentration of an unknown sample by the standard curve method.

Principles

Spectrophotometry is a method to measure how much a chemical substance absorbs light by measuring the intensity of light as a beam of light passes through a sample solution. It is one of the most useful methods of quantitative analysis in various fields such as chemistry，physics，biochemistry，and clinical applications. Absorption spectrophotometry is based on the Lambert-Beer Law，which states that the absorption of a substance to the monochromatic light，which is expressed as follows：

$$A = -\lg T = -\lg \frac{I_t}{I_0} = \varepsilon c l$$

Where A is the absorbance，T is the transmittance，I_t is the transmitted intensity，I_0 is the incident intensity，ε is molar absorption coefficient，l is the path length of the cuvette in cm，and c is molar concentration. When the wavelength of incident light，temperature，and thickness of the solution are fixed，absorption changes proportionally with the concentration of the solution.

Generally，the wavelength for the maximum absorbance must be chosen before assay. Plot the absorbance vs. wavelength can produce an absorption curve and the wavelength for the maximum absorbance can be determined.

A Beer's Law plot can be constructed by preparing a series of solutions of known concentration and graphing the absorbance of each solution on the y-axis versus concentration on the x-axis, and the plot is used to calculate the concentration of an unknown solution.

Since solution of trace amount of iron is almost colorless, iron ions need to be reacted quantitatively with a coloring reagent, such as salicylsulfonic acid or 1, 10-phenanthroline (phen) to form colored species These methods can be used to determine samples containing less than 5% iron.

Salicylsulfonic acid can form stable complexes with ferric ions (Fe^{3+}), and the formula of the formed complexes depends on the pH value of the solution. In basic medium (pH 9~11.5), one molecule of Fe^{3+} reacts with three molecules of salicylsulfonic acid to form a stable complex with a yellow color by reaction 1.

Reaction 1

Metal ions, such as Ca^{2+}, Mg^{2+}, and Al^{3+} can also react with salicylsulfonic acid to form colorless complexes, which do not interfere with the determination when the salicylsulfonic acid is in excess in the experiment. However, the presence of metal ions, such as Cu^{2+}, Co^{2+}, Ni^{2+}, and Cr^{3+} in the solution can interfere with the determination and these ions need to be chelated before assay. Due to the fact that Fe^{2+} is generally oxidized to Fe^{3+} in a basic medium, the iron measured by this method is actually the total iron in the solution.

Another commonly used method for the determination of trace amounts of iron involves the coordination of 1,10-phenanthroline with Fe^{2+} to produce an intensely red orange colored complex in pH range from 2 to 9.

Since the iron present in the water predominantly exists as Fe^{3+}, it is necessary to first reduce Fe^{3+} to Fe^{2+}. This is accomplished by the addition of the reducing agent hydroxylamine hydrochloride, which reacts with Fe^{3+} by reaction 2. An excess of reducing agent is needed to prevent Fe^{2+} from re-oxidizing to Fe^{3+} by dissolved oxygen in solution.

$$2Fe^{3+} + 2NH_2OH \cdot HCl \Longrightarrow 2Fe^{2+} + N_2 \uparrow + 4H^+ + 2H_2O + 2Cl^- \qquad \text{Reaction 2}$$

Upon adding the 1,10-phenanthroline, Reaction 3 occurs:

Reaction 3

To make Fe^{2+} ion react with 1, 10-phenanthroline quantitatively and the complex stable, the pH value of the solution should be maintained between 4 and 5 by adding sodium acetate which reacts with hydrochloric acid in the solution.

Apparatus and Reagents

1. Apparatus

Volumetric flasks (50 mL× 7); Graduated pipette (5 mL×2, 10 mL×1); volumetric pipette (5 mL×1); 722 visible spectrophotometer; 1-cm cuvettes; Rubber bulbs.

2. Reagents

1.00 mmol $\cdot$ L^{-1} Fe^{3+}; 10% salicylsulfonic acid; buffer solution of pH 10.00; distilled water; unknown iron solution.

Procedures

1. Prepare the standard iron solutions and the unknown iron solution

Set up seven 50 mL volumetric flasks. Note Flask 1 is used as reagent blank, Flasks 2 to 6 are prepared by standard iron solution (1.00 mmol $\cdot$ L^{-1}) while Flask 7 is prepared by unknown iron solution. Afterwards, pipette 10% salicylsulfonic acid, and then buffer solution of pH 10.00 into them according to Table 52-1.

Calculate the concentration of iron in mM in each of Flasks 1 through 6.

Table 52-1   Preparation of the solutions

Reagent	1	2	3	4	5	6	7
Standard iron solution (1.00 mmol $\cdot$ L^{-1} Fe^{3+})/mL	0.00	1.00	2.00	3.00	4.00	5.00	unknown iron solution 5.00
10% Salicylsulfonic acid/mL				4.00			
Buffer solution of pH 10/mL				10.00			
Distilled water				Dilute to the mark			
The concentration of Fe^{3+} in the solution/mmol $\cdot$ L^{-1}							
A							

2. Determine the wavelength for the maximum absorbance

Measure the absorbances of Flask 4 at each wavelength listed in Table 52-2 by using Flask 1 (reagent blank) as the reference. Plot the absorbances versus wavelength to get an absorption curve and select the wavelength at the maximum absorbance (λ_{max}) as the analytical wavelength.

Table 52-2   The absorption curve

λ/nm	400	404	408	412	414	416	418	420
A								
λ/nm	422	424	426	430	432	434	436	440
A								

3. Make a standard curve

Using Flask 1 (reagent blank) as the reference, measure the absorbances of Flask 2 through 6 at λ_{max}, and record in Table 52-1, respectively. Make a standard curve with Excel as follows:

① Enter "concentration of iron" in column A and "absorbance" in column B. Then input a series of iron concentrations from flasks 2 to 6 in column A, along with the corresponding measured absorbance values in column B.

② Select the data values with your mouse. On the Insert tab, click on the Scatter icon and select "Scatter with Straight Lines and Markers" from its drop-down menu to generate the standard curve.

③ To add a trendline to the graph, right-click on the standard curve line in the chart to display a pop-up menu of plot-related actions. Choose "Add Trendline" from this menu. Select "display equation on chart" and "display R-squared value on chart". Ideally, the R^2 value should be greater than 0.99.

④ Print the standard curve and add it to your notebook.

4. Determine the iron concentration in the unknown iron solution

Using Flask 1 as the reference, measure the absorbance of Flask 7 (A_x) at λ_{max}, and record in Table 52-1. Use the obtained standard curve equation to determine the concentration of the sample solution by entering the A_x for y and solving for x, and calculate the actual concentration of the unknown iron sample (pay attention to taking into account the dilution factor, the dilution factor in the experiment is 10).

Notes

1. Cuvettes made from normal glass, PMMA, or polystyrene are only transparent in the visible range. If wavelengths in the UV range (200~400 nm) are employed, cuvettes made from quartz glass must be used.

2. A cuvette has two optical windows, parallel to each other. The other sides are frosted or grooved to be used for handling the cell. The optical windows should be kept as clean as possible and never touched.

3. The liquid to be tested should be poured into about 2/3 to 4/5 height of the cuvette. Make sure that the outside of the cuvette is clean and dry. Then insert it vertically into the sample compartment with the transparent sides aligned with the light path.

4. When determining the absorbance of a series of standard solutions, generally measure from dilute to concentrated in order. The cuvette needs to be rinsed with the solution to be tested for 3 times. Otherwise, the cuvette needs to be washed with distilled water first and then rinsed with the solution to be tested.

5. The coloring conditions of the sample are as alike as possible with the standard solutions.

Questions

1. In what order should the reagents be added when preparing the tricoordinate yellow complex solution? And explain the reason.

2. Why is the buffer solution of 10.00 added when the solutions are prepared in the ex-

periment?

3. What is the suitable absorbance range to reduce relative error in the measurement?

4. Why usually need to measure the absorbance at λ_{max}?

Attached: Use of 722 visible spectrophotometer

As shown in Fig. 52-1, 722 visible spectrophotometer is a single beam spectrophotometer, the light from the monochromator passes through the sample and then to the detector.

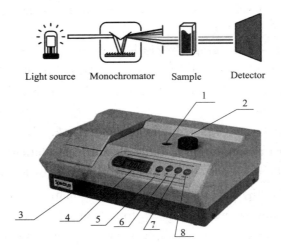

Fig. 52-1   722 visible spectrophotometer

1—Window for observing wavelength scale; 2—Wavelength handwheel; 3—Cuvette holder rod;

4—Digital display screen; 5—Mode button; 6—100% T button; 7—0% T button; 8—Print button

1. Plug in and turn on the spectrophotometer, and let it warm up for 20 min before use. Set the wavelength of the spectrophotometer to the analytical wavelength.

2. As shown in Fig. 52-2, the cuvette holder has four slots. When the cuvette holder rod is pushed inward to the end, slot 1 is in the light path. Pulling the 1st gear outward is the light-blocking position, followed by slot 2, slot 3, and slot 4 positions.

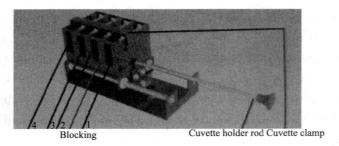

Blocking   Cuvette holder rod Cuvette clamp

Fig. 52-2   The schematic diagram of the cuvette holder

3. Open the lid of the sample compartment, insert the two cuvettes containing the reference solution and the solution to be tested vertically into slot 1 and 2, respectively, and close the lid. Allow the reference solution into the light path, press the "MODE" button to set it at T mode, and then press the "100.0%T" button to adjust the transmittance to 100%. At this

time the display screen will show "BLA" and wait until the display to "100. 0".

4. Pull the cuvettes out of the light path and make the light-blocking position in the light path. Then press the "0%T" button, "0. 0" will show on the display screen. Repeat step 3 and step 4 as needed for consistency.

5. Then pull the solution to be tested in the light path. Just press the "MODE" button until the light of "A" is on, the digits shown on the display screen are the absorption of the solution to be tested.

6. Once the wavelength is changed, reset 100%T and 0%T according to step 3 and step 4, and then record the absorbance of the sample solution at the specific wavelength. Even if the wavelength is not changed, it is good practice to reset the 100%T and 0%T every 20 minutes or so to account for instrument drift.

(Xushu Yang, Jing Yang)

实验五十三

综合实验：蛋氨酸锌螯合物的制备与分析

一、实验目的

1. 掌握蛋氨酸锌螯合物的制备方法。
2. 掌握蛋氨酸锌螯合物中锌含量的测定方法及杂质镍的分析方法。
3. 熟悉无机制备、滴定分析、光谱分析的基本操作。

二、实验原理

蛋氨酸锌是起源于 20 世纪 70 年代，由美国率先研究成功的第三代微量元素营养添加剂，它是将无机锌与蛋氨酸作用生成具有环状结构的螯合物，是一种接近动物体天然形态的微量元素补充剂，蛋氨酸锌螯合物在化学结构上离子键与配位键共存，具有很好的化学与生物稳定性。它是目前广泛使用的一种饲料添加剂，能促进动物体内其他营养成分的吸收，并有杀菌作用，且能改善动物的免疫功能，增加抵抗能力，降低死亡率。

本实验是一个综合实验，涉及蛋氨酸锌螯合物的合成、锌的含量测定及微量杂质镍的测定。

蛋氨酸锌螯合物可由蛋氨酸直接与氢氧化锌按摩尔比 2∶1 反应制得，反应式如下：

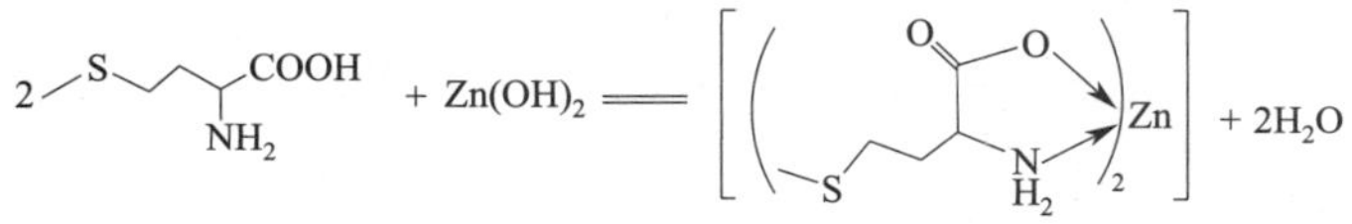

摩尔比为 2∶1 的蛋氨酸锌螯合物为白色或类白色粉末，极微溶于水。该螯合物中锌的含量可用配位滴定法测定。将试样用盐酸溶解，加适量的水，加入氟化铵、硫脲和抗坏血酸作为掩蔽剂后，调节溶液 pH 至 5~6，用二甲酚橙作指示剂，用 EDTA（H_2Y^{2-}）标准溶液直接滴定。反应式如下：

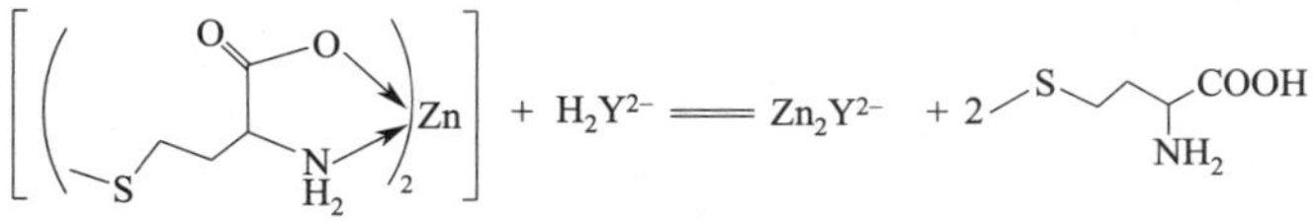

对于合成过程中引入的镍离子，可以在碱性条件（NaOH）下用氧化剂如过硫酸盐将

Ni^{2+} 氧化成 Ni^{4+}，再与显色剂丁二酮肟定量生成酒红色水溶性螯合物。反应方程式如下：

$$Ni^{2+} + S_2O_8^{2-} = 2SO_4^{2-} + Ni^{4+}$$

该配离子在 450 nm 附近有最大吸收，摩尔吸光系数高达 10^4。实验过程中可用标准曲线法对杂质镍进行含量测定。对于合成中可能引入的干扰离子如 Fe^{3+}、Co^{2+}、Cu^{2+} 等金属离子，可加入适量柠檬酸铵和 EDTA 消除其干扰。

三、仪器与试剂

1. 仪器

恒温磁力搅拌器（带测温棒和搅拌子）；布氏漏斗（10 cm）；抽滤瓶；真空泵；分析天平（万分之一）；电子天平（十分之一）；中速定性滤纸（11 cm）；表面皿（12 cm）；烧杯（100 mL，250 mL）；量筒（10 mL，20 mL，50 mL）；酸碱通用型滴定管（25 mL）；锥形瓶（250 mL）；容量瓶（25 mL，100 mL）移液管（5 mL）；吸量管（5 mL）；721 型可见分光光度计；1 cm 比色皿；广泛 pH 试纸（pH 1～14）；玻璃棒；胶头滴管；洗耳球。

2. 试剂

DL-蛋氨酸（99%，市售）；$ZnSO_4 \cdot 7H_2O$（A. R.）；氢氧化钠溶液（20%，0.1 mol·L^{-1}）；EDTA 标准溶液（0.05 mol·L^{-1}）；抗坏血酸溶液（20 g·L^{-1}）；氟化铵溶液（200 g·L^{-1}）；硫脲溶液（100 g·L^{-1}）；二甲酚橙指示剂；乙酸-乙酸钠缓冲溶液（pH 5.5）；六次甲基四胺溶液（20%）；盐酸溶液（6 mol·L^{-1}）；柠檬酸铵溶液（250 g·L^{-1}）；过硫酸钾（10%）；碱性丁二酮肟溶液（5 g·L^{-1}，NaOH 介质）；镍标准溶液（20.0 μg·mL^{-1}）；EDTA 溶液（50 g·L^{-1}）；去离子水。

四、实验内容

1. 蛋氨酸锌螯合物的制备

(1) $Zn(OH)_2$ 沉淀的制备 用电子天平称取约 7.2 g $ZnSO_4 \cdot 7H_2O$（相当于 0.025 mol $ZnSO_4$），置于 100 mL 烧杯中，边搅拌边加入 7 mL 20% 氢氧化钠溶液，调节溶液的 pH 值为 8，得 $Zn(OH)_2$ 悬浊液，备用。

(2) 蛋氨酸锌螯合物的合成 用电子天平称取约 7.5 g 蛋氨酸（0.05 mol），置于 250 mL 烧杯中，加水约 150 mL，搅拌，升温至 70～80℃，待蛋氨酸完全溶解后，保持此温度，在不断搅拌下缓慢加入 $Zn(OH)_2$ 悬浊液，搅拌反应 60 min。冷却，静置约 10 min，使产物尽可能完全析出。减压抽滤，用少量水和无水乙醇分别洗涤滤饼 3 次，抽干。将产品转移至表面皿上，置入烘箱，于 110℃ 烘干，得白色蛋氨酸锌螯合物，称重，计算产率。

2. 锌的含量测定

(1) 0.05 mol·L^{-1} EDTA 标准溶液的标定 参照实验二十一"硫酸铝的含量测定"中

EDTA 标准溶液的标定进行，计算 EDTA 标准溶液的准确浓度。

(2) 锌含量的测定 称取约 0.25 g 蛋氨酸锌螯合物试样，精密称定，置于 250 mL 锥形瓶中，用少量水润湿。滴加 2 mL 盐酸溶液使试样完全溶解，加 25 mL 水、5 mL 氟化铵溶液、2.5 mL 硫脲溶液和 5 mL 抗坏血酸溶液，摇匀。加入 7.5 mL 乙酸-乙酸钠缓冲溶液和 2 滴二甲酚橙指示剂，用已标定的 0.05 mol·L^{-1} EDTA 标准溶液滴定至溶液由紫红色变为亮黄色即为终点。同时做空白试验。平行测定 3 次，按式(53-1)计算合成品蛋氨酸锌螯合物中锌的含量，求其平均值及相对平均偏差。

$$\omega_{Zn} = \frac{c_{EDTA} \times (V_{试样} - V_{空白}) \times \dfrac{M_{Zn}}{1000}}{m} \times 100\% \tag{53-1}$$

$$M_{Zn} = 65.39 \text{ g·mol}^{-1}$$

3. 杂质镍的测定

(1) 测量波长的选择与校准曲线的绘制 在 6 只 25 mL 容量瓶（编号 1~6）中分别加入 0.00 mL、1.00 mL、2.00 mL、3.00 mL、4.00 mL 和 5.00 mL 镍标准溶液，各加入 4.00 mL 柠檬酸铵溶液、5.00 mL 10% 过硫酸钾溶液、2.00 mL 碱性丁二酮肟溶液，摇匀。再加入 2.00 mL 50 g·L^{-1} EDTA 溶液，用水稀释到刻度，放置 10 min。对 4 号试样，用 1 cm 比色皿，以试剂空白（1 号试样）作参比，在 420~470 nm 波长范围内每隔 10 nm 测一次吸光度。在最大吸收峰附近，每隔 2 nm 测一次吸光度。以波长 λ 为横坐标，吸光度 A 为纵坐标，绘制吸收曲线，确定丁二酮肟镍配合物的最大吸收波长（λ_{max}）。

用 1 cm 比色皿，在所选定的 λ_{max} 下，以 1 号试液作参比，测量 2~6 号试液的吸光度，参见实验二十五"可见分光光度法测定水中微量铁含量"项下实验数据处理，绘制吸光度-镍浓度校准曲线，得到线性方程和相关系数。

(2) 蛋氨酸锌螯合物中杂质镍的含量测定 称取约 1.0 g 蛋氨酸锌螯合物试样，精密称定，置于 100 mL 烧杯中，加少量水润湿。滴加 3 mL 盐酸溶液使试样完全溶解，定量转移至 100 mL 容量瓶中。准确移取 5.00 mL 所配制溶液于 25 mL 容量瓶中，加 4 mL 0.1 mol·L^{-1} 氢氧化钠溶液使呈近中性，按上述制备标准曲线的方法配制溶液，并测定其在 λ_{max} 的吸光度 A_x。根据测得的吸光度，代入所求的标准曲线方程，乘以稀释倍数后求算出试样中镍的浓度（$\mu g·mL^{-1}$）。

五、注意事项

在测定杂质镍含量时，在近中性溶液中加入柠檬酸铵可掩蔽 Bi^{3+}、Fe^{3+}、Cr^{3+} 等金属离子；溶液中干扰物如 Co^{2+}、Cu^{2+} 等金属离子，可加入 EDTA 溶液消除其干扰。实验过程中，必须先加入丁二酮肟溶液，再加入 EDTA 溶液。

六、思考题

1. 实验过程中，为什么测定锌含量时用配位滴定法，而测定镍含量时选用可见分光光度法？

2. 测定锌含量时，为什么要先加入氟化铵溶液、硫脲溶液和抗坏血酸溶液后再进行测定？

3. 测定镍含量时，加入柠檬酸铵、过硫酸钾、丁二酮肟和 EDTA 溶液分别有何作用？

参考文献

[1] "久吾杯"首届江苏省大学生化学化工实验竞赛试题，2010.

[2] 于桂生.蛋氨酸锌的制备与组成的测定 [J].天津化工，2005，19（4）：50.

[3] 周建群，罗玉芳，王韶辉，等.蛋氨酸螯合锌测定方法的研究 [J].饲料研究，2008，2：48.

[4] 赵春雨，胡国军.丁二酮肟分光光度法测定硝酸镍生产废水中的镍 [J].中国环境管理干部学院学报，2005，15（3）：100.

（杨静）

实验五十四

综合实验：荧光量子产率的测定

一、实验目的

1. 掌握测定荧光量子产率的原理与方法。
2. 熟悉荧光量子产率标准物质的选择原则。
3. 了解荧光分光光度计的使用方法。

二、实验原理

荧光量子产率（photoluminescent quantum yield，PLQY）是荧光物质的重要发光参数，是指荧光分子将吸收的光能转变成荧光的百分率，即激发态分子中发射荧光的光子数目占分子吸收激发光的光子总数的比例，与发射荧光光子的数值成正比，见式(54-1)。

$$\varphi_f = \frac{发射荧光的光子数}{吸收激发光的光子数} \tag{54-1}$$

通常情况下，φ_f 的值总是小于 1，PLQY 的数值越大，相同情况下化合物的荧光越强。

在实验上，一般用参比法测定物质的 PLQY。通过测量待测物质和标准物质的稀溶液在同一激发波长下的积分荧光强度和对该波长激发光的吸光度，然后按式(54-2) 计算待测物质的 PLQY：

$$\varphi_x = \varphi_s \times \frac{F_x}{F_s} \times \frac{A_s}{A_x} \times \left(\frac{n_x}{n_s}\right)^2 \tag{54-2}$$

式中，φ_x、φ_s 表示待测物质和标准物质的 PLQY；F_x 和 F_s 分别表示待测物质和标准物质的积分荧光强度；A_x 和 A_s 分别表示待测物质和标准物质对该激发波长的吸光度；n_x 和 n_s 分别表示待测物质和标准物质所用溶剂的折射率。运用此公式时，一般要求 A_x 和 A_s 低于 0.05（或 0.10）。

只有激发波长（λ_{ex}）和发射光谱范围与待测物质均相近的标准物质才能有效获得准确的 PLQY。本实验所用三种标准物质的参数见表 54-1。

表 54-1　几种荧光标准物质的参数

标准物质	λ_{ex}/nm	溶剂	n_s	φ_s
硫酸奎宁	350	0.1 M H_2SO_4	1.33	0.58
罗丹明 6G	475	乙醇	1.36	0.95

标准物质	λ_{ex}/nm	溶剂	n_s	φ_s
罗丹明 B	495	乙醇	1.36	0.89

三、仪器与试剂

1. 仪器

HITACHI F-4600 型荧光分光光度计；UV2450 型紫外-可见分光光度计；分析天平（0.01 mg）；离心管（50 mL×n，5 mL×n）；量筒（50 mL×3）；移液器（100 μL）；枪头。

2. 试剂

硫酸奎宁（A. R.）；罗丹明 6G（A. R.）；罗丹明 B（A. R.）；三种荧光纳米颗粒（fluorescent nanoparticles，FNPs，100 μg · mL^{-1} 水溶液）；硫酸（0.1 mol · L^{-1}）；无水乙醇；超纯水。

四、实验内容

1. 荧光标准物质溶液的配制

（1）荧光标准物质贮备液的配制 称取 10 mg 硫酸奎宁、罗丹明 6G、罗丹明 B 于 3 个试管中，分别加入 25 mL 0.1 mol · L^{-1} 硫酸、40 mL 乙醇、40 mL 乙醇配制成浓度为 5×10^{-4} mol · L^{-1} 的贮备液，备用。

（2）荧光标准物质溶液的配制 用移液器移取 50 μL 上述贮备液于 3 个试管中，分别加入 25 mL 0.1 mol · L^{-1} 硫酸、乙醇、乙醇，稀释成浓度为 1×10^{-6} mol · L^{-1} 的标准物质溶液。

2. 待测溶液的配制

用移液器移取 100 μL 编号为 1$^{\#}$、2$^{\#}$、3$^{\#}$ 的 FNPs 水溶液于 3 个试管中，分别加入 10 mL 超纯水，稀释成浓度为 1 μg · mL^{-1} 的待测溶液。

3. PLQY 的测定

（1）分别扫描荧光标准物质溶液和待测溶液的激发光谱和发射光谱，根据荧光标准物质和待测物质的激发波长和发射光谱范围均相近的原则，分别选择编号为 1$^{\#}$、2$^{\#}$、3$^{\#}$ 的待测物质合适的荧光标准物质，确定 λ_{ex}。

（2）分别扫描荧光标准物质溶液和待测溶液的紫外-可见吸收光谱，并记录在 λ_{ex} 处的吸光度值（A）。

（3）用合适的溶剂，将荧光标准物质溶液和待测溶液适当稀释，使在 λ_{ex} 处的 A 值低于 0.05（或 0.10），并记录具体数值。

（4）分别扫描上述稀释后荧光标准物质溶液和待测溶液的发射光谱，计算给定波长范围内的积分荧光强度，按式（54-2）计算编号为 1$^{\#}$、2$^{\#}$、3$^{\#}$ 的 FNPs 的 PLQY，完成表 54-2。

表 54-2 荧光纳米颗粒的 PLQY

样品	标准物质	λ_{ex}/nm	A_x	A_s	F_x	F_s	n_x	n_s	φ_s	φ_x
1$^{\#}$										
2$^{\#}$										
3$^{\#}$										

五、注意事项

1. 正确选择荧光标准物质。在"参比法"中，一般采用所选标准物质的激发波长作为测定该标准物质和待测物质发射光谱的激发波长，该标准物质的 PLQY 应为已知，且所选标准物质的发射光谱与待测物的发射波长范围基本相近。这样才能尽量减小 PLQY 的测量误差。

2. 待测荧光物质和荧光标准物质浓度均需要满足 $A \leqslant 0.05$（或 0.10）。先测 A 值，后测荧光光谱谱图，能有利于掌握最佳绘制荧光光谱谱图的测量浓度。

3. 须用相同的测量参数和相同的荧光激发波长绘制荧光待测物质和荧光标准物质的荧光光谱图。

4. 计算积分面积时要准确选取荧光光谱峰的始点和终点，并准确扣除干扰峰的积分面积。

六、思考题

1. 什么是荧光量子产率？哪些物质具有较高的荧光量子产率？
2. 如何准确测定荧光量子产率？

参考文献

[1] 杨洗. 刍议"参比法"准确测量荧光量子产率的要点[C]//第三届全国实验室管理科学研讨会论文集. 中国分析测试协会，2007，11：165-166.

[2] 任海涛，齐帆. 高荧光量子产率碳量子点的绿色制备及光学特性 [J]. 化学工程，2021，49（5）：17-22.

（魏芳弟）

实验五十五

开放实验：荧光碳量子点纳米材料在分析中的应用

一、实验目的

1. 了解荧光碳点的合成与应用。
2. 探究 Fe^{3+} 对荧光碳点性能的影响。
3. 掌握 Fe^{3+} 对荧光碳点猝灭的机理。
4. 掌握荧光分光光度计的应用。

二、实验原理

碳点（carbon dots，CDs）为直径小于 10 nm 的类球形碳纳米颗粒。与大尺寸的水溶性差的碳材料相比，CDs 由于其表面丰富的亲水基团，可很好地分散于水溶液中。与商业化的有机染料和传统半导体量子点相比，CDs 具有诸多优点，比如在可见光区域有强荧光发射、较好的光稳定性、低毒性、易合成和表面修饰等。合成 CDs 通常可采取两种途径："由上至下"和"由下至上"方法。"由上至下"方法是采用激光消融、电化学过程及化学氧化将碳材料切割成 CDs。"由下至上"方法包括热解处理、模板法、微波辅助合成及反相微乳液方法。

合成得到的 CDs 通常在紫外区域有明显的光学吸收，吸收带主要在 260～320 nm 波段范围。荧光发射是 CDs 最引人关注的性质之一，CDs 的荧光发射波长可通过反应试剂和合成条件来进行调节。在碳化过程中脱氢反应导致化学构成的改变使得 CDs 具有可调节的荧光发射。虽然裸露的 CDs 具有多色荧光发射，但通常其荧光量子产率低，可通过表面钝化、掺杂其他元素及纯化过程提高 CDs 的荧光量子产率。CDs 由于其明显的优势，比如较好的荧光性质、快速分析及样品无损伤等，被广泛地应用于生物传感检测金属离子、生物小分子、DNA 和蛋白质等。

用谷胱甘肽和柠檬酸钠合成发射蓝色荧光的 CDs，在 380 nm 激发下，可发射 450 nm 的荧光。溶液中存在 Fe^{3+} 时，Fe^{3+} 可选择性地与 CDs 表面的酚羟基结合，由于光诱导电子转移作用，CDs 的荧光被 Fe^{3+} 所猝灭。本实验将探究 CDs 与 Fe^{3+} 反应时荧光强度减弱的现象。

实验内容中所述实验条件仅为参考条件，实验者可根据实际情况设计实验优化反应条件。可重点考察柠檬酸钠和谷胱甘肽比例、CDs 的制备反应时间等条件。

三、仪器与试剂

1. 仪器

荧光分光光度计；紫外-可见吸收光谱仪；电子天平；烧杯（25 mL）；量筒（25 mL）；容量瓶（10 mL，100 mL）；吸量管（1 mL，5 mL）；玻璃棒；石英比色皿；反应釜。

2. 试剂

谷胱甘肽；柠檬酸钠；三氯化铁；HCl 溶液（6 mol·L^{-1}）；蒸馏水；Tris-HCl 缓冲液（pH 4.0）。

四、实验内容

1. CDs 的合成

称取 0.3 g 柠檬酸钠和 0.04 g 谷胱甘肽于小烧杯中，加入 9 mL 超纯水中并溶解，再将溶液放置于聚四氟乙烯内衬的反应釜，于 200℃加热 4 h。反应完成后，取出反应釜自然冷却，得到黄色产物，用 500 Da 透析袋纯化 12 h。

2. CDs 的荧光激发光谱和发射光谱的测定

吸取 0.10 mL CDs，与 1.40 mL Tris-HCl 缓冲液（10 mmol·L^{-1}，pH 4.0）混匀后，加入 0.50 mL 超纯水，再吸取 1 mL 混合液，选择最大发射波长为 450 nm，扫描激发光谱；选择最大激发波长为 330 nm，扫描发射光谱。

3. Fe^{3+} 标准贮备液（4.00 mmol·L^{-1}）的配制

准确称取 64.88 mg FeCl$_3$ 置于小烧杯中，加入 2 mL HCl 溶液（6 mol·L^{-1}）和少量水，溶解后，转移至 100 mL 容量瓶中，加水稀释至刻度，摇匀。

4. 配制一系列不同浓度的 Fe^{3+} 溶液

在编号为 1～6 号的 6 只 10 mL 容量瓶中，用吸量管分别加入铁标准贮备液（4.00 mmol·L^{-1}）0.00 mL、2.00 mL、4.00 mL、6.00 mL、8.00 mL、10.00 mL，以水稀释至刻度，摇匀，即配制 0.00 mmol·L^{-1}、0.80 mmol·L^{-1}、1.60 mmol·L^{-1}、2.40 mmol·L^{-1}、3.20 mmol·L^{-1}、4.00 mmol·L^{-1}的 Fe^{3+} 溶液。

5. 荧光测定

吸取 0.10 mL CDs，与 1.40 mL Tris-HCl 缓冲液（10 mmol·L^{-1}，pH 4.0）混合，再加入 0.10 mL 一系列不同浓度的 Fe^{3+} 溶液、0.40 mL 超纯水，并于 25℃孵育 10 分钟。吸取 1 mL 混合溶液，选择 330 nm 为激发波长，测定溶液在 400～550 nm 波长范围内的荧光发射图谱。

五、注意事项

1. 由于反应温度高达 200℃，故待样品充分冷却后再取出样品以避免烫伤。
2. 配制一系列不同浓度的 Fe^{3+} 溶液时，应作好标记，避免混淆。
3. 在记录荧光光谱数据时，应确保仪器设备稳定，且按照标准操作流程进行。

六、思考题

1. 如何绘制 CDs 的荧光激发光谱和发射光谱?

2. CDs 的荧光猝灭的原理是什么？如何理解荧光 CDs 与金属离子之间的相互作用导致的荧光猝灭？

3. 除了 Fe^{3+} 外，其他金属离子是否可能导致 CDs 的荧光猝灭？

参考文献

Xiaoman Xu，Dandan Ren，Yuying Chai，et al. Dual-emission carbon dots-based fluorescent probe for ratiometric sensing of Fe（Ⅲ）and pyrophosphate in biological samples［J］．Sensors and Actuators B：Chemical，2019，298，126829.

（岑瑶）

实验五十六

开放实验：反相微乳法合成纳米二氧化硅

一、实验目的

1. 熟悉反相微乳法制备的原理。
2. 了解纳米粒子的合成方法。

二、实验原理

纳米材料是指三维空间尺寸中至少有一维处于纳米级别（约 1～100 nm）的材料或是由这些纳米基元组成的纳米结构，当材料的尺寸减小到纳米尺度时会产生许多奇特的纳米效应，如量子尺寸效应、小尺寸效应、表面界面效应以及宏观量子隧道效应等。这些奇特的纳米效应赋予了纳米材料独特的光、电、磁、热和力学等性能，使其在能源、催化、电子、生物、医学等各个领域展现出巨大的应用前景。近些年，利用纳米材料优异的物理、光学、电学和化学性质，在智能纳米医学领域被用于药物负载、可控释放以及肿瘤靶向治疗。

介孔二氧化硅纳米粒子（mesoporous silica nanoparticles，MSNs）由于具有独特的结构和物理化学性质，包括大的比表面积和孔容、可调的介孔结构、高的化学和力学稳定性以及优异的生物相容性，在生物医学领域受到了广泛关注。MSNs 可以和多种磁性材料、纳米金属、半导体、碳纳米管、石墨烯等材料复合，有机染料小分子也可以很容易地掺杂进其骨架结构中，从而制备出多功能的复合材料。同时，为了最大限度地降低 MSNs 的毒副作用，生物可降解的 MSNs 得到迅速发展，并广泛用于癌症的诊断与治疗。

本实验，采用反相微乳法制备生物可降解的纳米二氧化硅。实验内容中所述实验条件仅为参考条件，实验者可根据实际情况优化反应条件。重点考察正硅酸乙酯（TEOS）和（3-氨丙基）三乙氧基硅烷（APTES）比例、浓氨水用量及反应时间。

三、仪器与试剂

1. 仪器

磁力搅拌器；20 mL 带盖子的玻璃瓶；移液枪（5 mL，1 mL）；枪头（5 mL，1 mL）；离心机；真空干燥箱。

2. 试剂

环己烷；正己醇；曲拉通（Triton X-100）；正硅酸乙酯（TEOS）；（3-氨丙基）三乙氧基硅烷（APTES）。

四、实验内容

（1）准备 1 个 20 mL 的黑盖玻璃瓶，配以小磁子，磁力搅拌，转速设为 900 r·min^{-1}。

（2）向玻璃瓶中依次加入 7.5 mL 环己烷、1.8 mL 正己醇、1.77 mL 曲拉通（Triton X-100）、100 μL 水。

（3）全部加完之后搅拌 20 min，再加入 50 μL TEOS、25 μL APTES，搅拌 30 min。最后加入 60 μL 浓氨水，加完之后拧紧玻璃瓶的黑盖，再继续反应 20~22 h。

（4）反应结束后将小瓶中的溶液转移到大离心管中，并加入 10 mL 丙酮破乳，离心收集，9000 r·min^{-1}，15 min。

（5）依次用乙醇洗三次，水洗三次。洗涤完成后放入真空干燥箱在 60℃下干燥过夜。干燥结束后取出样品研磨称重，保存在干燥器中待用。

五、样品的表征

1. 利用透射电镜（TEM）观察粒径大小。
2. 利用动态光散射仪（Brookhaven 90 Plus）统计粒径分布规律。

参考文献

Yang Y H，Gao M Y. Preparation of fluorescent SiO$_2$ particles with single CdTe nanocrystal cores by the reverse microemulsion method [J]. Advanced Materials，2005，17，2354-2357.

（蔡政）

附　　录

附录一　部分元素原子量

序　数	名　称	符　号	原子量	序　数	名　称	符　号	原子量
1	氢	H	1.008	29	铜	Cu	63.546
2	氦	He	4.003	30	锌	Zn	65.409
3	锂	Li	6.941	31	镓	Ga	69.723
4	铍	Be	9.012	32	锗	Ge	72.640
5	硼	B	10.811	33	砷	As	74.921
6	碳	C	12.011	34	硒	Se	78.960
7	氮	N	14.006	35	溴	Br	79.904
8	氧	O	15.999	36	氪	Kr	83.798
9	氟	F	18.998	37	铷	Rb	85.467
10	氖	Ne	20.179	38	锶	Sr	87.620
11	钠	Na	22.989	39	钇	Y	88.906
12	镁	Mg	24.305	40	锆	Zr	91.224
13	铝	Al	26.981	41	铌	Nb	92.906
14	硅	Si	28.085	42	钼	Mo	95.940
15	磷	P	30.973	44	钌	Ru	101.07
16	硫	S	32.065	45	铑	Rh	102.91
17	氯	Cl	35.453	46	钯	Pd	106.42
18	氩	Ar	39.948	47	银	Ag	107.86
19	钾	K	39.098	48	镉	Cd	112.41
20	钙	Ca	40.078	49	铟	In	114.81
21	钪	Sc	44.955	50	锡	Sn	118.71
22	钛	Ti	47.867	51	锑	Sb	121.76
23	钒	V	50.941	52	碲	Te	127.60
24	铬	Cr	51.996	53	碘	I	126.90
25	锰	Mn	54.938	56	钡	Ba	137.32
26	铁	Fe	55.845	78	铂	Pt	195.08
27	钴	Co	58.933	80	汞	Hg	200.59
28	镍	Ni	58.693	82	铅	Pb	207.20

附录二　5~35 ℃标准缓冲液 pH 值

温度/℃	四草酸氢钾 0.050mol·L⁻¹	邻苯二甲酸氢钾 0.050mol·L⁻¹	混合磷酸盐 0.025mol·L⁻¹	硼砂 0.010mol·L⁻¹
5	1.67	4.00	6.95	9.40
10	1.67	4.00	6.92	9.33
15	1.67	4.00	6.90	9.27
20	1.68	4.00	6.88	9.22
25	1.68	4.00	6.86	9.18
30	1.69	4.01	6.85	9.14
35	1.69	4.02	6.84	9.10

附录三　常用冰盐浴冷却剂

盐	每100g 碎冰用盐/g	最低冷却温度/℃
$NaNO_3$	50	−18.5
$NaCl$	33	−21.2
$NaCl$ NH_4Cl	40 20	−26
NH_4Cl $NaNO_3$	13 37.5	−30.7
K_2CO_3	33	−46
$CaCl_2·6H_2O$	143	−35

本表数据引自尤启冬主编《药物化学实验与指导》，中国医药科技出版社，2000.

注：盐需预先冷却至0℃。

附录四　弱电解质在水中的解离常数

酸化合物	温度/℃	分步	$K_a^\ominus$	$pK_a^\ominus$
砷酸	25	1	$5.8×10^{-3}$	2.24
	25	2	$1.1×10^{-7}$	6.96
	25	3	$3.2×10^{-12}$	11.50
亚砷酸	25		$5.1×10^{-10}$	9.29
硼酸	20	1	$5.81×10^{-10}$	9.236
碳酸	25	1	$4.47×10^{-7}$	6.35
	25	2	$4.68×10^{-11}$	10.33
铬酸	25	1	$1.8×10^{-1}$	0.74
	25	2	$3.2×10^{-7}$	6.49
氢氟酸	25	—	$6.31×10^{-4}$	3.20
氢氰酸	25	—	$6.16×10^{-10}$	9.21
氢硫酸	25	1	$8.91×10^{-8}$	7.05
	25	2	$1.12×10^{-12}$	11.95

酸化合物	温度/℃	分步	$K_a^{\ominus}$	$pK_a^{\ominus}$
过氧化氢	25	—	2.4×10^{-12}	11.62
次溴酸	25	—	2.8×10^{-9}	8.55
次氯酸	25	—	4.0×10^{-8}	7.40
次碘酸	25	—	3.2×10^{-11}	10.50
碘酸	25	—	1.7×10^{-1}	0.78
亚硝酸	25	—	5.6×10^{-4}	3.25
高碘酸	25	—	2.3×10^{-2}	1.64
磷酸	25	1	6.92×10^{-3}	2.16
	25	2	6.23×10^{-8}	7.21
	25	3	4.79×10^{-13}	12.32
正硅酸	30	1	1.3×10^{-10}	9.90
	30	2	1.6×10^{-12}	11.80
	30	3	1.0×10^{-12}	12.00
硫酸	25	2	1.0×10^{-2}	1.99
亚硫酸	25	1	1.4×10^{-2}	1.85
	25	2	6.3×10^{-8}	7.20
铵离子	25	—	5.62×10^{-10}	9.25
甲酸	20	1	1.80×10^{-4}	3.745
乙(醋)酸	25	1	1.75×10^{-5}	4.757
丙酸	25	1	1.4×10^{-5}	4.86
一氯乙酸	25	1	1.4×10^{-3}	2.85
草酸	25	1	5.9×10^{-2}	1.23
	25	2	6.5×10^{-5}	4.19
柠檬酸	20	1	7.2×10^{-4}	3.14
	20	2	1.7×10^{-5}	4.77
	20	3	4.1×10^{-7}	6.39
巴比土酸	25	1	9.8×10^{-5}	4.01
甲胺盐酸盐	25	1	2.3×10^{-11}	10.63
二甲胺盐酸盐	25	1	2.1×10^{-11}	10.68
乳酸	25	1	1.4×10^{-4}	3.86
乙胺盐酸盐	25	1	2.0×10^{-11}	10.70
苯甲酸	25	1	6.5×10^{-5}	4.19
苯酚	20	1	1.3×10^{-10}	9.89
邻苯二甲酸	25	1	1.12×10^{-3}	2.950
	25	2	3.90×10^{-6}	5.408
Tris-HCl	37	1	1.4×10^{-8}	7.85
氨基乙酸盐酸盐	25	1	4.5×10^{-3}	2.35
	25	2	1.7×10^{-10}	9.78

本表数据主要录自 Robert C，Weast. CRC Handbook of Chemistry and Physics，80th ed. 1999～2000.

附录五　溶度积常数（298.15 K）

化合物	$K_{sp}^{\ominus}$	$pK_{sp}^{\ominus}$	化合物	$K_{sp}^{\ominus}$	$pK_{sp}^{\ominus}$	化合物	$K_{sp}^{\ominus}$	$pK_{sp}^{\ominus}$
AgAc	1.94×10^{-3}	2.71	CdF_2	6.44×10^{-3}	2.19	MgF_2	5.16×10^{-11}	10.29
AgBr	5.38×10^{-13}	12.27	$Cd(IO_3)_2$	2.50×10^{-8}	7.60	$Mg(OH)_2$	5.61×10^{-12}	11.25
$AgBrO_3$	5.34×10^{-5}	4.27	$Cd(OH)_2$	7.20×10^{-15}	14.14	$Mg_3(PO_4)_2$	1.04×10^{-24}	23.98
AgCN	5.97×10^{-17}	16.22	CdS	1.40×10^{-29}	28.85	$MnCO_3$	2.24×10^{-11}	10.65
AgCl	1.77×10^{-10}	9.75	$Cd_3(PO_4)_2$	2.53×10^{-33}	32.60	$Mn(IO_3)_2$	4.37×10^{-7}	6.36
AgI	8.51×10^{-17}	16.07	$Co_3(PO_4)_2$	2.05×10^{-35}	34.69	$Mn(OH)_2$	2.06×10^{-13}	12.69
$AgIO_3$	3.17×10^{-8}	7.50	CuBr	6.27×10^{-9}	8.20	MnS	4.65×10^{-14}	13.33
AgSCN	1.03×10^{-12}	11.99	CuC_2O_4	4.43×10^{-10}	9.35	$NiCO_3$	1.42×10^{-7}	6.85
Ag_2CO_3	8.46×10^{-12}	11.07	CuCl	1.72×10^{-7}	6.76	$Ni(IO_3)_2$	4.71×10^{-5}	4.33
$Ag_2C_2O_4$	5.40×10^{-12}	11.27	CuI	1.27×10^{-12}	11.90	$Ni(OH)_2$	5.48×10^{-16}	15.26
Ag_2CrO_4	1.12×10^{-12}	11.95	CuS	1.27×10^{-36}	35.90	NiS	1.07×10^{-21}	20.97
Ag_2S	6.69×10^{-50}	49.17	CuSCN	1.77×10^{-13}	12.75	$Ni_3(PO_4)_2$	4.73×10^{-32}	31.33
Ag_2SO_3	1.50×10^{-14}	13.82	Cu_2S	2.26×10^{-48}	47.64	$PbCO_3$	7.40×10^{-14}	13.13
Ag_2SO_4	1.20×10^{-5}	4.92	$Cu_3(PO_4)_2$	1.40×10^{-37}	36.86	$PbCl_2$	1.70×10^{-5}	4.77
Ag_3AsO_4	1.03×10^{-22}	21.99	$FeCO_3$	3.13×10^{-11}	10.50	PbF_2	3.30×10^{-8}	7.48
Ag_3PO_4	8.88×10^{-17}	16.05	FeF_2	2.36×10^{-6}	5.63	PbI_2	9.80×10^{-9}	8.01
$Al(OH)_3$	1.1×10^{-33}	32.97	$Fe(OH)_2$	4.87×10^{-17}	16.31	$PbSO_4$	2.53×10^{-8}	7.60
$AlPO_4$	9.84×10^{-21}	20.01	$Fe(OH)_3$	2.79×10^{-39}	38.55	PbS	9.04×10^{-29}	28.04
$BaCO_3$	2.58×10^{-9}	8.59	FeS	1.59×10^{-19}	18.80	$Pb(OH)_2$	1.43×10^{-20}	19.84
$BaCrO_4$	1.17×10^{-10}	9.93	HgI_2	2.90×10^{-29}	28.54	$Sn(OH)_2$	5.45×10^{-27}	26.26
BaF_2	1.84×10^{-7}	6.74	$Hg(OH)_2$	3.13×10^{-26}	25.50	SnS	3.25×10^{-28}	27.49
$Ba(IO_3)_2$	4.01×10^{-9}	8.40	HgS(黑)	6.44×10^{-53}	52.19	$SrCO_3$	5.60×10^{-10}	9.25
$BaSO_4$	1.08×10^{-10}	9.97	Hg_2Br_2	6.40×10^{-23}	22.19	SrF_2	4.33×10^{-9}	8.36
$BiAsO_4$	4.43×10^{-10}	9.35	Hg_2CO_3	3.60×10^{-17}	16.44	$Sr(IO_3)_2$	1.14×10^{-7}	6.94
Bi_2S_3	1.82×10^{-99}	98.74	$Hg_2C_2O_4$	1.75×10^{-13}	12.76	$SrSO_4$	3.44×10^{-7}	6.46
CaC_2O_4	2.32×10^{-9}	8.63	Hg_2Cl_2	1.43×10^{-18}	17.84	$Sr_3(AsO_4)_2$	4.29×10^{-19}	18.37
$CaCO_3$	3.36×10^{-9}	8.47	Hg_2F_2	3.10×10^{-6}	5.51	$ZnCO_3$	1.46×10^{-10}	9.83
CaF_2	3.45×10^{-10}	9.46	Hg_2I_2	5.20×10^{-29}	28.28	ZnF_2	3.04×10^{-2}	1.52
$Ca(IO_3)_2$	6.47×10^{-6}	5.19	Hg_2SO_4	6.50×10^{-7}	6.18	$Zn(OH)_2$	3.10×10^{-17}	16.51
$Ca(OH)_2$	5.02×10^{-6}	5.30	$KClO_4$	1.05×10^{-2}	1.98	$Zn(IO_3)_2$	4.29×10^{-6}	5.37
$CaSO_4$	4.93×10^{-5}	4.31	$K_2[PtCl_6]$	7.48×10^{-6}	5.13	ZnS	2.93×10^{-25}	24.53
$Ca_3(PO_4)_2$	2.53×10^{-33}	32.60	Li_2CO_3	8.15×10^{-4}	3.09			
$CdCO_3$	1.00×10^{-12}	12.00	$MgCO_3$	6.82×10^{-6}	5.17			

本表资料引自 Weast RC. CRC Handbook of Chemistry and Physics, 80th ed (1999—2000)，CRC Press, Inc, Boca Raton, Florida, p. B-207-208.

附录六　标准电极电位表（298.15 K）

半反应	$\varphi^{\ominus}/V$	半反应	$\varphi^{\ominus}/V$
$Li^+ + e^- \rightleftharpoons Li$	$-3.040\,1$	$Cu^{2+} + e^- \rightleftharpoons Cu^+$	0.153
$K^+ + e^- \rightleftharpoons K$	-2.931	$SO_4^{2-} + 4H^+ + 2e^- \rightleftharpoons H_2SO_3 + H_2O$	0.172
$Ba^{2+} + 2e^- \rightleftharpoons Ba$	-2.912	$AgCl + e^- \rightleftharpoons Ag + Cl^-$	0.22233
$Ca^{2+} + 2e^- \rightleftharpoons Ca$	-2.868	$Hg_2Cl_2 + 2e^- \rightleftharpoons 2Hg + 2Cl^-$	0.26808
$Na^+ + e^- \rightleftharpoons Na$	-2.71	$Cu^{2+} + 2e^- \rightleftharpoons Cu$	0.3419
$Mg^{2+} + 2e^- \rightleftharpoons Mg$	-2.70	$[Ag(NH_3)_2]^+ + e^- \rightleftharpoons Ag + 2NH_3$	0.373
$Al^{3+} + 3e^- \rightleftharpoons Al$	-1.662	$O_2 + 2H_2O + 4e^- \rightleftharpoons 4OH^-$	0.401
$Mn^{2+} + 2e^- \rightleftharpoons Mn$	-1.185	$I_2 + 2e^- \rightleftharpoons 2I^-$	0.5355
$2H_2O + 2e^- \rightleftharpoons H_2 + 2OH^-$	-0.8277	$MnO_4^- + e^- \rightleftharpoons MnO_4^{2-}$	0.558
$Zn^{2+} + 2e^- \rightleftharpoons Zn$	-0.7618	$AsO_4^{3-} + 2H^+ + 2e^- \rightleftharpoons AsO_3^{2-} + H_2O$	0.559
$Cr^{3+} + 3e^- \rightleftharpoons Cr$	-0.744	$H_3AsO_4 + 2H^+ + 2e^- \rightleftharpoons HAsO_2 + 2H_2O$	0.560
$AsO_4^{3-} + 2H_2O + 2e^- \rightleftharpoons AsO_2^- + 4OH^-$	-0.71	$MnO_4^- + 2H_2O + 3e^- \rightleftharpoons MnO_2 + 4OH^-$	0.595
$2CO_2 + 2H^+ + 2e^- \rightleftharpoons H_2C_2O_4$	-0.49	$O_2 + 2H^+ + 2e^- \rightleftharpoons H_2O_2$	0.695
$S + 2e^- \rightleftharpoons S^{2-}$	-0.47627	$Fe^{3+} + e^- \rightleftharpoons Fe^{2+}$	0.771
$Cr^{3+} + e^- \rightleftharpoons Cr^{2+}$	-0.407	$Ag^+ + e^- \rightleftharpoons Ag$	0.7996
$Fe^{2+} + 2e^- \rightleftharpoons Fe$	-0.447	$Hg^{2+} + 2e^- \rightleftharpoons Hg$	0.851
$Cd^{2+} + 2e^- \rightleftharpoons Cd$	-0.4030	$2Hg^{2+} + 2e^- \rightleftharpoons Hg_2^{2+}$	0.920
$Tl^+ + e^- \rightleftharpoons Tl$	-0.336	$Br_2(l) + 2e^- \rightleftharpoons 2Br^-$	1.066
$[Ag(CN)_2]^- + e^- \rightleftharpoons Ag + 2CN^-$	-0.31	$2IO_3^- + 12H^+ + 10e^- \rightleftharpoons I_2 + 6H_2O$	1.195
$Co^{2+} + 2e^- \rightleftharpoons Co$	-0.28	$O_2 + 4H^+ + 4e^- \rightleftharpoons 2H_2O$	1.229
$Ni^{2+} + 2e^- \rightleftharpoons Ni$	-0.257	$Tl^{3+} + 2e^- \rightleftharpoons Tl^+$	1.252
$V^{3+} + e^- \rightleftharpoons V^{2+}$	-0.255	$Cl_2(g) + 2e^- \rightleftharpoons 2Cl^-$	1.35827
$AgI + e^- \rightleftharpoons Ag + I^-$	-0.15224	$Cr_2O_7^{2-} + 14H^+ + 6e^- \rightleftharpoons 2Cr^{3+} + 7H_2O$	1.36
$Sn^{2+} + 2e^- \rightleftharpoons Sn$	-0.1375	$MnO_4^- + 8H^+ + 5e^- \rightleftharpoons Mn^{2+} + 4H_2O$	1.507
$Pb^{2+} + 2e^- \rightleftharpoons Pb$	-0.1262	$MnO_4^- + 4H^+ + 3e^- \rightleftharpoons MnO_2 + 2H_2O$	1.679
$Fe^{3+} + 3e^- \rightleftharpoons Fe$	-0.037	$Au^+ + e^- \rightleftharpoons Au$	1.692
$Ag_2S + 2H^+ + 2e^- \rightleftharpoons 2Ag + H_2S$	-0.0366	$Ce^{4+} + e^- \rightleftharpoons Ce^{3+}$	1.72
$2H^+ + 2e^- \rightleftharpoons H_2$	0.00000	$H_2O_2 + 2H^+ + 2e^- \rightleftharpoons 2H_2O$	1.776
$AgBr + e^- \rightleftharpoons Ag + Br^-$	0.07133	$Co^{3+} + e^- \rightleftharpoons Co^{2+}$	1.92
$S_4O_6^{2-} + 2e^- \rightleftharpoons 2S_2O_3^{2-}$	0.08	$S_2O_8^{2-} + 2e^- \rightleftharpoons 2SO_4^{2-}$	2.010
$Sn^{4+} + 2e^- \rightleftharpoons Sn^{2+}$	0.151	$F_2 + 2e^- \rightleftharpoons 2F^-$	2.866

本表数据主要摘自 Lide DR. Handbook of Chemistry and Physics，80th ed，New York：CRC Press，1999～2000.

附录七　配合物的稳定常数

配体及金属离子	$\lg K_{s1}$	$\lg K_{s2}$	$\lg K_{s3}$	$\lg K_{s4}$	$\lg K_{s5}$	$\lg K_{s6}$
氨（NH_3）						
Co^{2+}	2.11	3.74	4.79	5.55	5.73	5.11
Co^{3+}	6.7	14.0	20.1	25.7	30.8	35.20
Cu^{2+}	4.31	7.98	11.02	13.32	(12.86)	
Hg^{2+}	8.8	17.5	18.5	19.28		
Ni^{2+}	2.8	5.04	6.77	7.96	8.74	8.74
Ag^+	3.24	7.05				
Zn^{2+}	2.37	4.81	7.31	9.46		
Cd^{2+}	2.65	4.75	6.19	7.12	6.80	5.14

配体及金属离子	$\lg K_{s1}$	$\lg K_{s2}$	$\lg K_{s3}$	$\lg K_{s4}$	$\lg K_{s5}$	$\lg K_{s6}$
氯离子(Cl^-)						
Sb^{3+}	2.26	3.49	4.18	4.72	(4.72)	(4.11)
Bi^{3+}	2.44	4.74	5.04	5.64		
Cu^+		5.5				
Pt^{2+}		11.5	14.5	16.0		
Hg^{2+}	6.74	13.22	14.07	15.07		
Au^{3+}		9.8				
Ag^+	3.04	5.04				
氰离子(CN^-)						
Au^+		38.3				
Cd^{2+}	5.48	10.60	(15.23)	(18.78)		
Cu^+		24.0	28.59	30.30		
Fe^{2+}						35
Fe^{3+}						42
Hg^{2+}				41.4		
Ni^{2+}				31.3		
Ag^+		21.10	21.7	20.6		
Zn^{2+}				16.7		
氟离子(F^-)						
Al^{3+}	6.10	11.15	15.00	17.75	19.37	19.84
Fe^{3+}	5.28	9.30	12.06		(15.77)	
碘离子(I^-)						
Bi^{3+}	3.63			14.95	16.80	18.80
Hg^{2+}	12.87	23.82	27.60	29.83		
Ag^+	6.58	11.74	13.68			
硫氰酸根(SCN^-)						
Fe^{3+}	2.95	3.36				
Hg^{2+}		17.47		21.23		
Au^+		23		42		
Ag^+		7.57	9.08	10.08		
硫代硫酸根($S_2O_3^{2-}$)						
Ag^+	8.82	13.46	(14.15)			
Hg^{2+}		29.44	31.90	33.24		
Cu^+	10.27	12.22	13.84			
醋酸根(CH_3COO^-)						
Fe^{3+}	3.2					
Hg^{2+}		8.43				
Pb^{2+}	2.52	4.0	6.4	8.5		
枸橼酸根(按 L^{3-} 配体)						
Al^{3+}	20.0					
Co^{2+}	12.5					
Cd^{2+}	11.3					
Cu^{2+}	14.2					
Fe^{2+}	15.5					
Fe^{3+}	25.0					

配体及金属离子	$\lg K_{s1}$	$\lg K_{s2}$	$\lg K_{s3}$	$\lg K_{s4}$	$\lg K_{s5}$	$\lg K_{s6}$
Ni^{2+}	14.3					
Zn^{2+}	11.4					
乙二胺($H_2NCH_2CH_2NH_2$)						
Co^{3+}			48.69			
Co^{2+}	5.91	10.64	13.94			
Cu^{2+}	10.67	20.00				
Zn^{2+}	5.77	10.83				
Ni^{2+}	(7.52)	(13.80)	18.33			
Fe^{2+}			9.70			
Cd^{2+}		10.09				
Hg^{2+}		23.3				
乙二胺四乙酸二钠						
Fe^{3+}	24.23					
Fe^{2+}	14.33					
Co^{3+}	36					
Co^{2+}	16.31					
Cu^{2+}	18.7					
Zn^{2+}	16.4					
Ca^{2+}	11.0					
Mg^{2+}	8.64					
Pb^{2+}	18.3					
Ca^{2+}	16.4					
Hg^{2+}	21.8					
草酸根($C_2O_4^{2-}$)						
Cu^{2+}	6.16	8.5				
Fe^{2+}	2.9	4.52	5.22			
Fe^{3+}	9.4	16.2	20.2			
Hg^{2+}		6.98				
Zn^{2+}	4.89	7.60	8.15			
Ni^{2+}	5.3	7.64	8.5			

注：1. 录自 Lange's Handbook of Chemistry. 13th ed. 1985，5-7.

2. 该表中括号内的数据录自武汉大学. 分析化学. 第 4 版. 北京：高等教育出版社，2000，324-329.

附录八　常用溶剂的性质（101.3 kPa）

名　称	沸点/℃	溶　解　性	毒性
石油醚	有 30～60℃、60～90℃、90～120℃ 等沸程	不溶于水，与丙酮、乙醚、乙酸乙酯、苯、氯仿及甲醇以上高级醇混溶	与低级烷相似
乙醚	35	微溶于水，易溶于盐酸，与醇、醚、石油醚、苯、氯仿等多数有机溶剂混溶	麻醉性
戊烷	36	与乙醇、乙醚等多数有机溶剂混溶	低毒性
二氯甲烷	40	与醇、醚、氯仿、苯、二硫化碳等有机溶剂混溶	低毒，麻醉性强

名　称	沸点/℃	溶　解　性	毒性
二硫化碳	46	微溶于水,与多种有机溶剂混溶	麻醉性,强刺激性
丙酮	56	与水、醇、醚、烃混溶	低毒,类乙醇,但较大
氯仿	61	与乙醇、乙醚、石油醚、卤代烃、四氯化碳、二硫化碳等混溶	中等毒性,强麻醉性
甲醇	65	与水、乙醚、醇、酯、卤代烃、苯、酮混溶	中等毒性,麻醉性,
四氢呋喃	66	优良溶剂,与水混溶,很好地溶于乙醇、乙醚、脂肪烃、芳香烃、氯化烃	吸入微毒,经口低毒
己烷	69	甲醇部分溶解,与比乙醇高的醇、醚、丙酮、氯仿混溶	低毒,麻醉性,刺激性
三氟醋酸	72	与水、乙醇、乙醚、丙酮、苯、四氯化碳、己烷混溶,溶解多种脂肪族、芳香族化合物	吸入有害
四氯化碳	77	与醇、醚、石油醚、石油脑、冰醋酸、二硫化碳、氯代烃混溶	氯代甲烷中,毒性最强
乙酸乙酯	77	与醇、醚、氯仿、丙酮、苯等大多数有机溶剂混溶,能溶解某些金属盐	低毒,麻醉性
乙醇	78	与水、乙醚、氯仿、酯、烃类衍生物等有机溶剂混溶	微毒类,麻醉性
苯	80	难溶于水,与甘油、乙二醇、乙醇、氯仿、乙醚、四氯化碳、二硫化碳、丙酮、甲醇、二甲苯、冰醋酸、脂肪烃等大多有机物混溶	强烈毒性
环己烷	81	与乙醇、高级醇、醚、丙酮、烃、氯代烃、高级脂肪酸、胺类混溶	低毒,中枢抑制作用
乙腈	82	与水、甲醇、乙酸甲酯、乙酸乙酯、丙酮、醚、氯仿、四氯化碳、氯乙烯及各种不饱和烃混溶,但是不与饱和烃混溶	中等毒性,大量吸入蒸气,引起急性中毒
异丙醇	82	与乙醇、乙醚、氯仿、水混溶	微毒,类似乙醇
三乙胺	90	18.7℃以下与水混溶,以上微溶。易溶于氯仿、丙酮,溶于乙醇、乙醚	易爆,皮肤黏膜刺激性强
庚烷	98	甲醇部分溶解,比乙醇高的醇、醚丙酮、氯仿混溶	低毒,刺激性、麻醉性
水	100	略	略
1,4-二氧己环	101	能与水及多数有机溶剂混溶,仍溶解能力很强	微毒,强于乙醚2~3倍
甲苯	111	不溶于水,与甲醇、乙醇、氯仿、丙酮、乙醚、冰醋酸、苯等有机溶剂混溶	低毒类,麻醉作用
吡啶	115	与水、醇、醚、石油醚、苯、油类混溶,能溶解多种有机物和无机物	低毒,皮肤黏膜刺激性
乙二胺	117	溶于水、乙醇、苯和乙醚,微溶于庚烷	刺激皮肤、眼睛
乙酸	118	与水、乙醇、乙醚、四氯化碳混溶,不溶于二硫化碳及 C_{12} 以上高级脂肪烃	低毒,浓溶液毒性强
乙二醇单甲醚	125	与水、醛、醚、苯、乙二醇、丙酮、四氯化碳、DMF 等混溶	低毒类
吗啉	129	溶解能力强,超过二氧六环、苯和吡啶,与水混溶,溶于丙酮、苯、乙醚、甲醇、乙醇、乙二醇、2-己酮、蓖麻油、松节油、松脂等	腐蚀皮肤,刺激眼和结膜,蒸汽引起肝肾病变
氯苯	132	能与醇、醚、脂肪烃、芳香烃和有机氯化物等多种有机溶剂混溶	低于苯,损害中枢系统
对二甲苯	138	不溶于水,与醇、醚和其他有机溶剂混溶	一级易燃液体
二甲苯(混合物)	139~142	不溶于水,与乙醇、乙醚、苯、烃等有机溶剂混溶,乙二醇、甲醇、2-氯乙醇等极性溶剂部分溶解	一级易燃液体,低毒类

名　　称	沸点/℃	溶　解　性	毒性
间二甲苯	139	不溶于水,与醇、醚、氯仿混溶,室温下溶于乙腈、DMF 等	一级易燃液体
醋酸酐	140		
邻二甲苯	144	不溶于水,与乙醇、乙醚、氯仿等混溶	一级易燃液体
N,N-二甲基甲酰胺	153	与水、醇、醚、酮、不饱和烃、芳香烃等混溶,溶解能力强	低毒
环己醇	161	与醇、醚、二硫化碳、丙酮、氯仿、苯、脂肪烃、芳香烃、卤代烃混溶	低毒,无血液毒性,刺激性
苯酚	181	溶于乙醇、乙醚、乙酸、甘油、氯仿、二硫化碳和苯等,难溶于烃类溶剂,65.3℃以上与水混溶,65.3℃以下分层	高毒类,对皮肤、黏膜有强烈腐蚀性,可经皮吸收中毒
二甲亚砜	189	与水、甲醇、乙醇、乙二醇、甘油、乙醛、丙酮、乙酸乙酯、吡啶、芳烃混溶	微毒,对眼有刺激性
乙二醇	198	与水、乙醇、丙酮、乙酸、甘油、吡啶混溶,与氯仿、乙醚、苯、二硫化碳等难溶,对烃类、卤代烃不溶,溶解食盐、氯化锌等无机物	低毒类,可经皮肤吸收中毒
N-甲基-2-吡咯烷酮	202	与水混溶,除低级脂肪烃,可以溶解大多无机、有机物、极性气体、高分子化合物	毒性低,不可内服
甲酰胺	210	与水、醇、乙二醇、丙酮、乙酸、二氧六环、甘油、苯酚混溶,几乎不溶于脂肪烃、芳香烃、醚、卤代烃、氯苯、硝基苯等	皮肤、黏膜刺激性,经皮肤吸收
硝基苯	211	几乎不溶于水,与醇、醚、苯等有机物混溶,对有机物溶解能力强	剧毒,可经皮肤吸收
六甲基磷酸三酰胺	233	与水混溶,与氯仿络合,溶于醇、醚、酯、苯、酮、卤代烃等	较大毒性
喹啉	237	溶于热水、稀酸、乙醇、乙醚、丙酮、苯、氯仿、二硫化碳等	中等毒性,刺激皮肤和眼
二甘醇	245	与水、乙醇、乙二醇、丙酮、氯仿、糠醛混溶,与乙醚、四氯化碳等不混溶	微毒,经皮吸收,刺激性小
甘油	290	与水、乙醇混溶,不溶于乙醚、氯仿、二硫化碳、苯、四氯化碳、石油醚	食用对人体无毒

　　本表数据主要引自尤启冬主编《药物化学实验与指导》,中国医药科技出版社,2000.